CHRISTIAN PAPE

TRAUM! JOB! NOW!

DIE GEHEIMNISSE DER
ERFOLGREICHEN JOBSUCHE

WILHELM HEYNE VERLAG
MÜNCHEN

Verlagsgruppe Random House FSC-DEU-0100
Das für dieses Buch verwendete
FSC-zertifizierte Papier *Super Snowbright*
liefert Hellefoss AS, Hokksund, Norwegen.

Originalausgabe 07/2010

Copyright © 2010 by Wilhelm Heyne Verlag, München,
in der Verlagsgruppe Random House GmbH
Printed in Germany 2010
Redaktion: Johann Lankes, München
Umschlaggestaltung: Hauptmann & Kompanie Werbeagentur, Zürich
Innenillustrationen: Doris Detre, München
Illustration auf Seite 199: www.glam-pix.de
Satz: C. Schaber Datentechnik, Wels
Druck und Bindung: GGP Media GmbH, Pößneck
ISBN: 978-3-453-68009-8

www.heyne.de

Inhalt

Zielsetzung 9

Noch 'n Ratgeber? 9
Endlich Freitag 14
Sie haben die Wahl! 19
Wie gut kennen Sie sich? 25
Warum sind wir bloß so unkritisch? 29

TEIL 1
Unsere Ausreden, Barrieren und Verhinderer 35

Ladys and Gentlemen! I wanna say:
»Es ist halt so!« 35
Der blöde Montag 36
Cola gegen alles 41
Lachshäppchen im Fanblock 47
Unsere Ausreden 55
Eine kleine Zeitreise:
Vergangenheit und Zukunft 65

Zeitmanagement 68
Das Richtige tun, statt viel zu tun! 72
Die Eisenhower-Methode 75
Das Pareto-Prinzip 81
Niemanden wagen wir so unverschämt
zu belügen wie uns selbst 86
Unsere Komfortzonen –
der Mensch an sich ist träge 92
Me, myself and I: Marktwert und Karriereziele 102
Die Jammerfalle 113
Zusammenfassung unserer Verhinderer,
Ausreden und Blockaden 115

TEIL 2

Workshop zur Zielfindung 119

Die richtige Frage................................ 119
Welcher Job würde mich begeistern? 127
Es ist kein Problem! 136
Wo liegen die Risiken? 140

TEIL 3

Die Umsetzung 145

Die kreative Jobsuche – Wie finde ich denn
nun meinen Traumjob?........................... 145
Wo sind die Jobs? 157

Wie suchen Unternehmen wirklich?	159
Der *Pape*-Königsweg: die richtige Einstellung – die richtige Methodik – die passenden Werkzeuge	165
Weniger ist mehr!	168
Blind- und Initiativbewerbungen – Müller nervt	170
»Was guckst du?«	173
Die ideale Firma	176
Welcher Typ sind Sie?	187
Der Jobflüsterer – Ihr »Persönliches Netzwerk«	199
Bringen Sie Ihre Armee in Stellung	205
Profilen und Netzwerken am Beispiel des Web 2.0	208
Die wichtigsten Sammlerstücke	219
Personalberater als Teil Ihres Netzwerks	221
Wie arbeiten Personalberater?	224
Wie macht man Berater auf sich aufmerksam?	241
Ein paar Worte zur Recherche mit »Google«	244
Jetzt die Köder auswerfen!	249
Kontakt aufnehmen	253
Viva la Vita!	264
Der Aufbau und die Form des Lebenslaufs – das »CV«	267
Ergänzende Unterlagen – ein paar Worte zu Zeugnissen im Allgemeinen	296
Das persönliche Gespräch – das Interview	299
Wie entscheiden die Entscheider?	318
Die richtige Entscheidung	320
Zusammenfassung – Ihr Aktionsplan	321

Nachspiel 325

Nachwort 325
Über den Autor 329
Danke 333

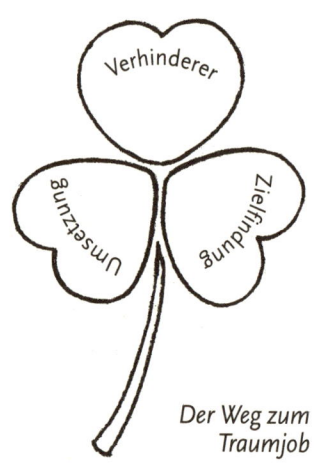

Der Weg zum Traumjob

Zielsetzung

Noch 'n Ratgeber?

Dieses Buch soll allen Arbeitslosen Mut machen und ihnen Wege aufzeigen, wie sie nicht nur einen neuen Job, sondern auch gleichzeitig eine Tätigkeit bekommen, die ihnen langfristig Spaß macht und Zufriedenheit bringt. Der Begriff »Jobsuche« wird völlig neu definiert und die Suche selbst erfolgt auf neuen, wesentlich aussichtsreicheren Wegen, als man es gemeinhin kennt und erwartet.

Dieses Buch soll aber auch alle, die unzufrieden in ihrem Job sind, dazu ermuntern, dies nicht als persönliches Schicksal hinzunehmen, sondern einen Schritt nach vorne zu gehen und – wenn man es richtig angeht – den Traumjob zu finden. Aus der Erkenntnis heraus folgt der Königsweg zum Ziel, mit vielen Beispielen, Erklärungen und Hintergrundinformationen.

Das Buch soll auch suchenden Unternehmen aufzeigen, wie Personalbeschaffung heute funktioniert und welche Chancen und Risiken sich hinter den verschiedenen Suchmethoden verbergen.

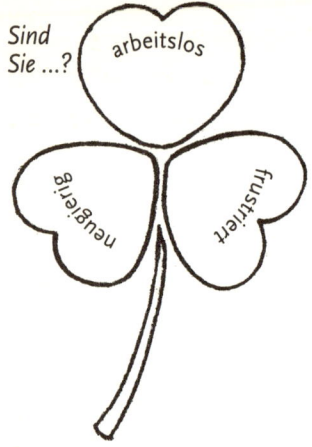

Einen großen Teil widmet der Autor dem Thema: Warum ist das so? Warum finden Firmen nicht die Mitarbeiter, die sie suchen, und warum finden Arbeitssuchende nicht die Beschäftigung, die zu ihnen passt? Warum nehmen wir alle unser Jobschicksal so unkritisch hin und tun nichts dagegen? Auf die Analyse folgen Schlussfolgerungen und Hilfestellungen, wie man diese Verhinderer erkennt und damit positiv umzugehen lernt.

Millionen Menschen sind nicht begeistert von ihrem beruflichen Wirken. Sie sind frustriert, enttäuscht, verärgert und freuen sich nur auf eines: auf den Feierabend. Oder sie haben bereits unfreiwillig Feierabend, weil sie arbeitslos sind. Oder der Feierabend kam durch den Nebeneingang, weil man nun mit Gehörsturz und einigen Schläuchen durch die Nase auf der Intensivstation liegt – aufgrund totaler Überarbeitung und Burn-out-Syndrom. All das passiert morgens um halb zehn in Deutschland, trotz Knoppers keine guten Nachrichten, weder für die Firmen noch für die Jobmaschine Deutschland. Am wenigsten für die Betroffenen.

Aber die ultimativen Jobflüsterer sind nicht weit. Erste-Hilfe-Ratgeber für die frustrierte Zielgruppe gibt es genug. Und die CD aus der Reihe »Selbstmotivation – kompakt« verrät Ihnen nun fröhlich und exklusiv:

»Sprenge deine Grenzen! Du bist ein Adler – flieg!«

Sie überlegen kurz, schauen an sich herunter und stellen fest: Sie sind kein Adler. Sie wollen auch nicht fliegen. Sie wollen einen Job, der Spaß macht.

Im Buchladen entdecken Sie den Titel:

»Du schaffst alles was du willst!«

Sie überlegen wieder. Und möchten genervt antworten: »Danke für den Tipp, weiß mein Chef auch Bescheid?«

Selbst ernannte Experten, Pädagogen, Kommunikationsexperten erklären gerne der Welt, wie man »endlich« einen Job findet, wenn man nur ausdauernd genug Bewerbungen auf Hochglanzpapier verschickt und seinen Werdegang in Excel-Tabellen presst. Dazu gibt es dann Vordrucke für Lebensläufe, Anschreiben und Textmodule, aus denen Sie dann Ihren Lebenslauf basteln können. Malen nach Zahlen auf hohem Niveau!

Ich kann Ihnen schon so viel verraten: So wird's nix mit dem Traumjob! All diese sicher gut gemeinten Gehhilfen »zum Durchstarten«, die den Eindruck vermitteln, allein durch Motivation und Durchhalteparolen kommt man zum Ziel, sind nichts anderes als intellektueller Sondermüll. Noch schlimmer: Haben Sie sich die Motivations-CD gegeben und beabsichtigen nun, vollgepumpt mit Adrenalin, bei der Firma, bei der Sie arbeiten möchten, mit: »Jajaja, ich schaffe es, ich sprenge jetzt meine Ketten!«, brüllend die Personalabteilung entern, dann erzeugen Sie damit vermutlich kein neues Jobgefühl. Lassen Sie das lieber und warten Sie, bis der Anfall vorüber ist. Auch wenn Sie mit Ihrer Vita nun alle namhaften Unternehmen fluten möchten, wird das auch nicht den gewünschten Erfolg bringen, weil man eben nicht durch »Finger wundschreiben« und eifriges Verschicken von Lebensläufen an seinen Traumjob kommt.

Alle Ratgeber haben bisher offenkundig versagt, sonst gäbe es ja mehr glückliche Gesichter, wenn man sich über »die Arbeit« unterhält. Irgendwas läuft falsch in Knoppersland, denn weit über 80 Prozent aller Arbeitnehmer sind hochgradig unzufrieden mit ihrer Tätigkeit. Das renommierte Marktforschungsinstitut Gallup hat für 2008 in seinem jährlichen »Engagement-Index« erhoben, dass 67 Prozent der Beschäftigten in Deutschland keine echte Verpflichtung ihrer Arbeit gegenüber spüren und 20 Prozent sogar »aktiv total unengagiert« sind. Eine schockierende Bilanz, die aber erklärbar ist, denn in erster Linie wird falsch gesucht, miserabel ausgewählt und dann an der Fehlentscheidung souverän festgehalten. Bis zum Schluss – was immer das dann heißt!

Die Gesetze des Arbeitsmarktes haben sich in den letzten Jahren stark gewandelt, die Art und Weise, wie nach Jobs gesucht wird, ist jedoch stehengeblieben. Firmen suchen zu allem Ärger auch noch völlig anders, als es ein Arbeitssuchender vermutet. Und das Internet ist zwar überall präsent, wird aber zur Jobsuche nur sehr »rudimentär« eingesetzt. Dabei hat man, wenn man das World Wide Web klug nutzt, ein mächtiges Werkzeug für seine Traumjobsuche zur Hand. Wir werden genau da ansetzen.

Und es gibt noch mehr Hindernisse. Die wirklich interessanten Jobs werden unter Ausschluss der Öffentlichkeit besetzt! Die Kunst ist es also, genau an diese Perlen heranzukommen. Wie das funktioniert? Lesen Sie weiter.

Und wir stehen uns zu allem Übel auch noch selbst im Weg. Wir hindern uns selbst am Handeln und reden uns die Welt schön. Wenn wir dann »Arbeit suchen«, dann sind wir viel zu unkritisch und zu wenig selbstbestimmt, ordnen uns den Entscheidungen der Firmen unter und sind froh, wenn wir »genommen« werden. Ja, warum denn das jetzt? Wir werden auch hier neue Ansätze finden, die uns von der Rückbank in den Fahrersitz befördern!

Als »Headhunter« begleite ich Personen bei ihrer beruflichen Karriere und suche für Unternehmen den bestmöglichen neuen Mitarbeiter. Das macht mir unendlich viel Spaß, und genau das wünsche ich Ihnen auch: dass Sie einen Job haben, der Sie vollends erfüllt und der Ihnen »unendlich viel Spaß« macht. Nicht mehr und nicht weniger. Der Weg, den ich dazu aufgeschrieben habe, wird Ihnen andere Sichtweisen aufzeigen, denn die Öffentlichkeit weiß viel zu wenig, wie der Arbeitsmarkt heute wirklich funktioniert. Wenn wir nun gemeinsam hinter die Kulissen schauen und Sie die Möglichkeiten daraus für sich erkennen, dann werden Sie sagen: »Warum bin ich da nicht selbst draufgekommen? Warum handele ich nicht schon längst, statt immer noch sinnlos herumzusitzen?«

Es ist kein Tschakka-Buch, jetzt muss ich Sie vielleicht enttäuschen, wenn Sie denken, ein paar gut gemeinte Schulterklopfer und dann geht's los. Ich will und werde Ihnen keine übermenschlichen Fähigkeiten einflöten, damit Sie dann auf glühenden Kohlen laufen können, um so in Ihr Jobparadies zu taumeln. Ohne zu merken, dass Sie dadurch keinen neuen Job, sondern nur angesengte Hacken bekommen haben. Sie müssen dafür auch nicht die Sonne grüßen und auch nicht auf abnehmenden Mond warten.

Wir werden provokative Fragen stellen und beantworten. Warum sind so viele Menschen unzufrieden in ihrem Job und tun nichts? Was hindert mich selbst daran, aktiv zu werden? Wie sieht mein Traumjob aus und was muss ich tun, um ihn zu finden?

Ab jetzt sind Sie mittendrin, statt nur eine frustrierte Randgruppe, die nicht findet, wonach sie begehrt.

Sind Sie neugierig geworden, zu erfahren, wie der Arbeitsmarkt wirklich funktioniert, warum die guten Jobs in keiner Zeitung stehen, und wollen nun wissen, wie auch Sie Ihren Traumjob finden werden?

Dann legen wir doch los!

Lassen Sie uns nicht noch mehr Zeit verlieren.

Endlich Freitag

Es könnte so einfach sein. Ein Job, der Spaß macht, man geht pfeifend, quietschvergnügt und gut gelaunt ins Büro, freut sich auf den Tag, auf die kommenden Aufgaben, auf die Kollegen. Die ganze Stimmung ist inspirierend, motivierend, kurzweilig und spannend. Man ist bei der Sache, man lernt immer

wieder neue Dinge, der Chef ist hilfsbereit und kollegial, die Firma ist erfolgreich, es gibt Anerkennung, Trainings, ein positiver Spirit ist überall spürbar, man ist einfach Teil in einem Ganzen, das jeden Tag Spaß macht. Jeder Tag ist ein Geschenk.

Ja klar, und die Erde ist eine Scheibe!

Ein modernes Märchen, nicht wahr? Denn die Realität im Job sieht leider oft nicht nach Paradies und Himbeerland aus. Man ist eher der Himbeer-Tony. Der Vollhorst. Die meisten von uns sind unzufrieden, bis hin zur inneren Kündigung. Frust bei der Arbeit, Zeit absitzen, warten, bis endlich Feierabend ist. Thank God it's endlich Friday!

Aktuelle Statistiken zeigen, dass nur 13 Prozent der Mitarbeiter ihre volle Leistungsfähigkeit im Job zeigen! Ist das nicht ein Debakel? Alle Ratgeber, alle Betroffenen, alle Firmen: Setzen, sechs! Und vor allem, sind wir nicht total bescheuert, dass wir das so unkritisch und teilnahmslos hinnehmen? Sind wir alle Masochisten? Macht keinen Spaß, egal. Muss ja.

Aber nein, stimmt, wir tun ja etwas: Wir jammern! Entweder ist der Job stinklangweilig oder wir sind überfordert. In jedem Fall gibt es zum Glück einen guten Grund zu stöhnen!

Wir sind lustlos, unmotiviert, schlagen die Zeit tot, surfen im Internet, jagen Moorhühner oder schmeißen online mit Schuhen auf US-Präsidenten. Ist das ein Stress heute! So geht der Tag schon irgendwie rum. Langeweile, Frust, Enttäuschung.

Oder es geht genau anders herum: Burn out. Ausgebrannt. Müde. Kaputt. Völlig fertig. Im Ohr fängt es schon an zu pfeifen.

War es das mit dem Traumjob? Entweder Sie kippen jetzt irgendwann kraftlos vom Bürostuhl oder andere Schicksalsschläge wie verlorene Ebay-Auktionen geben Ihnen den Rest und wecken in Ihnen das Bedürfnis, Frührentner werden zu wollen.

Aber nun mal im Ernst und unter uns: Zufrieden Sein sieht anders aus, oder?

Haben Sie schon aufgegeben, daran zu glauben, dass es ihn, den Traumjob, noch »irgendwo da draußen« gibt, und suchen daher erst gar nicht? Oder warten Sie bereits darauf, dass Sie eine Abfindung bekommen? Oder dass Sie ja nur noch 20 Jahre bis zur Rente haben?

Oder hat es Sie bereits erwischt? Sind Sie schon längst arbeitslos? Man braucht Sie nicht mehr? 15 Jahre dabei, und Sie haben immer gedacht, dass sich Ihr Arbeitgeber bestimmt genauso loyal verhalten wird wie Sie. Und dann das. Betriebsbedingte Kündigung aus heiterem Himmel. Jetzt stehen Sie da und schreiben sich die Finger wund mit nutzlosen Bewerbungen. Nur Absagen. Der Frust steigt und steigt. Was jetzt? Endzeitstimmung. Ich bin ein Versager, ein Hemd, ein Niemand. Hartz 10. Ganz unten.

Dann habe ich wirklich, wirklich gute Nachrichten für Sie: Das alles muss nicht sein und es muss auch nicht so weit kommen. Und es ist noch lange nicht zu spät! Das soll jetzt nicht nach Therapie und Selbsthilfegruppe mit Stuhlkreis klingen, sondern es sind Vorgehensweisen und Umsetzungsstrategien, die in meinen Karrierecoachings seit Jahren erfolgreich angewendet werden. Ja, es ist möglich, Job und den Spaß unter einen Hut zu bringen. Ohne Kompromisse – wenn man nur weiß, wie es geht.

Das ist natürlich jetzt ein ganz lockerer Spruch von mir, ich kann Ihnen ja viel erzählen. Lassen Sie sich überraschen. Ich werde es mir auch nicht verkneifen, die Finger in ein paar Wunden zu legen. Das werden Sie vermutlich nicht so mögen, muss aber sein, denn sonst kommen wir nicht weiter.

Wir werden lernen, dass man nur den Vorgang der Jobsuche umkehren muss, dass man agieren muss, statt immer nur zu reagieren – dann klappt's auch mit dem Traumjob! Wir werden unsere »Verhinderer« und ureigenen Ausreden beleuchten und zu beherrschen lernen, denn wir müssen endlich aufhören, uns selbst nach Strich und Faden zu belügen und zu betrügen.

Danach werden wir herausarbeiten, dass es sinnvoller ist, die Suche endlich anzugehen, statt weiter auf unserer Standspur abzuwarten und von allen überholt zu werden. Wir werden sehen, dass sich mit unserer Veränderungsbereitschaft und Umsetzung der neu gewonnenen Ziele das Risiko vermindert und nicht vergrößert. Denn hier liegen immer noch unsere größten Ängste. Was passiert, wenn ich meine Komfortzone verlasse und mein Schicksal selbst in die Hand nehme? Ich kann so viel falsch machen, und dann ist es schlimmer als vorher.

Das stimmt so nicht. Ich rate Ihnen an dieser Stelle schon eindringlich, agieren Sie, bevor andere es für Sie tun und über Ihr Schicksal entscheiden. Der Arbeitsmarkt ist voll von Arbeitslosen, die zu zögerlich waren und nun unter Zugzwang sind. Und in so einer Situation macht man erst recht Fehler. Lassen Sie es nicht so weit kommen.

Wenn Sie verstanden haben, wie der Arbeitsmarkt wirklich tickt und wie Entscheider entscheiden, dann werden Sie sich das zunutze machen können und finden, wonach Sie suchen. Dann winkt Ihnen der Traumjob, von dem viele nur denken, dass es ihn sowieso nicht gibt.

Doch. Den gibt es!

Es ist der Job, der für Sie am begehrenswertesten ist. Der Job, der irgendwo da draußen auf Sie wartet. Wir werden ihn finden. Denn jeder hat die Wahl, jeder hat auch die Auswahl, den richtigen Job zu finden, der Zufriedenheit, Begeisterung, Erfolg, Geld und sein persönliches berufliches Glück bedeutet.

Klingt gut? Dann gehen wir es an. *Jetzt!*

Sie haben die Wahl!

Sie sind arbeitslos? Sie suchen einen Job? Mit großer Wahrscheinlichkeit gehen Sie dabei die üblichen Wege, und das heißt: Sie machen alles verkehrt. Sie können es natürlich nicht besser wissen, woher auch. Sie suchen nämlich am falschen Ende des Jobmarktes. Und seien Sie ehrlich: Ein Konzept haben Sie auch nicht bei dem, was Sie da gerade veranstalten. Bewerben halt. Lebenslauf verschicken. Jobsuchen eben. »Wird schon irgendwann klappen«, sprechen Sie sich (noch) Mut zu.

Und dann bekommen Sie die ultimativen Tipps aus dem »Off«: So muss er aussehen, der richtige Lebenslauf, so müssen Sie Ihr Anschreiben für die Blindbewerbung verfassen. So schinden Sie Eindruck! So überzeugen Sie jeden von sich!

Alles Quark, denn schon der Denkansatz ist falsch. Agieren oder reagieren, da liegt der eigentliche Unterschied.

Sie schreiben Bewerbungen auf Anzeigen, die Sie lesen, auf Jobs, die Ihnen ins Auge fallen. Damit tun Sie genau das, was alle machen, und haben dabei Konkurrenz bis zum Horizont, weil alle das Gleiche tun.

Beispiele gefällig?

Wie suchen Sie denn, wenn Sie suchen?

- Über Stellenanzeigen in Tageszeitungen? Diese führen nur in vier Prozent aller Fälle zu einer Anstellung.
- Mit Hilfe von Blind-/Initiativbewerbungen? Noch weniger erfolgversprechend. Die nerven überall und verstauben auf irgendwelchen Schreibtischen.

- In Jobbörsen? Erfolgsquote auch weit im einstelligen Bereich. Viel Cyberlärm um nichts.
- Sie schalten Stellengesuche? Der Erfolg liegt bei 2 Prozent. Haben Sie sonst nichts zu tun, um Ihre Zeit zu verschwenden?
- Freunde fragen? Ja, wenn Sie Ihren Freunden peinlich werden möchten.

Dabei könnten Sie durch geschicktes Agieren und Taktieren Ihre Chancen um ein Vielfaches erhöhen und sind dann auch noch ohne nennenswerte Mitbewerber. Nicht schlecht, oder? Wir werden genau hier ansetzen, haben Sie noch ein wenig Geduld.

Der Begriff »Jobsuche« löst bei den meisten Menschen nur eines aus: Angst und Frust. Er steht für: Bewerbungen verschicken, unzählige Absagen erhalten, erniedrigende Bewerbungsgespräche führen, Auswahlverfahren, Angst vor peinlichen Fragen, die man nicht beantworten kann oder nicht beantworten will, Psychomühle, Assessmentcenter und die Furcht vor längerer Arbeitslosigkeit.

All dies trifft auf die herkömmliche Methode der Jobsuche zu, die die Menschen so lange in der Bewerbungsmühle zerquetscht, bis sie im wahrste Sinne des Wortes zermürbt sind.

Nicht »irgendwo unterzukommen« darf doch das anzustrebende Ziel sein, sondern den Beruf auch als Berufung zu verstehen und Spaß am Job zu haben, gerne zur Arbeit zu gehen. Ein großes Stück Lebensqualität eben.

Ende Gelände? Gibbs nich?

Ich nehme mal an, Sie haben eine gewisse Bereitschaft zur beruflichen Veränderung. Sie haben ja auch hoffnungsvoll dieses Buch gekauft. Erst einmal Glückwunsch dazu!

Oder gehören Sie zu denen, die zwar gerne suchen würden, aber leider keine Zeit dafür haben? Oder die ja grundsätzlich schon suchen wollen, das aber auf morgen verschieben?

Stimmt, Sie warten besser noch ein wenig ab, bis Sie wirklich suchen wollen, und geben Ihrem Arbeitgeber eine letzte Chance. Respekt! Ich garantiere Ihnen aber schon jetzt, er wird sie nicht nutzen. Und wird Sie deswegen auch nicht besonders zuvorkommend behandeln. Auch für den Mitarbeiter des Monats gibt es keine Bonusrunde, wenn die Pforten sich für immer schließen müssen.

Oder Sie sagen sich: »Na ja, so schlimm ist es ja nun auch wieder nicht. Ich schau mal, was in diesem Buch steht, und dann sehen wir weiter.« Dann gehören Sie zu den ewig Wartenden, die auf den perfekten Moment warten. Der wird nur leider nicht kommen. Dafür kommt eventuell der Moment, auf den Sie weniger warten, nämlich dass andere über Ihr Schicksal entscheiden.

Oder Sie müssen jetzt suchen, weil Sie es versäumt haben, rechtzeitig die Reißleine zu ziehen?

Also, Sie suchen. Oder zumindest, Sie beabsichtigen, unter Umständen suchen zu wollen. Oder Sie kennen jemanden, der sagt, Sie sollten suchen. Sie haben von jemandem gehört, der kennt einen, der sucht. Ich verstehe. Klaro! Schluss mit Ausreden!

Wie suchen Sie denn nun, wenn Sie schon suchen? Blöde Frage? Sie machen es natürlich so, wie es alle machen. Wie

»man« eben sucht. Immer mit dem Strom, wir sind ja Herdentiere und fühlen uns dort am wohlsten, wo das Rudel ist. Wenn die anderen das so machen, dann wird es schon richtig sein. Die wissen doch, was sie tun! Das kann ja dann nicht falsch sein.

Jeder Verhaltensforscher bestätigt, dass wir der »Herde« nach dem Mehrheitsprinzip meist Recht geben. Wenn alle um einen Tisch stehen und wühlen, dann muss ich da unbedingt auch hin. Muss ja einen Grund haben. Was es da gibt, sind Schnäppchen. Sind Sie ein Schnäppchenjäger? Dann nur zu! Dann sollten Sie aber auch wissen: Die guten Sachen, die gibt es selten im Sonderangebot. Die muss man schon selbst suchen und sich als Erster dabei bücken.

Wir aber sind skeptisch, sobald kein anderer das auch macht. Sind wir die Einzigen, umschleicht uns ein seltsames Gefühl. Hab ich was falsch gemacht? Haaalloooo, warum ist hier niemand? Wenn keiner hier wühlt, dann hat das bestimmt auch einen Grund und dann bleiben wir lieber weg. Sind wir die Einzigen im Lokal, dann setzen wir uns selten als Erste dort hinein, da muss bestimmt was mit dem Essen nicht in Ordnung sein. Dort aber, wo sich alle in Dreierreihen um die billigen Fleischklöpse schlagen, da muss ich auch hin! Egal wie sie aussehen. Wird schon schmecken. Die anderen essen sie ja auch.

»Los Wochos« in der Jobbörse – wäre vermutlich der absolute Renner! Wenn wir das also auf unsere Jobsuche übertragen, dann wollen wir eigentlich einen Job, der maßgeschneidert zu uns passt, und keinen, den wir vom Wühltisch oder aus dem Sonderangebot bekommen. Das geht aber nur, wenn wir uns von unserem Rudeldenken ein ordentliches Stück weit entfernen. Wir müssen weg von der Herde, weg von den Methoden, die alle anwenden, denn dort ist eben auch die Konkurrenz am größten.

Dieses Verlassen der gängigen Methoden, die alle anwenden, weil sie es immer schon so gemacht haben und nicht besser kennen, ist genau unser Thema und eigentlich schon die Lösung für unsere nun anstehende erfolgreiche Suche nach dem Traumjob. Anstatt also jetzt aktionistisch loszulegen: »So macht es die Herde«, müssen wir uns zuallererst den grundsätzlichen Fragen stellen: Warum tue ich nichts? Ich bin zwar unzufrieden, aber warum hocke ich trotzdem hier rum? Was kann ich und was will ich wirklich beruflich machen? Gibt es einen Weg dahin, auch wenn es unwahrscheinlich klingen mag? In welchem Job bin ich zufrieden?

Darauf aufbauend, werden wir dann eine Strategie entwickeln, wie Sie an Ihren Traumjob gelangen. Und ich garan-

Rudel? Nein danke!

tiere Ihnen, die Herde wird dumm aus der Wäsche schauen! Denn dieses Vorgehen kennt sie nicht, das ist ihr fremd. Aber wenn die wüssten, was Sie dann wissen, dann hätten Sie wieder viele Freunde. Nutzen Sie also den Wissensvorsprung!

Einen neuen Job zu suchen sieht zunächst nach Arbeit aus mit einem ungewissen Ende. Eventuell glauben Sie auch, dass die Risiken größer sind als die Chancen. Sie werden sehen, es ist genau anders herum.

Auch den Job zwangsläufig zu verlieren muss keine Katastrophe sein. Im Gegenteil: Sehen Sie es als Wendepunkt in Ihrem Leben. Die entscheidende Frage lautet dann: Was hat die Welt Ihnen zu bieten? Wollen Sie weitermachen wie bisher? Es liegt nun vor Ihnen: Das ultimative Rezeptbuch für »the other way round«, ab jetzt sind Sie anders herum! Es geht in diesem Buch um das Rezept für den sehr kreativen Weg der Jobsuche und es geht um die richtige Einstellung dabei. Sie werden verblüfft sein, wie einfach es sein kann, lassen Sie sich entführen in eine ganz andere Denk- und Vorgehensweise. Und es geht nicht um irgendeinen Job, sondern es geht um *den* Job. *Den Traumjob.* Gehen wir also nun auf die Suche nach ihm. Fangen wir an!

Zunächst allerdings bei *uns*!

Wie gut kennen Sie sich?

Sind Sie ein grundsätzlich positiv, optimistisch denkender Mensch, oder eher negativ eingestellt, leicht zu Depressionen neigend? Ist für Sie das Glas immer halb leer oder halb voll? Sind Sie nach einem Autounfall, bei dem Sie sich einen Fuß gebrochen haben, froh, dass Ihnen nicht mehr passiert ist, oder jammern Sie, dass immer Ihnen so etwas passieren muss?

Es gibt zahlreiche Versuche, die belegen, dass die Einstellung, Dinge positiv zu sehen, tatsächlich beflügeln kann. Man nimmt zum Beispiel mehr ab, wenn man fest von seinem Diätwillen überzeugt ist, als im Vergleich Testpersonen, die bei gleicher Nahrungsmenge und gleicher Statur nicht daran geglaubt haben.

Man besiegt auf diese Weise auch Krankheiten schneller oder findet seinen Traumpartner leichter, wenn man nur selbst davon überzeugt ist, dass es ihn gibt. »Ich finde sowieso keinen«, verankert sich auch in Ihrem Auftreten und in Ihrem ganzen Verhalten und wirkt nicht gerade magnetisch und anziehend auf Ihr Umfeld.

Positiv denkende Menschen erfreuen sich in der Regel auch besserer körperlicher Gesundheit und Fitness, da das seelische und körperliche Wohlbefinden eng miteinander verknüpft sind. Ein positives Lebensgefühl wirkt auf unsere inneren Organe wie ein Lebenselixier, wie Doping für alle Sinne. Optimisten bleiben länger jung und gesund. Sie sind der Überzeugung, dass sie ihr Wohlbefinden selbst in der Hand haben, und das macht sie stark und weniger anfällig.

Unzählige Untersuchungen belegen, dass unsere Abwehrkräfte durch eine positive Lebenseinstellung gestärkt werden. Wenn wir uns in seelischer Harmonie befinden, dann befindet sich auch unser Körper im Gleichgewicht. Und das ist der beste Schutz gegen Krankheiten und alle negativen äußeren Einflüsse. Wenn Sie einen psychischen Ballast mit sich herumtragen, dann ist es eine logische Folge, dass Sie auch krank werden. Ihr Geist ist geschwächt, Ihr Körper wird Ihnen folgen. Sie gehen gebückt, demütig, Mundwinkel nach unten, gezeichnet vom Leben. Irgendwann wird auch die Bandscheibe ihren Teil dazu beitragen und sich aus ihrer eigentlichen Verankerung lösen.

Menschen mit einer optimistischen, positiven Lebenseinstellung sind gesünder und widerstandsfähiger als pessimistisch eingestellte Menschen. Wenn Optimisten krank werden, dann richten sie ihre ganze Energie auf das »Gesund-Werden«, nicht auf das stille Leiden. Sie mobilisieren durch die Kraft ihrer positiven Vorstellungen ihre inneren Selbstheilungskräfte, und die Hormone und Neurotransmitter schießen nur so durch den Körper, Stoffwechsel, Kreislauf, Immunsystem – alles läuft auf Hochtouren.

Anders bei den Depressiven, die sind schlapp, müde, gereizt. Wie soll der Körper sich da selbst helfen? Außer die Viren kriegen Mitleid. Krankheiten sind für den Pessimisten ein Warnsignal, der Stinkefinger des Lebens, irgendetwas haben sie falsch gemacht und es nicht besser verdient. Jetzt müssen sie dafür zahlen und ertragen es wie einen Bußgürtel.

Die grundsätzliche Lebenseinstellung beeinflusst natürlich auch das Berufsleben. Beruflich und finanziell sind Positiv-

Denker fast immer erfolgreicher als die Dauer-Skeptiker. Dort, wo andere die Probleme sehen, sehen sie die Chance. Sie betrachten Probleme nicht als ein lästiges Übel oder Schicksal, sondern als eine Herausforderung, doch an ihr Ziel zu kommen.

Aufgrund ihrer optimistischen Einstellung – auch gegenüber sich und ihren Fähigkeiten – trauen sie sich viel mehr zu, glauben an sich und ihren Erfolg und können so ihre Fähigkeiten voll entfalten. Sie sind »Ich-kann-es«-Denker, gehen erst einmal unvoreingenommen an eine Sache heran und rechnen immer damit, dass sie Erfolg haben werden. Sie lassen sich auch nicht so leicht von Fehlschlägen und Niederlagen beeinflussen und entmutigen.

Einen Misserfolg sehen sie als wertvolle Erfahrung, die sie ihrem Ziel ein Stück näher bringt. Sie gehen selten auf ausgetretenen Pfaden, sondern suchen neue Wege, die vor ihnen noch niemand gegangen ist. Da sie sich überwiegend gut fühlen, gehen ihnen selbst unangenehme Aufgaben leicht von der Hand.

Der Optimist sieht die Dinge positiv und wird dafür mit erfolgversprechenden Wahrnehmungen belohnt. Sie motivieren ihn, auch zukünftig positiv eingestellt zu sein und auf dieser »perfekten Welle« weiterzusurfen. Denn wer positiv denkt, der erreicht eher sein Ziel, auch wenn es unerreichbar scheinen mag.

Der Pessimist wird hingegen immer Gründe dafür finden, warum es nicht gehen kann, und es daher auch gar nicht erst versuchen.

Was sind Sie für ein Typ? Wo finden Sie sich eher wieder?

Natürlich sind meine Beschreibungen verallgemeinert, niemand ist nur schwarz oder nur weiß, wir sind immer eine Mischung. Aber tendenziell kann sich sicher jeder in dem einen oder anderen Verhalten wiederfinden.

Warum erzähle ich Ihnen das überhaupt?

Sie werden nun in jedem Fall neue Sichtweisen und Einblicke bekommen, wie Sie Dinge anders und positiver angehen können. Sind Sie ein Pessimist, so werde ich Sie nicht sofort dazu bekehren können, jetzt aufzuspringen, Tschakka zu rufen und die Welt ist eine andere. Ich will auch kein Motivationskünstler sein, das überlasse ich den Flummis, die für viel Geld auf Bühnen herumspringen und mit ihrem Headset die Welt ein bisschen besser machen. Vor allem die eigene auf ihrem Konto.

Auch wenn Sie pessimistisch eingestellt sind und sagen: »Kann gar nicht funktionieren« – ich kann und möchte Sie anregen, es einfach mal zuzulassen, dass die Dinge anders sein können, als Sie es »befürchten«. Dass Sie etwas kritischer mit Ihren Vorbehalten und Ihrer Lebenseinstellung umgehen, nicht alles sofort infrage stellen und nicht gleich in die Schublade packen: »Geht eh nicht!« Geben Sie mir und vor allem Ihnen eine Chance!

Eine lebensbejahende Einstellung zu den Dingen, das ist eine ganz wesentliche Voraussetzung für die nun folgenden Aufgaben. Pessimismus und »ich schaffe das sowieso nicht« bremsen Sie aus, bevor Sie überhaupt loslegen können. Sie haben nichts zu verlieren, also lesen Sie weiter und probieren Sie es aus!

Warum sind wir bloß so unkritisch?

Wir verbringen mehr Zeit am Arbeitsplatz und in der Arbeit, als mit unserem Lebenspartner, als mit unseren Freunden, als mit unseren Hobbys. Warum schaffen wir es dann nicht, genauso sorgfältig und kritisch auszuwählen, wenn es um unsere berufliche Zukunft geht? Genauso behutsam zu entscheiden, wie wir es bei der Wahl zum Beispiel unseres Lebenspartners tun? Oder haben Sie Ihren Lebensgefährten aufgrund eines Zeitungsinserats und zwei darauffolgenden Vorstellungsgesprächen geheiratet? Nein? Ach.

Haben Sie aber genau so Ihren jetzigen Job gefunden? Anzeigen gesucht, ein wenig Text gelesen, zwei Interviews gehabt – und schon haben Sie unterschrieben.

Hier bin ich und hier bleibe ich!

Warum haben Sie für Ihre Jobsuche so viele Bewerbungen verschickt, mit der Bitte, Sie doch bitte, bitte zu nehmen? Weil Sie so super und unwiderstehlich sind. Gehen Sie privat auch auf die Straße und fragen jeden Passanten, dass er Sie doch bitte mögen soll, Sie möchten sein Freund sein, weil Sie einfach eine tolle Nummer sind, ein Oberchecker, ein herzensguter Mensch? Und Sie binden ihm gleich alle Ihre Stärken auf die Nase: Sie sind pünktlich, ehrgeizig, strebsam, zielstrebig, durchsetzungsstark, irgendwie muss man Sie doch mögen, oder?

Werfen Sie sich privat so jedem an den Hals? Nein? Warum tun Sie sich dann nur so schwer, bei Ihrer Jobwahl genauso kritisch vorzugehen, wie Sie es im Privatleben tun, und wirklich sorgfältig auszuwählen, mit wem Sie sich wann wie umgeben?

Wir nehmen, was wir kriegen können, und sind froh, dass wir überhaupt einen Job gefunden haben. »Wenn ich Glück habe, nimmt mich die Firma, bei der ich mich beworben habe.«

Sie nimmt *mich*. Hoffentlich!

Warum denn das jetzt? Wo sind *Sie* denn da in dem Entscheidungsprozess? Haben Sie alles dafür getan, damit auch *Sie* die richtige Entscheidung fällen konnten? Seien Sie ehrlich. Sie haben maximal zwei Gespräche gehabt bei dem Unternehmen, bei dem Sie der Personaler auseinandergenommen und viele unangenehme Fragen gestellt hat. Sie haben alles brav beantwortet, der Kaffee war gut, Orangensaft und Kekse gab es auch. Hier werden Sie nicht verhungern! Und dann haben Sie gehofft, dass Sie einen Vertrag bekommen. Und nix wie unterschreiben, bevor sich das jemand noch anders überlegt.

Gut gelaufen …? Der perfekte Arbeitgeber?

Die Praxis zeigt: Nein! Das ist meilenweit weg vom Idealfall.

Die meisten von uns merken erst, wenn sie schon einige Monate bei ihrem neuen Arbeitgeber sind, worauf sie sich eigentlich eingelassen haben. Oft, leider viel zu oft, kommt dann das böse Erwachen.

Noch einmal die Zahl zum gemeinschaftlichen Kopfschütteln: Nur 13 Prozent aller Mitarbeiter bringen im Job ihre optimale Leistung, sind also zufrieden und hochmotiviert! Eine wahnwitzig niedrige Quote. Und meist liegt es daran, dass man bei der Jobwahl viel zu unkritisch, zu blauäugig war und zu wenig im Vorfeld recherchiert hat.

Sie merken, wo das Problem liegt: *Sie* sollten viel sorgfältiger auswählen, viel kritischer sein, denn *Sie* haben die Wahl. Nicht die Firma entscheidet, sie assistiert höchstens bei Ihrer Entscheidung. So müssen Sie denken und danach handeln. Haben Sie alles getan, damit diese Entscheidung die richtige ist? Haben Sie sich neben dem Job auch die Firma genau angesehen, mit Mitarbeitern geredet, Eindrücke gewonnen, Geschäftsberichte gelesen, die potenziellen neuen Kollegen vorher kennengelernt, eventuell mal einen Tag Probe gearbeitet? Wohl nicht, sonst wäre Ihnen der Irrtum bereits vorher klargeworden. Das geht nicht?

Doch, alles was ich gerade aufgezählt habe, sind legitime Beispiele, wie Sie sich vorher hätten »schlaumachen« können, und jede Firma wird Ihnen auch zugestehen, dass Sie sich genauer informieren wollen. Tut sie das nicht, dann ist das ja ein Indiz für Ihre Entscheidung, wenn auch kein gutes. Die Firma muss doch allerhöchstes Interesse daran haben, dass die Entscheidung für beide Seiten die richtige ist, weil eine Fehlbesetzung sehr unangenehm und zudem teuer ist. Sie glauben gar nicht, wie falsch auch die Firmen oft bei ihren Entscheidungen liegen, wie oft sie sich lenken lassen von Dingen, die nicht relevant sind. Denn hier entscheiden auch Menschen, und ich habe noch keine Personalentscheidung miterlebt, in der nach einer Matrix »Plus gegen Minus« streng nach Logik und Vorgabe entschieden wurde.

Es ist am Ende immer der Bauch, der entscheidet. Der Kopf kriegt nur anschließend noch Nahrung, damit auch er zufrieden ist und man die getroffene Bauchentscheidung rechtfertigen kann. Wenn also eine Matrix angelegt wird, weil es so toll aussieht, dann dient diese nur dazu, eine bereits getroffene Entscheidung zu begründen. So ist es nun mal.

Also vertrauen Sie nicht dem Unternehmen, das Sie einstellt, unter dem Motto: Die wissen schon, was sie tun. Wissen sie nicht. Denn sie wissen nicht, was *Sie* wollen und was für *Sie* das Beste ist. Und noch schlimmer: Es interessiert sie auch nicht, ob Sie damit der glücklichste Mensch auf unserem Planeten werden.

Vertrauen Sie also nur sich selbst und seien Sie kritischer als Ihr Gegenüber. Es ist Ihr Leben. Es ist Ihre Zeit, Sie haben die Wahl: Spaß oder Ärger. Begeisterung oder Frust.

Wenn Sie das verinnerlichen, dann sind Sie schon ein erstes Stück vorangekommen.

»Ich suche einen Job, der zu mir passt.«

Das klingt doch gleich viel besser, oder?

Also Punkt. Basta! Tanken Sie Selbstbewusstsein bei diesen Worten, lassen Sie sie auf Ihrer Zunge zergehen, denn es ist die einzig richtige Einstellung, um diese wichtigste aller Entscheidungen fundiert treffen zu können. Jede andere Vorgehensweise unter dem Kaisermotto: »Schaun mer mal«, ist doch kompletter Unfug, oder? Als wäre es so eine Nebenbei-Entscheidung. Nichts Wichtiges. Dafür müssen Sie sich ab jetzt viel zu schade sein.

Es kommt nicht darauf an, irgendetwas zu tun, sondern das Richtige zu tun. Sie müssen nur den Glauben daran haben, dass Sie finden können, was Sie suchen. Sie werden noch sehen, wie leicht das sein kann! Und Sie müssen kritischer werden, nur dann vermeiden Sie eine Fehlentscheidung, die Sie über Jahre hinweg begleitet und die zu einem unbefriedigenden beruflichen Schicksal führt.

> *Nicht der Mangel an Jobs ist unser Problem bei der Suche, sondern die Art, wie wir nach ihnen suchen!*

Die Arbeitgeber warten eigentlich auch nur darauf, dass ihnen jemand die Suche abnimmt, dass sich jemand meldet, der sagt: »Hier bin ich, das kann ich und das passt für uns beide.« Nur tut das keiner. Schade eigentlich, denn es wäre auch für die Firmen viel leichter, sie müssten keine Umwege gehen, könnten sich viel Geld sparen und müssten nicht zeitintensiv suchen.

Und was tun wir in der Regel? Wir suchen unseren Job, wenn wir überhaupt aktiv sind, nur auf eine möglichst unaufdringliche Art und Weise, wie biedern uns an, sind dabei unvorbereitet und unsicher. Wir überlassen es den Unternehmen, zu entscheiden, und wir nehmen diese Entscheidung dann dankend an. Dabei sollten wir doch selbst am besten wissen, was zu uns passt und wo wir die bestmögliche Leistung erbringen können. Wir dürfen uns nur nicht selbst belügen und uns alles schönreden.

Was hindert Sie daran, sich nicht mehr länger in Ihr Schicksal zu ergeben, sondern einfach loszulegen?

Wer ist dieses Monster, das Ihnen Ihr Glück nimmt und Sie in Ihrem unzufriedenen beruflichen Zustand verharren lässt?

Wer ist dieses Monster?
Darf ich vorstellen: *Sie.*
Wer kann das Monster stoppen?
Darf ich vorstellen: *Sie.*

Wir sind das Monster!

TEIL 1

Unsere Ausreden, Barrieren und Verhinderer

**Ladys and Gentlemen!
I wanna say: »Es ist halt so!«**

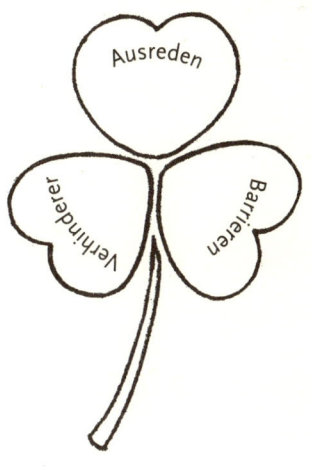

Als wichtigste Überlegung, bevor wir richtig loslegen können mit der Suche nach dem Traumjob, müssen wir uns zunächst fragen, was uns denn bisher daran gehindert hat, ungebremst Gas zu geben, sobald wir gemerkt haben, dass es nicht so optimal läuft mit dem Job. Was hindert uns daran, unser Schicksal aus eigenem Antrieb selbst in die Hand zu nehmen? Es muss ja Gründe dafür geben, dass wir alle einerseits unzufrieden, andererseits total abgestumpft und unkritisch sind und uns lethargisch in unser Schicksal ergeben.

Wir haben alle ein paar *Lieblingsausreden* und tief verankerte *Verhaltensmuster*, die uns daran hindern, einfach loszulegen und das zu suchen, wovon wir eigentlich träumen. So lange uns diese nicht bewusst sind und wir nicht verinnerlichen, wie wir mit ihnen und mit uns besser umgehen können, so lange werden wir nichts ändern.

Diese inneren Schweinehunde – es sind gleich mehrere – müssen wir nun als Erstes besiegen. Ich werde meinen Finger zunächst in ein paar Wunden legen, am offenen Psycho-Herzen bei Ihnen operieren. Sie werden Ihnen alle bekannt vorkommen, die kleinen und großen Dinge, mit denen wir uns permanent selbst »on hold« stellen. Sie prägen uns und hindern uns an längst fälligen Aktionen. Sie sind uns so liebgeworden, unsere »Verhinderer«, sie lassen uns verharren in unserem »Ist halt so«-Zustand. Sie sind aber für unsere Aufgabe, den richtigen Job zu finden, absolut destruktiv. Sie wirken den notwendigen Aktionen entgegen und blockieren uns. Diese eigenen Barrieren und Verhinderer sollen nun unser erstes Thema sein.

Der blöde Montag!

»Die Welt ist so, wie wir sie sehen!« Ein weiser Spruch aus der Lebenshilfe und Psychologie. Er beruht im Wesentlichen auf unserer Grundeinstellung, die wir zum Leben haben, und unserer damit verbundenen Wahrnehmung. Die ist nämlich nicht so ungetrübt, wie wir meinen. Wenn wir also

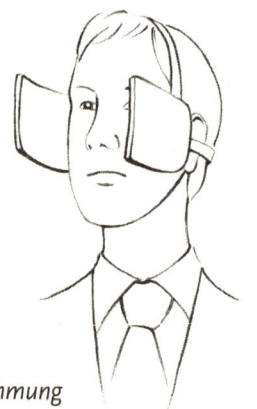

Unsere Wahrnehmung

unsere Pupillen scharf stellen, dann sehen wir trotzdem verschwommen, wenn wir die Ohren spitzen, dann hören wir dennoch alles wie durch einen Trichter.

Man bezeichnet dies als *selektive Wahrnehmung*. Das bedeutet, dass wir bewusst nur bestimmte Inhalte registrieren, und zwar aufgrund von Wünschen oder bisher gemachten Erfahrungen. Dieser Effekt beeinflusst also permanent unser Tun und Wirken, wir können uns nicht dagegen wehren. Wir sind in unserer Wahrnehmung somit immer »vorgespannt« und sehen das, was wir erwarten und sehen wollen.

Erwarten wir, dass das Schicksal am Freitag, den 13. wieder hart und erbarmungslos zuschlagen wird? Die 13 ist für uns eine Pechzahl, für die Italiener ist sie eine Glückszahl. Sind dann die Italiener am 13. glücklicher als wir? Kriegen wir dann am 13. in Deutschland das ganze Pech ab und unsere Nudelkollegen südlich der Alpen haben an diesem Tag die Glücksfee für sich allein gepachtet? Was haben die, was wir nicht haben?

Oder wissen Sie schon vorher, dass Ihnen immer am Montag die blödesten Sachen passieren? Dann wird es auch so kommen! Nur nehmen Sie dann am Montag auch nur die »blöden Dinge« wahr und »übersehen« die vielen positiven Momente, die Sie an diesem Tag auch erleben. Das freundliche Lächeln vorhin in der U-Bahn? Den Bus grad noch gekriegt? »Ist mir nicht aufgefallen.« Aber eine korpulente Frau steigt zu und setzt sich prustend mit Ihren fünf Einkaufstüten und Hund direkt neben Sie!

Siehste! Blöder Montag! Stets passiert mir so etwas montags!

Wir werden immer eine Bestätigung dafür finden, warum es so ist, wie wir es sehen wollen. Argumente, die die eigene Position stützen, werden stärker wahrgenommen als solche, die sie schwächen. Sehen wir also den Montag als ein negatives Gesamtereignis, werden die entsprechenden Beweise dafür wahrgenommen, gesammelt und bestätigen damit unsere Sichtweise.

Das Positive hingegen werden wir dann ausblenden. So ticken wir nun mal.

Ich weiß, jetzt mache ich mich sehr unbeliebt, jetzt begebe ich mich auf ganz dünnes Eis, aber ich mag dieses Beispiel so gerne: »Typischer Widder!«

Aber noch besser ist: »Gar kein typischer Widder!«

Das zweite Argument ist ja eigentlich die Gegenthese zur These, aber sie wird dennoch benutzt, um dieses Denkmodell der Astrologie zu bekräftigen. Ich will die astrologischen Sichtweisen dahinter jetzt nicht werten, keine Angst, darüber sollten Sie selbst entscheiden. Es ist nur ein perfektes Beispiel für unsere selektive Wahrnehmung und dafür, wie wir uns selbst manipulieren können. Wir können also sogar die Gegenbeweise einer Wahrnehmung sehen – und sie uns selbst trotzdem wieder als Bestätigung verkaufen. Sensationell! Sind wir nicht unschlagbar als Verkäufer unser eigenen Thesen?

Grundsätzlich ist »selektiv Wahrnehmen« ja nicht nur falsch. Es hilft uns in unserer Grundordnung, denn der Mensch ist darauf aus, Dinge und Ereignisse, die er wahrnimmt, einsortieren zu wollen in seine bekannten Denkmodelle. So lange wir keine Schublade ziehen können, in die

»etwas« oder »jemand« hineinpasst, so lange fühlen wir uns unwohl. Wir tasten also eine Person, ein Ereignis mit unseren Sensoren ab, und dann: Rumms! Hat ihn! Bezug hergestellt, eingeloggt. Schublade zumachen. Glückliches Gesicht machen!

Deshalb ist es auch so schwer, eine Person, eine Situation, die wir bereits bewertet haben, aus dieser Ecke wieder herauszubekommen. Wir wissen: »Der erste Eindruck ist entscheidend!« Haben wir unser Urteil mal gefällt, dann wird es aber schwierig mit uns, dann werden wir aber bockig! Denn wir sind ja schließlich froh, dass wir eine Zuordnung gefunden haben. Jetzt sind wir träge, faul und wollen unsere Entscheidung nicht wieder infrage stellen. Denn das wäre jetzt ja nur noch anstrengend.

Wir können eine abstrakte Information nur durch Zuordnen zu Bekanntem verarbeiten und abspeichern. So tickt unser Gehirn. Um Sie etwas zu desillusionieren: Es ist pure Chemie, was da in unseren Gehirnen abläuft. Sie sind ein wandelndes Alchimisten-Kunstwerk, Eiweißmoleküle, Nukleinsäuren sausen herum und wollen nur eins: zuordnen, Ordnung schaffen. Pure Information können wir nicht verarbeiten. Wir müssen sie mit Gefühlen, Gerüchen, Bildern, mit vorhandenen Dingen verknüpfen, erst dann können wir sie erfolgreich »abheften« und so in unser Langzeitgedächtnis überführen.

Das funktioniert auch in der anderen Richtung. Haben Sie das nicht schon oft genug erlebt? Plötzlich ein ganz bestimmter Geruch, und schon sind alle Bilder und Erlebnisse wieder da, alles, was Sie längst schon vergessen glaubten. Ein Déjà vu. Nichts ist vergessen, die Schublade war nur irgendwo ganz weit hinten in Ihrem Gehirn verkramt, und durch den Geruch haben Sie den Zugang zur Schublade, den Schlüssel wieder gefunden.

Die gute Botschaft dabei: Es gibt also eigentlich kein Vergessen von Informationen, sondern diese wurden entweder gar nicht erst vernünftig gespeichert, weil man sich zu wenig Mühe gegeben hat, oder man kann sie nicht mehr wiederfinden – weil man nicht weiß, wo man suchen soll. Vielleicht will man es auch manchmal gar nicht mehr wissen.

Drogen pfuschen in diesem Chemielabor herum und auch Krankheiten wie Demenz sind Auslöser für Veränderungen in unserem Gehirn. Auch regelmäßiger Alkoholkonsum führt dazu, daß man mit Erinnerungslücken leben muß.

Die Funktion des »Abspeicherns« bewirkt bei uns, dass nicht nur Menschen und Ereignisse, sondern auch alle unsere Denkmodelle und Wertvorstellungen, die wir als »richtig« bei uns eingeloggt haben, unverrückbar bleiben, egal ob sie gut oder schlecht für uns sind. Da sind wir wenig kompromissbereit und ziemlich stur! Wer will da schon gerne dran rütteln! Einen Festplatten-Reset gibt es bei uns nicht, alles bleibt dort, wo es ist. Standpunkte grundsätzlich zu verändern und zu korrigieren ist also überhaupt nicht unser Ding, ein kompletter »Richtungswechsel« ist für die meisten von uns eine Katastrophe. Wir fürchten die völlige Orientierungslosigkeit. So prägt sich auch unsere Lebenseinstellung sehr früh.

Einige dieser so gebildeten Schubladen können uns aber ganz schön zu schaffen machen, und dann wird es Zeit, das eine oder andere Wertebild und Verhaltensmuster zu korrigieren. Denn vieles hindert uns daran, einmal eingeschlagene Wege zu verlassen und Neues auszuprobieren. Das ist jedoch wichtig, denn sonst kommen wir auch in unserer Suche nach einem neuen beruflichen Tätigkeitsfeld nicht voran.

Selektives Wahrnehmen und die eigenen Bastionen, die wir wie Sandburgen an der Ostsee um uns herum aufgebaut haben, um unsere Einstellung zum Leben zu bestätigen – das sind unsere ersten Verhinderer. Nur wenn wir zulassen, dass es anders sein kann, als wir denken, sind wir offen für Veränderung.

Selektive Wahrnehmung lässt uns also verharren und führt zu dem »Kann nicht gehen, das bringt nichts«-Effekt.

Das ist der Hausmeisterjargon, wie er aus jedem Treppenhaus schallt, wenn Sie vom Chef des Hauses eine kleine Änderung erbeten: »Das geht nicht, das ham wir ja noch nie so jemacht!«

Man stellt sich selbst damit ruhig und erklärt sein Nichtstun zur weisen Erkenntnis.

Cola gegen alles

Unsere Wahrnehmungen werden also von uns selbst tatkräftig in Eigenregie manipuliert. Aber auch unser Umfeld meint es nicht immer nur gut mit uns und hat ein paar Gemeinheiten für uns parat. Manchmal ohne Absicht, manchmal aber auch aus purem Selbstzweck! Die Welt ist nicht nur nett zu uns!

Die Werbung zum Beispiel hämmert uns ihre eigenen Wahrheiten ein, Statistiken werden gerne verwendet, um uns eine bestimmte Schlussfolgerung einzutrichtern, und jeder Meinungsmacher will uns mit seinen Argumenten fadenscheinig hinter sein persönliches Licht führen. Alle machen sich unsere Gutgläubigkeit zunutze, um uns eine ganz bestimmte Sicht der Dinge aufzudrängen, indem sie uns eine eigene Logik präsentieren, der wir folgen sollen. Und wenn der Weg uns sinnig erscheint, dann glauben wir auch der Schlussfolgerung. Da wir sehr gutgläubig sind, sind wir sehr leicht manipulierbar, wollen das aber keinesfalls wahrhaben. Das macht es für uns noch schlimmer.

Wenn wir da nicht gut auf uns aufpassen, ergeben sich fatale Schlussfolgerungen, die in sich logisch scheinen, aber dennoch total daneben sind. Statistisch gesehen, sind Sie temperaturmäßig ausgeglichen, wenn Ihr Kopf im Feuer und Ihre Beine im Eis sind. Tatsächlich wird Ihr wertes Befinden aber sicher nicht so ausgeglichen sein.

Für jede neue Modelinie werden die Stilikonen mit den neugezimmerten Klamotten überhäuft, auf dass sie sie ja das eine oder andere Mal tragen. Dann schnell ein Foto geschossen, und schon ist die Manipulation und Meinungsmache gelungen: Trägt Miss IT-Lady das, dann ist es cool und ich muss es auch – toll finden.

Wahrnehmungen jeglicher Art können eine ernste Bedrohung für uns sein, wenn wir unvoreingenommen an etwas herangehen wollen, dann aber einseitig gefüttert werden. Bei unserer IT-Lady fokussiert sich die Bedrohung beispielsweise auf Ihren Geldbeutel.

Nehmen wir ein paar Beispiele. So habe ich jüngst eine Statistik gelesen, in der stand: Cola hilft gegen Krankheiten, ist gut für das Allgemeinbefinden. Genial! Begeisterung! Aber, wie kam man darauf? Gute Frage!

Nun, man stellte fest, dass die Personen, die die braune Blubberbrause trinken, weniger oft krank werden als die, die das braune Getränk nicht regelmäßig zu sich nehmen. 5000 Probanden, alle Altersgruppen wurden getestet, die Cola-Trinker hatten immer die Nase vorne. Logisch, ne?

Nee! Wer trinkt bevorzugt Cola? Richtig, junge Leute. Und die haben nun einmal weniger mit Krankheiten zu kämpfen als alte Menschen. Also schöne Umfrage, nett gemeint, schön wär's gewesen, aber völlig falsche Schlussfolgerung. Hätten Sie's geglaubt?

Jobsucher sind zu 80 Prozent umzugsbereit und mobil. Diese Statistik sprang mir vor kurzem ins Auge. Das hat mich doch einigermaßen verwundert. Denn die wenigsten sind bereit, ohne Not umzuziehen – lehrt mich meine Erfahrung. Und nun plötzlich 80 Prozent? Wow, ein Ruck geht durch Deutschland!

Dann habe ich mir angesehen, wer diese Statistik erstellt hat. Es war eine Immobilienbörse. Haha! So ein Blödsinn, wer in einer Immobilienbörse surft, der ist erwartungsgemäß auf der Suche nach einer neuen Bleibe. Warum? Weil er oft einen neuen Job gefunden hat, bei dem er sich räumlich verändern muss. Sonst wäre er nicht hier. Dass die Befragung dieses Personenkreises dann so ein Ergebnis ausspuckt, ist irgendwie in sich logisch. Aber nicht repräsentativ. Super Umfrage!

Noch ein Beispiel im Selbstversuch, weil es gerade Spaß macht: Ich war dieses Jahr mit meinen beiden Söhnen im Urlaub auf Mallorca. Wir schlenderten abends durch die Straßen von Palma, auf dem Weg zum Zentrum des Geschehens, dorthin, wo es »abgeht«. Plötzlich sagte einer der beiden sichtlich angeschlagen zu mir: »Ich glaube, wir gehen in die falsche Richtung, die ganzen hübschen Mädels kommen uns immer nur entgegen! So'n Quark! Ich will umdrehen!«

Nun, ich wollte jetzt nicht besserwisserisch reagieren, das kommt in dem Alter gar nicht gut an. Pubertät, so heißt es ja bei den Kids, ist, wenn die Eltern schwierig werden. Also Ruhe bewahren. Ich konnte ihn schließlich davon überzeugen, dass dies ein klassischer Fall von verzerrter Statistik war. Er sah die entgegenkommenden Blondinen, und mit jeder entgegengesetzt vorbeiflanierenden Schönheit sank seine Laune. Lauter verpasste Gelegenheiten! Aber er nahm die Beautys, die in die gleiche Richtung gingen wie wir, natürlich nicht wahr. Wie auch, die waren ja vor beziehungsweise hinter uns. Wir einigten uns, es darauf ankommen zu lassen, und den Statistikern die Schuld zu geben.

Die Hoffnung, dass wir die Realität objektiv wahrnehmen könnten, hat ja bereits der griechische Philosoph Sokrates schon vor mehr als 2400 Jahren zunichtegemacht. Er stellte fest, dass die Wahrheit dem menschlichen Erkenntnisvermögen prinzipiell unzugänglich ist. Also ist Sokrates im Zweifelsfall Schuld. Es kam, wie es kommen musste, viva la noche, der Abend war gerettet. Ohne ein Umdenken und einen veränderten Blickwinkel wäre mein Filius aber sicher in die falsche Richtung gelaufen. Den griechischen Philosophen sei Dank – der Urlaub war gerettet!

Diese Beispiele sind jetzt allesamt noch verhältnismäßig »unschädlich« und sollen nur aufzeigen, wie leicht man einer Argumentationskette glaubt und folgt. Es kann aber auch gefährlicher für uns werden. Wenn Dinge oft genug wiederholt werden, dann werden sie für uns schnell, viel zu schnell zur »Wahrheit«. Wie leichtfertig lassen wir dann Fehlschlüsse zu und handeln danach. Und einmal so »eingeloggt«, kommen wir alleine auch nicht mehr raus aus der Nummer.

Und das führt uns jetzt wieder zu unserer Frage, warum verändern wir beruflich nichts? Warum verharren wir, obwohl wir wissen, tief in uns drin, das ist falsch?

Wenn wir in unserem Job unzufrieden sind, dann erleben wir die Unzufriedenheit jeden Tag. Und um uns herum sehen wir auch nur Kollegen mit dem gleichen gelangweilten Gesichtsausdruck. Das lässt uns daran zweifeln, dass es »woanders« überhaupt besser sein könnte. Das nimmt uns den Elan und den Optimismus, den wir jedoch brauchen, um aktiv zu werden. Wir müssten ja gegen den Trend und gegen alles Zahlenmaterial ankämpfen, was uns sagt: Macht alles keinen Sinn. Besser wird's nicht. Ein Teufelskreis. Das alles sind trügerische »Wahrheiten«!

Uns geht es nicht gut, unserem Arbeitskollegen auch nicht, das wären ja dann schon mal 100 Prozent. Was soll eine Veränderung dann schon bringen? Ich finde nix, mein Kollege findet auch nix. Und wenn wir mit dieser Einstellung durch unser Leben gehen, werden wir noch genug Personen treffen, die auch nicht besser dran sind. Mit denen können wir uns dann statistisch verbrüdern und dafür sorgen, dass sich die Zahlen bestätigen. Wir sehen es als unveränderliche »Gesamtsituation« und erkennen wenig Sinn darin, an unserem Schicksal etwas zu ändern. Es spricht ja alles dagegen!

Und der geschätzte Kollege, der auch keinen richtigen Spaß an der Arbeit hat, ist Ihr »IT-Girl«. Wenn der nix kriegt und durchhält, dann hat er schon fast Vorbildfunktion. Wie in aller Welt sollen Sie denn dann was Besseres bekommen?

Sie sind in einer eigenen Welt und die spricht nur eine Sprache. Um Sie herum nur Personen, die in ihrem Job entweder unzufrieden sind oder gar keinen haben. Wie viele Personen können Sie aufzählen, die sagen: »Mann, bin ich unzufrieden!« Genau. Ziemlich viele. Und wie viele sagen Ihnen: »Jawoll, ich hab's, ich bin's, ich bin ja so happy!« Wenige, vermute ich.

Ziehen Sie daraus nicht die falschen Schlüsse!

> *Nur weil die anderen orientierungslos sind, heißt das nicht, dass es keinen Weg gibt.*

Von einem Unternehmen wird auch erwartet, dass es sich immer wieder neu erfindet, immer wieder den Markt neu sondiert, scoutet und frische Entscheidungen fällt. Nur dann wird eine Firma langfristig am Markt erfolgreich sein. Warum tun wir das nicht auch? Wir entscheiden uns einmal und wollen dann ein Leben lang nichts anderes mehr wahrhaben.

Sie *müssen* Ihre eigene Wahrheit herausfinden, gehen Sie daher unvoreingenommen an die nun folgenden neuen Sichtweisen heran. Erlauben Sie es sich, dass es anders ist, als Sie vermuten und befürchten. Die trügerischen Eindrücke aus Ihrem Umfeld, die falschen Schlussfolgerungen und Ihre eigene Logik daraus sind ganz schlechte Ratgeber und Verhinderer. Die trügerischen Wahrheiten führen auch zu dem »*Siehste, geht nicht*«-Handeln.

Steigen Sie also raus aus der Kiste! Ihre Chancen sind viel besser, als Sie glauben. Oder um es mit Albert Einstein zu formulieren:

> »*Es ist schwieriger, eine vorgefasste Meinung zu zertrümmern, als ein Atom!*«

Lachshäppchen im Fanblock

Wir sehen, wir sind sehr stark geprägt und vorgepolt von uns selbst. Die ganz große Experimentierfreudigkeit keimt da nicht auf. Unser Leben ist gezeichnet von den Dingen, die wir so sehen, wie wir sie sehen wollen. Damit halten wir neue und fremde Dinge von uns fern, es entstehen selektive und trügerische Wahrheiten, die unser Verhalten prägen. Das ist eine wesentliche Ursache, warum wir nichts verändern wollen oder können. Wir glauben den Dingen, die so sind, wie sie sind, und daher lassen wir es so, wie es ist. Das führt zu dem »*Bringt eh nichts!*«-Effekt. Um wirklich alle unsere Bremsklötze kennenzulernen, die einen Perspektivenwechsel bei uns torpedieren, müssen wir aber noch viel tiefer graben. Nämlich in unserem Gruppen- und Sozialverhalten, das uns Regeln und Zwänge aufgibt.

Sie gehören zu keiner Gruppe? Sie sind Sie? Ach.

Ich fange mal ganz vorsichtig an, mit unseren nationalen Eigenheiten und Angewohnheiten. Hier mal ein ausgesprochenes Klischee-Beispiel, das mir wirklich so passiert ist: Ich war an Weihnachten 2004 auf den Malediven zum Tauchen und »mittendrin und live dabei«, als der Tsunami, der über 230 000 Menschenleben im Indischen Ozean kostete, auch in meinem Urlaub plötzlich donnernd und ungefragt am Horizont auftauchte. Ich sage Ihnen, so ein Tsunami kann einem den ganzen Tag versauen.

Es war neun Uhr früh und wir saßen zum Glück zu dieser Zeit alle beim Frühstück im kleinen Inselrestaurant, als die Welle tosend am Horizont anrollte. In den Bungalows hätte vermutlich kaum einer überlebt, die waren später alle zerstört. Es dauerte etwas, bis wir alle begriffen hatten, was eigentlich gerade um uns herum passiert. Die Welle rollte an. Erbarmungslos kam sie näher. Wir alle standen versteinert da und blickten ungläubig aufs Meer, als wären wir nur Zuschauer in einem schlechten Hollywood-Actionthriller. Ich weiß noch genau, was mir in diesem Moment durch den Kopf ging: Vor meinem Auge flogen alle möglichen Varianten an mir vorbei, was nun alles passieren kann und was der schlimmste anzunehmende Fall sein kann.

Es war ein ganz analytisches »Abchecken«, und ich wundere mich noch heute, dass man in so einer Situation dazu fähig ist.

Nun, mein »schlimmstes anzunehmendes Ergebnis« war, dass wir von der Riesenwelle von der kleinen Insel gespült und mitgerissen werden. Die Welle war ca. drei bis vier Meter hoch, das erschien mir nicht lebensbedrohlich. Da um uns herum nur Palmen und kleinere Bauten waren und die Insel überschaubare 500 Meter Durchmesser hatte, kam ich zu dem Ergebnis: Das ist alles nicht so schlimm, das Wasser hat 30 Grad, die Fische sind grundsätzlich freundlich und alle paar Hundert Meter befinden sich Sandbänke. Ich war daher sehr ruhig, erstaunlich ruhig, in Erwartung der nun kommenden Wasserflut.

Ein Italiener neben mir hatte da wohl ganz andere Analysen angestellt und griff beherzt zu seiner Gucci-Sonnenbrille, steckte sie sich lässig in die Haare, unter dem Motto, komm nur du Welle, ich bin vorbereitet und ich sehe verdammt gut aus dabei.

Das sympathische Franzosenpärchen, mit denen wir Insel-Freundschaft geschlossen hatten, hat sich auch eindrucksvoll ruhig verhalten. Sie sind beide aufgestanden, haben sich noch einige Leckerbissen vom Büffet gesichert und die Welle so kauend und mit vollen Backen erwartet. Ich erzähle hier wirklich eine wahre Geschichte.

Mehrere Japaner und vor allem die Japanerinnen verharrten schon im Anblick des kommenden Unglücks in einem völlig hysterischen Schreizustand und produzierten Dauerton. Sie waren die Einzigen, die wirklich panisch reagiert haben. Japaner sind Gruppenmenschen, die gemeinsame Konsensentscheidung fällen wollen. Hier war aber offenkundig keine Zeit, um nun eine gut abgewägte Gruppenentscheidung zu fällen, und das ließ sie doch lautstark kollabieren.

Der Engländer neben mir reagierte wieder so, wie man es erwarten »musste«, er witzelte, als er da draußen seinen Wasserbungalow einknicken und versinken sah, den die Welle zuerst erwischte: »Now it's a real water bungalow!«

Die Deutschen waren dann nach der Welle kollektiv die Ersten, die sofort angefangen haben zu organisieren und die Löcher für die getrennten Damen- und Herrentoiletten ausgehoben haben. Links die Frauen, rechts die Männer, und alle bitte schön in einer Reihe anstellen und nicht drängeln. Jeder kommt dran. Typisch deutsch: Alles im Griff, die Uhr in der Hand, und immer eine Idee, wie man es noch besser machen kann.

Man möge mir verzeihen, wenn ich die Mentalitäten etwas oberflächlich skizziere, aber alle haben sie in diesem Fall zugetroffen. Auch wenn ich das natürlich »sehr selektiv« wahrgenommen habe. Der Engländer witzelt mit unnachahmlich schwarzem, britischem Humor, der Deutsche organisiert und weiß, wie es besser geht, dem Franzosen tut das gute Essen leid. Die Japaner wuseln hysterisch umeinander und der Italiener sieht einfach gut aus dabei.

Ein tolles Anschauungsbeispiel, um zu zeigen, wie sehr wir doch von unserer Herkunft in unserer Mentalität, in unserem Verhalten vorgeprägt sind und so »typisch« reagieren. Typisch deutsch, typisch italienisch, typisch amerikanisch – weil wir offenkundig so aufgewachsen sind und es nicht anders kennen. Das Land, in dem wir leben, prägt uns, ob wir wollen oder nicht. Und wir empfinden uns als Einzige normal und »die anderen« als sonderbar.

Ist das wirklich so? Ja klar. Wir wachsen auf mit diesen Werten, wir beobachten unser Umfeld und werden genauso. Bewusst oder unbewusst. Man nennt dies »erlerntes Verhalten«, das unser »angeborenes Verhalten« ergänzt. Wir lernen aus dem Verhalten der Gruppe und eignen uns dieses ganz selbstverständlich an. Wir kennen es ja nicht anders. Das national anerlernte Verhalten ist eines der stärksten Gruppenverhalten, dem wir alle unweigerlich folgen und wie ferngesteuert danach handeln. Nun, dass wir so typisch deutsch sind, ist kein Anlass zur Beunruhigung. Sie können hierbleiben. Nationale Eigenheiten sind nichts Schlimmes und dienen uns hier nur als Anschauung und um uns der eigentlichen Problematik zu nähern.

Erweitern wir also mal unseren Blickwinkel vom nationalen zum sozialen Umfeld, so wird der ganze Schlamassel sichtbar.

Das soziale Umfeld, in dem wir aufgewachsen sind, spielt eine ganz entscheidende Rolle für unser Verhalten und das Bilden unserer Wertvorstellungen. Richtet unser nationales Ego noch wenig Schaden an, unser soziales Umfeld gibt uns den Rest. Was genau meine ich damit?

Die Kinder von Ärzten werden oft auch Ärzte. Haben die Eltern studiert, dann studieren in der Regel auch die Sprösslinge. Sie folgen einem natürlichen Zwang. In sozial schwächeren Gruppen ist Studieren verpönt und somit lässt man es dann auch – man will ja kein Außenseiter sein und nicht gegen den Strom schwimmen. Also findet man Abitur und Studium »voll ätzend« und verteidigt sein Bildungsdefizit als die einzig wahre Lebenserkenntnis.

Man ist immer gerne »unter sich« und bildet gleichgesinnte Interessengruppen. Das mögen wir, hier fühlen wir uns wohl! Als äußeres Zeichen der Verbundenheit geben sich die Gruppen dann auch noch lustige Namen und einen Dresscode und ziehen dazu Einheitskleider an. So ist man dann in jungen Jahren überzeugter Punker, Raver, Hipp-Hopper, Emo, Rock 'n' Roller oder Metalhead. Und alle haben das Gleiche an, reden mit den gleichen Floskeln und klopfen die gleichen Sprüche.

Als Erwachsener geht dieses Spiel weiter, ob als Fußballfan in Schalke-Königsblau oder Dortmund-Gelb, aber genauso als Banker, Harleyfahrer bis hin zu Pauschalreisenden in einheitlichen Sandalen, Ute in Jute oder auch VIPs, bei denen die Rolex und das Chanel-Kleid ein Muss sind. Camper, Kleingärtner, Grüne, Gelbe, Blaue, alle sind in Gruppen organisiert mit festen Regeln und klaren Wertvorstellungen, was geht und was nicht. Und das bis hin zum ausufernden Fanatismus.

Man zeigt immer liebend gerne und voller Stolz seine Zugehörigkeit. Am besten gefallen mir die Gruppen, die gegen jegliche Konventionen sind und dies durch ein alternatives, aber damit genauso einheitliches Outfit unterstreichen.

Das alles ist immer noch zu verkraften, verheerend ist nur, dass dieses »Gruppenverhalten« schon früh auch unsere Berufsentscheidung beeinflusst und prägt. Und es ist sehr schwer, aus den gedanklichen Werten, die in der Gruppe gelten, auszubrechen, sich quasi zum Außenseiter und Rebellen zu machen. Also tut man, was die anderen tun, und nicht das, was man selbst am liebsten tun würde. Meine beste Freundin wird Friseurin oder Anwaltsgehilfin, auja, mach ich auch.

Du machst einen Sozialberuf? Prima, ich komm mit, dann bin ich nicht so allein mit meiner Entscheidung.

Warum schreibe ich das alles, das wissen Sie doch selbst? Was hat das mit Tsunami und Trachtenabenden zu tun?

Lange Rede, kurzer Sinn: Die Schwierigkeit ist es, aus unserem sozialen Netz auszubrechen, wenn wir nicht zum Sonderling werden wollen. Da bleiben wir lieber, wo wir sind, auch wenn wir eigentlich ganz andere Wünsche haben. Was sollen denn die Nachbarn sagen? Und die Oma würde es auch lieber sehen, wenn wir »was Ordentliches« lernen.

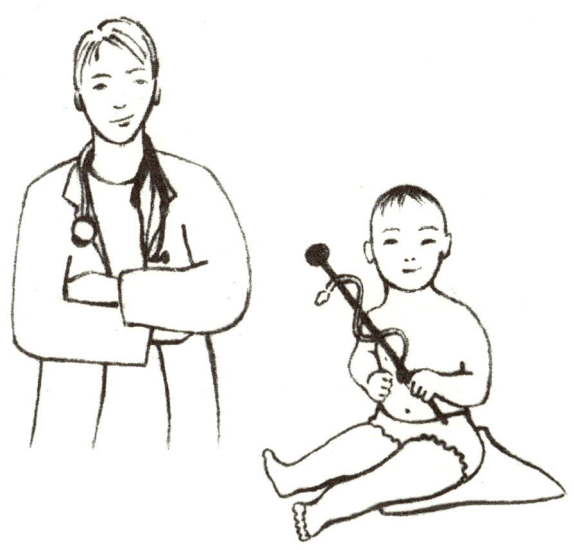

Gruppenzugehörigkeit bedeutet gleichzeitig auch Gruppenzwang und das ist nun sehr destruktiv für das Ausleben unserer beruflichen Wünsche. Haben Sie schon einmal versucht, im Hardcore-Schalke-Fanblock ein Glas Wein zu trinken, und haben Ihre Lachshäppchen dazu ausgepackt? Sie wären auf einen Schlag sehr einsam dort.

Um sich beruflich zu verändern, müssen Sie vermutlich einiges über Bord werfen und dabei äußere Widerstände überwinden. Vor allem werden Sie gegen Ihr soziales Umfeld kämpfen müssen, und das ist besonders schwer. Wir achten eben leider einfach viel zu sehr auf das, was unser Umfeld uns sagt und vorlebt. Vieles aus Ihren Wertvorstellungen ist sicher sehr brauchbar, aber genauso vieles ist sehr belastend für das, was Sie jetzt vorhaben, nämlich querzudenken und sich von vorgegebenen Denkmodellen und damit auch Blockaden zu lösen. Aber nur dann, wenn Sie genau das tun, haben Sie den klaren und unvoreingenommenen Geist, den Sie jetzt brauchen.

Sie müssen eventuell auch einen früh eingeschlagenen Weg, der in einer Phase der Unreifheit und Unwissenheit in jungen Jahren entstanden ist, korrigieren. Tun Sie es, es ist die einzig richtige Entscheidung.

Wenn Sie zum Beispiel aus Überzeugung, ein wahrer Punk zu sein, eine Sicherheitsnadel in der Backe haben, ihr Traumjob ist es aber, ein Wall Street Börsenguru wie Gordon Gekko zu werden, dann habe ich eine schlechte Nachricht für Sie: Sie müssen sich leider von Ihrem geliebten Metall trennen. Manchmal muss man Prioritäten setzen im Leben. Ich weiss, das wird schwer, weil die anderen es nicht verstehen und schon gar nicht billigen werden, aber der Zweck heiligt manchmal die Mittel. Ausserdem kommen Sie so besser durch die Kontrollschleuse am New Yorker Flughafen. Sie können ja, wenn Sie die Börse gesprengt haben, die Nadeln wieder reintun.

Wenn Sie aus einem sozialen Umfeld kommen, in dem Studieren ein »NoGo« war, dann sollten Sie sich fragen, was wichtiger ist, eine Gruppe zufriedenzustellen oder sich selbst. Oder wenn Sie in einem Umfeld aufgewachsen sind, wo Handwerk und Landwirtschaft die einzige anerkannte und »wahre« Arbeit ist, Sie aber am liebsten Ihre musischen Talente beruflich ausleben wollen, dann müssen Sie bestimmt einige schwierige Wege gehen, um das Ihrem Umfeld zu erklären.

Wissen Sie, was: Erklären Sie gar nichts und tun Sie es einfach! Sie müssen sich vor nichts und niemandem rechtfertigen, nur vor sich selbst.

Sie sind auf dem richtigen Weg. Diesen »Verhinderer« haben Sie dann hinter sich.

Unsere Ausreden

Die wichtigsten Barrieren, die wir bis jetzt kennengelernt haben, mit denen wir uns selbst bei jeder Veränderung erfolgreich im Weg stehen, sind in der Zusammenfassung:

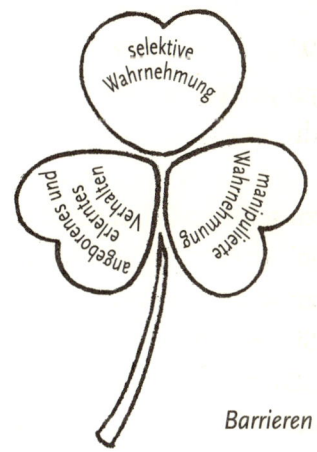

Barrieren

- *Unsere selektive Wahrnehmung hält uns dort, wo wir uns befinden!* Die Welt ist so, wie wir sie sehen! Wir sehen, was wir erwarten, und sind nicht frei in unserem Kopf für Neues und Unbekanntes. Nur so halten wir den Status quo und uns selbst im vermeintlichen Gleichgewicht. Aber das ist trügerisch, weil wir uns selbst belügen, damit wir nichts verändern müssen.
Arbeiten Sie an Ihren Vorurteilen und lassen Sie es zu, dass es anders ist, als Sie erwarten. Werden Sie sich Ihrer Vorurteile bewusst, warum Sie glauben, dass es den Traumjob für Sie nicht geben wird.

- *Einseitige und manipulierte Wahrnehmungen führen zu falschen Schlussfolgerungen!* Unsere Wahrnehmung ist selektiv und einseitig, wir nehmen Dinge oft nur halb wahr und machen daraus viel zu schnell eine ganze Wahrheit. Das verklebt unser Gehirn und hindert uns daran, andere Sichtweisen zu entwickeln. Wir müssen raus aus unserer selbst gebauten Kiste, damit wir objektiv wahrnehmen und Vorurteile abbauen können.
Prüfen Sie die Wahrnehmungen aus Ihrem Umfeld auf Objektivität. Werden Sie kritischer, bilden Sie sich nicht zu vorschnell eine Meinung. Glauben Sie nicht alles, was statistisch auf Sie einprasselt und einredet, das sagt: »Das kann gar nichts werden.« Diese Informationen sind oft »eingefärbt« und subjektiv und sollen Sie nur beeinflussen. Davon müssen Sie sich lösen. Nicht alle meinen es nur gut mit Ihnen.

- *Angeborenes und erlerntes Verhalten. Der Ballast unserer Herkunft und unserer sozialen Gruppen!* Wir schleppen das Korsett unserer Wertvorgaben aus angeborenem und erlerntem Gruppenverhalten ständig als Ballast mit uns herum. Die Welt, in der wir aufgewachsen sind, und die Werte, die uns damit vermittelt wurden, bremsen uns aus, uns von unserem »Rudel« zu entfernen. Wir können uns nur verändern, wenn wir uns trauen, uns über diese Schranken hinwegzusetzen.

Es muss Ihnen egal sein, was andere darüber denken, was Sie nun tun. Sie müssen es niemandem recht machen – außer sich selbst. Dem Rudel ist das Einzelschicksal »wurscht«, es denkt im Interesse der Herde. Ihnen nicht. Was die Nachbarn dabei denken, die Freunde, die Arbeitskollegen – das muss Ihnen in Zukunft egal sein. Nur dann können Sie das bestmögliche Ergebnis für sich erzielen.

Es ist nie der richtige Moment!

> *»Kein Mensch ist so beschäftigt, dass er nicht die Zeit hat, überall zu erzählen, wie beschäftigt er ist.«*
> ROBERT LEMKE

Headhunter haben oft leichtes Spiel, wenn es darum geht, einen Kandidaten anzusprechen und ihn dazu zu bringen, sich mit einer beruflichen Veränderung auseinanderzusetzen. Über 90 Prozent der Personen, die ich kontaktiere, reden auf-

Keine Zeit!

geschlossen mit mir und sind grundsätzlich veränderungsbereit. Nicht, weil ich so ein toller Gesprächspartner bin, sondern weil die meisten Personen in ihrem Job latent unzufrieden sind. Sie sind zwar unzufrieden, aber dann doch nicht genug, um von sich aus etwas aus eigener Kraft zu verändern. Sie verharren in einer Art Dauerjobstarre. Nur nicht bewegen!

Wenn aber der Headhunter anruft, dann ist das natürlich erst mal gut für die gebeutelte Seele. Jetzt wird quasi von außen Energie zugeführt, man muss selbst nichts tun. Wird man so »aktiviert«, dann stellt man plötzlich fest, dass man durchaus nicht abgeneigt, sondern offen ist, sich mit Alternativen zu seiner jetzigen Tätigkeit auseinanderzusetzen. Plötzlich merkt man, dass es hinter dem schon dunkel gewordenen Horizont doch wieder hell werden könnte.

Leichte Beute für einen Personalberater. Eigentlich ist das aber ziemlich traurig. Woran liegt das? Warum sind so viele Mitarbeiter in Ihrem Job frustriert und unzufrieden mit dem was sie tun?

Wir Headhunter wären komplett arbeitslos, wenn jeder das tun würde, was ihm Spaß macht. Wenn jeder in seinem persönlichen Jobparadies wäre, wo nur bunte Smarties durch die Luft fliegen, dann könnten wir nur gratulieren und müssten uns selbst eine neue Beschäftigung suchen.

Woher kommt diese kollektive deutschlandweite Jobstarre?

Nun, es ist so, dass die meisten, also wirklich die meisten, mit ihrer jetzigen Tätigkeit nicht im Reinen sind und eigentlich lieber etwas ganz anderes tun möchten. Es bleibt aber bei dem Fernziel, sie trauen sich nicht, den entscheidenden letzten Schritt zu gehen, und arrangieren sich bestmöglich mit ihrer Situation. Oder sie finden dafür einfach »*keine Zeit*«. So beruhigen sie sich und halten sich selbst auf Distanz.

Diese Aussage: »Ich habe keine Zeit«, macht mich immer komplett wahnsinnig. Wie, keine Zeit? Es geht doch um nichts Geringeres als um Zufriedenheit im Job?

»Ich habe keine Zeit«, dieser Satz ist eine absolute Zivilisationskrankheit. Kein Aborigine käme auf die Idee, so etwas zu sagen. Den Regenwald retten? Sorry, kann gerade nicht, keine Zeit! »Ich kann gerade nicht.« – »Ich würde ja gerne, ich finde aber keine Zeit dafür!« – »Ich habe leider zu viel Arbeit, vielleicht später.«

Klar!

Genau, keine Zeit, zu viel Arbeit, weil ich ja das tun muss, was mir eigentlich keinen Spaß macht.

Das ist wirklich ganz besonders logisch. Aber jemand *muss* es ja tun. Einer muss sich ja opfern. Und so verharrt man in seiner Opferrolle und hält sich selbst für heroisch. Gleichzeitig ist man aber auch hilflos, da einem keine Lösung einfällt. Der Gedanke an Veränderung ist zuerst immer unangenehm, und daher verdrängt man ihn am besten gleich wieder. »Es geht ja sowieso nicht, denn ich habe ja keine Zeit dafür.«

Mit dem Wort Jobsuche verbinden wir sehr viel Kraftaufwand und eine Menge Risiken und Frustration mit ungewissem Ausgang. Das klingt höchst unerfreulich, das wollen wir nicht hören.

»Ich habe keine Zeit, denn wenn ich Zeit hätte, würde ich ja nichts zu tun haben.«

Aha! Jetzt kommen wir einer Ursache näher. Die Angst vor dem Nichtstuer-Image ist es also. Wenn ich Zeit hätte oder habe, dann ist mir das irgendwie peinlich. Dann kommuniziere ich der Umwelt, dass ich irgendwo ein fauler Sack bin. Die anderen haben ja auch keine Zeit. Das geht natürlich nicht. Was würden denn die Nachbarn sagen? Oder der Chef, wenn er das sieht. »Mann« oder »Frau« hat also immer zu tun.

Keine Zeit zu haben ist unser ureigenstes Alibi, unsere Technik, uns selbst wichtig zu nehmen. Wir gefallen uns in dem Gedanken, dass wir sehr beschäftigt sind. So sind wir von der Straße weg. Jeder hat doch zu tun. Einen besseren Gesprächsblocker gibt es nicht. Wer keine Zeit hat, mit dem darf man ja auch nicht reden. Nicht ansprechen, man will niemanden abhalten von seinen wichtigen Dingen.

Durch Redewendungen wie »Es geht nicht anders ...«, »Es muss ...« schieben wir die Verantwortung immer anderen zu. Wir möchten als Opfer und damit als »nicht zuständig« gelten. Andere sind dann verantwortlich dafür, dass wir keine

Zeit haben. Wir sind also ein Opfer der widrigen Umstände, der Chef ist schuld oder einfach die Tatsache, dass wir so unentbehrlich sind.

Wer keine Zeit hat, ist auch wichtig, und den stört man besser nicht!

Wir sprechen den Satz aus, wenn unangenehme Fragen drohen. Es ist zugleich ein schöner Drückebergersatz. »Kannst du mir mal kurz helfen?« – »Nein, sorry, keine Zeit!« Was soll man dann darauf entgegnen?

Wir machen auf »g'schaftig« und tun und tun und tun.

Wir machen uns nur leider zu wenig Gedanken, was wir eigentlich tun. Wir drehen uns um uns selbst wie ein Hamster in seinem Rad. Keine Zeit haben heißt: Wir sind fremdgesteuert, jemand anderes hat Macht über uns. Da fällt einem nur Luke Skywalker ein: »May the force be with you.«

Dieses Machtgefüge müssen wir also knacken. Unsere Ausreden und Erklärungsversuche, warum wir etwas nicht tun können, gehören ab jetzt auf den Prüfstein – und dann weg damit. Nur wie?

Problem erkannt – Problem gebannt. Das klingt gut, aber so einfach ist es nicht. Wir brauchen auch eine Lösung, ein Rezept, damit wir nicht immer wieder in unserem eigenen Verhinderungsverhalten feststecken.

Ich will ja nicht bestreiten, dass vieles von dem, was Sie tun, Sinn macht. Aber tun Sie auch die Dinge, die wirklich wichtig sind? Oder tun Sie sie nur, weil Sie sie eben tun müssen, weil Sie sie tun wollen, um sich zu beschäftigen?

Wir sind Weltmeister im Selbstbetrug. Aber für das, was wir uns jetzt vorgenommen haben, ist »Action« erforderlich.

Da sind sowohl Selbstbeweihräucherung wie auch Fremdbestimmung sehr kontraproduktiv. Denn jetzt ist der Zeitpunkt gekommen, aufzuräumen und sich die dafür notwendige Zeit zu schaffen.

Ab jetzt steuern Sie sich selbst. Für Ihre Jobsuche, Ihre wichtigste Entscheidung. Müssten Sie da nicht sofort alles stehen und liegen lassen, wenn sich Ihnen die Chance auf dauerhaftes Wohlbefinden und berufliche Zufriedenheit bietet? Ist es das nicht wert, jetzt ein wenig Ihrer, zugegeben, unschätzbar kostbaren Zeit zu spendieren?

Ist es dafür nicht vollkommen egal, ob Sie gerade viel oder wenig zu tun haben? Ob Sie ein 24-Stunden/Sieben-Tage-die-Woche-Jobber sind oder derzeit arbeitslos?

Wir halten fest: Keiner will sich eingestehen, dass er Zeit hat. Das liegt tief in uns drin, denn sonst wären wir ja Faulpelze. Also tun wir so, als hätten wir ständig zu tun, und finden uns selbst toll dabei. Und auch die anderen sind beeindruckt. Zudem geben wir die Verantwortung dafür weiter, andere haben Macht über uns und sagen uns: »Du musst das jetzt tun, du hast keine Zeit für andere Dinge!«

Bei allem, was Sie jetzt tun, müssen Sie sich nun freimachen von äußeren Meinungen, davon, wie andere darüber denken, was Sie jetzt gerade tun. Denn nur Sie entscheiden und nur Sie wissen, was gut für Sie ist. Sie sind nicht auf der Welt, um es anderen Recht zu machen. Nicht Ihren Freunden, nicht Ihren Neidern, nicht Ihrem Arbeitgeber. Eine gesunde Portion Egoismus ist gut und wichtig, sonst sind Sie nur noch der Rechtmacher vom Dienst und damit eigentlich auch der Depp der Nation.

Sicher, es anderen recht zu machen ist auch eine Form der Suche nach Anerkennung, aber sie führt nur zum eigenen Stillstand und lässt einen Dinge ausführen, die andere von einem wollen. Und wenn man dafür Anerkennung erntet, dann ist es eigentlich nur eine Sonderform von Mitleid.

Wir werden diesen Feind, unseren Fremdsteuerungs-Controller, der da immer sagt: »Keine Zeit!«, bekämpfen müssen, denn er hindert uns sehr hartnäckig daran, kreativ zu sein. Wir müssen ihn also in den Griff bekommen. Rigoros. Schonungslos. Oder noch besser: Wir machen ihn uns zum Freund.

Denn was ist schöner, als sich einfach ganz frech Zeit zu nehmen?

Wenn Sie Philosophen fragen, dann ist das Wichtigste im Leben: Zeit zu haben. Zeit für sich, Zeit für die wichtigen Dinge des Lebens, Zeit zum Genießen, Zeit für Freunde, Zeit für die Familie. Zeit für Besinnung, Zeit für Bewegung, Zeit für Veränderung.

> Es ist Zeit, einen neuen Job zu suchen!

»Sei immer beschäftigt«, klingt wie der sechste Antreiber aus der Transaktionsanalyse (TA). Diese Theorie, um Blockaden in menschlichem Verhalten anschaulich erklären und therapieren zu können, kennt fünf Antreiber, wie zum Beispiel: »Mach es allen Recht!« – »Sei perfekt!« oder »Sei pünktlich!«. Das Schlimme ist, diese Antreiber sind tief in unserem Unterbewusstsein verankert, meist kommen sie aus der Kindheit, aus der Erziehung und von den elterlichen »Forderungen«.

Es sind zweifelhafte »Geschenke« aus unserer Erziehung, nur leider sind sie echter Ballast und sehr nachhaltig. Wir können diese Antreiber nämlich nie erfüllen, sie sind zu absolut, also sind wir tief in unserem Innersten permanent frustriert, dass die Rechnung nicht aufgeht. Die Antreiber sind daher sehr schädlich. Sie verursachen Blockaden in uns, und wir müssen es an dieser Stelle den Psychologen überlassen, diese Fallen in der Tiefe unseres Innersten zu knacken und zu behandeln.

In unserem Fall können wir die Selbsttherapie jedoch wagen. Es ist gar nicht so schwer. Das Gegenmittel für die Antreiber sind: die »Erlauber«.

Stellen Sie sich die Frage: Warum soll es verboten sein, keine Zeit zu haben? Wer verbietet mir das? Was erlauben Struuunz?

Erlauben Sie sich jetzt also einfach, Zeit zu haben! Nehmen Sie sich das schlechte Gewissen dabei, denn nur Sie entscheiden darüber, es ist Ihr Gewissen.

Gönnen Sie sich Zeit. Es ist für einen guten Zweck!

Tipp: »Erlauben« Sie sich ab jetzt täglich (mindestens) drei Stunden Zeit. Nutzen Sie dieses Zeitfenster, um die Übungen aus dem Buch und die Hausaufgaben daraus zu machen. Sie brauchen die Zeit dafür. Keine Ausreden mehr! Gönnen Sie sich aber auch Zeit für andere Dinge, die Ihnen wichtig sind: Freunde, Sport, Freizeitaktivitäten. Sie werden schnell merken, es geht. Sie müssen nur wollen. Machen Sie sich dabei immer Ihre Ausreden bewusst, mit denen Sie Ihre Pläne, mehr Zeit für sich zu haben, »boykottieren« wollen. Erkennen Sie Ihre eigenen Lügengeschichten, warum Sie keine Zeit haben wollen.

Carpe diem!

Eine kleine Zeitreise: Vergangenheit und Zukunft

Wir sind schon komisch, wir wollen keine Veränderung und suchen tausend Gründe, um dies zu rechtfertigen.

Es gibt eine besondere Spezies von Menschen, die für sich eine ganz einleuchtende Lebensphilosophie gefunden hat, warum sie nichts ändern kann. Ich rede von den *Vergangenheitsmenschen*, die unter ihrer Vergangenheit leiden, und zwar so unsäglich und neurotisch, dass sie nichts Neues angehen können. Historische Blockade kommt zusammen mit Jammern. Geschichte meets Elend. Eine äußerst explosive Mischung. »Das war ja alles so furchtbar!« Alle Schicksalsschläge werden sorgfältig gesammelt und wie Andenken in Ehren gehalten. Weil aber in der Vergangenheit alles so schlimm war, kann, so die logische Schlussfolgerung, natürlich die Zukunft auch nicht besser werden. Also tut man am besten nichts, man hat ja das Vergangene noch nicht mal verarbeitet.

Dann gibt es eine weitere Spezies, das sind die *Zukunftsmenschen*. Sie leben nach einer anderen Prämisse: »Noch zehn Jahre, dann bekomme ich Rente, dann fange ich aber an zu leben. Dann geht's los!« Diese Personen leben im Morgen, denn da wird alles besser, nur sagt ihnen leider keiner, wann genau das sein wird. Das hilft ihnen, sich mit ihrem jetzigen Schicksal besser abzufinden, weil ja in der Zukunft alles super duper werden wird. »In zehn Jahren, da leg ich aber los. Harley, Weltreise, Salsakurs.« Soso. Und was ist, wenn einem dann mit 59 der Ziegelstein auf den Kopf fällt? Dumm gelaufen!

Ich weiß, das klingt böse, aber was ist, wenn der Ziegelstein zum Glück ausbleibt, wie wird in zehn Jahren dann das werte Befinden sein? Kann ich im Alter meine Träume noch leben, oder sagt mir dann mein Körper oder mein Geist schon längst etwas anderes?

Nun, diese beiden zeitverschoben agierenden Lebenskünstler der besonderen Art sind leider typisch und überall unter uns und auch in uns anzutreffen. Die einen wollen es morgen machen und warten, und die anderen können es heute nicht tun, weil es gestern so furchtbar war, und warten auch.

Sollten Sie sich bei einer dieser Gruppen gedanklich wiederfinden, dann ist es höchste Zeit, in das *Jetzt* zu kommen. Denn das ist das Einzige, das Sie selbst ändern und beeinflussen können. Das hatten wir ja schon. Alles andere ist und bleibt Vergangenheit oder Zukunft und ist nicht nur für unsere Jobsuche eine völlig ungeeignete Ausrede.

Ich treffe immer wieder auf Personen in meinen Karrieregesprächen, die ich nicht zu einem Wechsel überzeugen kann, die die Gunst der Stunde einfach nicht nutzen wollen. Sie möchten es unbedingt aussitzen – und nun sitzen sie mehr, als ihnen lieb ist. Nämlich zu Hause. »Extreme-couching« heißt dann das neue Hobby.

Falls Sie an die Wiedergeburt glauben, können Sie es ja im nächsten Leben besser machen, mein Vorschlag ist aber etwas irdischer: Warten Sie nicht auf besseres Karma, sondern werden Sie jetzt aktiv! Und da Sie dieses Buch gekauft haben, haben Sie ja unterbewusst Ihren Job und Ihre jetzige Situation schon infrage gestellt.

Die stumpfe Axt

Ein Mönch sieht am Straßenrand einem Arbeiter zu, der einen Baum fällen will. Er braucht viele Schläge, um voranzukommen, denn seine Axt ist stumpf. Wieder und immer wieder schlägt der Mann gegen den Baum.

Der Mönch sagt: »Lieber Freund, warum nimmst du dir nicht die Zeit, deine Axt zu schärfen, dann geht es danach doch viel einfacher?«

Der Mann antwortet: »Ich habe leider keine Zeit dafür, denn ich muss Bäume fällen.«

Genauso ist unser Leben. Wir haben nie Zeit. Vor allem nehmen wir uns nicht die Zeit, um etwas zu verändern. Wir nehmen alles hin und lassen dem Schicksal freien Lauf.

Zeitmanagement

Drei Worte zum Thema Zeitmanagement: Vergessen Sie es!

Wenn Sie ein Seminar besucht haben und Ihnen dieses für viel Geld eingepustet hat, wie Sie nun Punkt für Punkt alles super-systematisch abarbeiten können: Tun Sie es nicht! Es ist genauso, als ob Sie Ordnung in ein Chaos bringen wollten, indem Sie auch den gesamten Müll strukturieren.

Stellen Sie lieber die Frage nach der Sinnhaftigkeit dessen, was Sie tun.

Sie kommen morgens ins Büro. Sie haben einen Plan. Ihr Zeitmanagement und Ihre Gewohnheit sagt: Als Ers-

tes, Rechner an. E-Mails strömen rein. Parallel gehen Sie ins Internet, die News des Tages abrufen, man muss sich ja informieren. Sie fangen nun an, alle E-Mails zu beantworten. Ihr Betriebssystem teilt Ihnen mit, Sie sollten jetzt ein Update aus dem Internet downloaden und installieren und danach den Rechner neu starten. Gut, das machen Sie. Und fangen danach wieder von vorne an. Die erste Stunde haben Sie auf diese Weise schon einmal hinter sich gebracht.

Nachdem der Rechner wieder hochgefahren ist, lesen Sie endlich den Online-Artikel über Jobsuche, den Sie vorher gefunden haben, und klicken sich immer weiter durch, bis Sie plötzlich beim Sport oder Klatsch gelandet sind. Sie folgten einfach Link für Link, und jetzt sind Sie im Internet-Nirwana angelangt und lesen, dass Klose verletzt ist oder Angelinas Lippen nun Schlauchboote sind.

So wirklich bringt Sie das aber heute nicht nach vorne.

Sie schütteln sich kurz und lesen, was Sie sich auf Ihrer »ToDo«-Liste aufgeschrieben haben. Ach ja. Auf der Liste steht: »Jobsuche. Firmen suchen.« Gut. Stimmt! Was wollten Sie da gleich nochmal machen?

Bing. Wieder kommen fünf E-Mails rein und werden von ihrem Begleitton für »neue Nachrichten« erwartungsfroh angekündigt. Klar, gut, eigentlich hassen Sie diesen Ton. Er ist wie ein Befehl. Schnell beantworten – dann haben Sie es hinter sich. Und dann alle neuen E-Mails – auch die, die Sie gesendet haben – ordentlich in die Projektordner einsortieren. Sie fühlen sich wie Aschenputtel. Aber Sie sind stolz auf Ihre Ordnerstruktur, nichts geht verloren, alles ist übersichtlich.

Deutsche Gründlichkeit eben. Gut so. Sie sind sehr schlau. Euphorie macht sich kurz breit.

Dann ruft ein Lieferant an und hat eine Frage. Sie kennen ihn schon, er nervt nur, aber Sie müssen reagieren und ihm schnell eine Antwort geben. Er war ja so ungehalten am Telefon. Dazu leiten Sie seine Fragen intern weiter und schreiben es sich auf, damit Sie nicht vergessen, ihn heute noch anzurufen.

Sie nehmen anschließend die Zettel mit den Rückrufen, die noch zu tätigen sind. Einer nach dem anderen wird erledigt. Sehr gut. Sie haben einen Lauf. Bing. Wieder drei E-Mails. Ihr Textprogramm bleibt hängen. Sie müssen einen Neustart machen. Gut. Neustart. Sie beschließen, Bill Gates zu erschießen.

Ihr Handywecker klingelt, weil Ihre Auktion in zehn Minuten zu Ende geht. Schnell zu Ebay und nachschauen.

Und plötzlich, Bing, ist es Mittag. Mein Gott, wo ist die Zeit geblieben, ist das aber wieder stressig heute. Verdammte E-Mails und Telefonate, halten einen nur von der Arbeit ab. Jammern.

Ein Arbeitskollege ruft an und fragt, ob Sie mit zum Essen kommen.

»Keine Zeit, leider! Ich sag dir, diese verdammte Arbeit, so viele E-Mails. Nur blöde Kunden heute. Und das Meeting heute Nachmittag muss ich auch noch vorbereiten. Geh allein zum Essen. Ich habe gerade *überhaupt* keine Zeit.«

Kennen Sie diesen Ablauf, kommt er Ihnen irgendwie bekannt vor? Am Ende des Tages fragen Sie sich vermutlich, was Sie eigentlich heute gemacht haben.

Wenn Sie ehrlich zu sich sind, dann haben Sie bisher nichts anderes getan, als *auf hohem Niveau Däumchen gedreht*. Sie arbeiten ereignisgetrieben und ziehen wie beim Monopoly eine Karte nach der anderen, Ereignis- oder Gemeinschaftskarte: lesen und machen, was darauf steht. Gehen Sie über Los oder direkt in das Gefängnis. Ziehen Sie dabei nichts ein.

Ihr Morgenplan sagt: News lesen. Also: News lesen.

E-Mails kommen rein. Also: beantworten.

Telefon klingelt. Also: rangehen, alles liegen lassen, reagieren.

Bill Gates will update. Also: ausführen! Neustart!

E-Bay sagt: Auktion geht zu Ende. Also: Nix wie gucken.

Jemand steht in der Tür. Also: reden, ablenken lassen.

Und so weiter und so weiter.

> *Viel tun bringt viel. Oder?*

Das ist doch unsere berufliche Bestimmung. Und es gibt so viele Dinge, die einen irgendwie immer beschäftigen können. Man kann seine E-Mail-Kontakte neu sortieren, man kann sein iPhone updaten, es neu abgleichen und all das ordentlich in eine »ToDo«-Liste eintragen, was noch erledigt werden muss.

Ich habe selbst lange gebraucht, um zu begreifen: völliger Käse! Das Richtige tun, das bringt's! Das heißt: Weniger zu tun ist die unabdingbare Voraussetzung dafür, mehr zu erreichen. Welcome to the real deal!

Das Richtige tun, statt viel zu tun!

Wer hat denn überhaupt bestimmt, dass die Arbeit eines Tages in acht Stunden zu erledigen ist? Puh, da haben wir ja noch einmal Glück gehabt, dass sich der große Jemand nicht für zwölf Stunden entschieden hat, da wären wir ja ganz schön gekniffen.

Seltsamerweise macht man seine Arbeit aber auch, wenn man nur vier Stunden Zeit dafür hat, weil man am Nachmittag zu einer Betriebsfeier muss. Geht plötzlich auch.

Also, Zeit ist relativ, niemand kann Ihnen vorschreiben, wie lange etwas zu dauern hat. Und wenn Sie fertig sind, dann könnten Sie eigentlich gehen. Das blöde Gesicht Ihres Chefs möchte ich sehn, wenn Sie um 11 Uhr Vormittag freudig und pfeifend verkünden, dass Sie fertig sind für heute.

Das geht also nicht, weil es niemand verstehen würde.

Ein Selbstständiger kann sich seine Zeit so einteilen, wie er es für richtig hält, ihn kontrolliert keiner, er ist sein eigener Chef. Ein Angestellter kann das leider nur sehr begrenzt.

Sagen Sie.

Aber sind wir nicht alle irgendwie unser eigener Chef, oder sind wir alle bloß Bluna?

Sie können es eigentlich besser machen. *Sie sind Chef!* Sie sind Ihr eigener Boss, niemand hat das Recht, Sie permanent fremdzusteuern, schon gar nicht sollten Sie das Ihrem Rechner überlassen. Der Übergriff der künstlichen Intelligenz auf die Menschheit ist bisher nur Science-Fiction, beruhigen Sie sich also wieder.

Sie können, nein Sie müssen selbst entscheiden, wann Sie Ihre Arbeit erledigen und wann Sie was zu erledigen haben.

Und dazu gehört es zunächst, sich von allen Zeitfressern zu trennen und etwas aufzuräumen bei den Dingen, die Ihnen Ihre Zeit klauen.

Hinterfragen Sie ab jetzt alles, was Sie gerade tun, mit der Frage:

> *Wie effektiv ist das, was ich gerade tue?*

Sehr gute Frage!

Wir sollten nur Dinge tun, die wirklich effektiv sind, die uns erkennbar näher an ein Ziel bringen. Bitte also keine Rituale mehr, die nicht vorher auf dem Prüfstand waren!

Organisieren, sortieren und strukturieren bringt eine Aufgabe vielleicht in eine bessere Form, wir berauschen uns aber auch gerne an unserem Organisationstalent, ohne die Sinnhaftigkeit dessen zu beleuchten, was wir da gerade veranstalten.

Effizient ist nicht effektiv! Effizienz ist vielleicht unerhört ergonomisch, »effektiv sein« aber rockt die Bühne! Und spart Ihnen Zeit!

Wenn Sie also *alle* Ihre E-Mails in bunte Ordner packen, dann ist das zwar wahnsinnig weitsichtig, aber eigentlich totaler Quatsch, weil Sie die meisten davon nie wieder brauchen werden. Wenn Sie morgens im Büro als Erstes den Rechner einschalten und alle E-Mails bearbeiten, dann mag das effizient sein, denn Sie haben es dann hinter sich und es könnten ja wichtige Dinge dabei sein. Aber es ist nicht effektiv, weil es Sie total ablenkt und fernsteuert. Sie könnten den

Tag viel elanvoller beginnen als damit, E-Mails zu lesen. Es ist morgens, Sie sind gut drauf, Sie könnten Bäume ausreißen. Und was machen Sie? Sie machen E-Mail-Plumpaquatsch und führen dusselige Telefonate, Dinge, die Sie vermutlich noch runterziehen und für den Rest des Tages außer Gefecht setzen. Sie lullen sich ein mit unwichtigen Tätigkeiten, bis der letzte Funken Energie aus Ihnen verschwunden ist.

Sie tun es einfach, automatisch und ohne eigenen Willen. Sie führen aus, was die Monopoly-Ereigniskarte Ihnen befiehlt, und der Tag geht rum. Gehe heute nicht über Los! Jedes Zeitmanagement ist daher Gift für das, was es eigentlich schaffen soll: nämlich Freiräume. Ein Zeitmanagement sucht immer nach dem beststrukturierten Weg, eine Aufgabe zu lösen. Es hinterfragt aber nicht, ob die Aufgabe überhaupt effektiv ist. Und das ist der Haken. Hier müssen Sie ansetzen und alle Ihre Aufgaben dahingehend *vorher* prüfen, bevor Sie diese willenlos ausführen.

Es bleibt leider nur bei der guten Absicht, auch wenn die uns zwischendurch immer mal wieder befällt und uns einen lichten Moment beschert, aber sofort gewinnt unser Zeitfresser-Monster wieder die Oberhand.

Wir werden diese prinzipielle Frage: »Warum tun wir Dinge, die uns nur von wichtigen Sachen abhalten?«, gleich noch näher beleuchten und beantworten; Sie sehen aber schon, es gibt offenkundig gute Gründe für dieses Verhalten und irgendwie, tief in uns, sind wir darin alle gleich.

Das beruhigt zwar, hilft uns aber nicht weiter.

Es gibt ein sehr interessantes Diagramm, das ich Ihnen in diesem Zusammenhang zur Verdeutlichung zeigen will, weil es uns den Spiegel vorhält. Es ist zwar auch ein Zeitmanagement-Werkzeug und ich warne eindringlich davor, es zu vorbehaltlos zu benutzen. Dennoch macht es eines ganz klar:

> *Der Tag läuft nicht so, wie er laufen könnte.*

Die Eisenhower-Methode

Die Vier-Quadranten-Methode oder auch die Eisenhower-Matrix wurde vom US-Präsident und General Dwight D. Eisenhower (1890–1969) praktiziert und gelehrt. Diese Methode des Zeitmanagements hat somit einen militärischen Ursprung. Für den verdienten Präsidenten basiert effektives Selbstmanagement auf klarem Zeitmanagement und beginnt mit der Klärung der Ziele: »Nicht die Dinge richtig machen, sondern die richtigen Dinge tun!«

Das klingt sehr gut und das unterschreibe ich auch sofort. Hat doch was gebracht, die acht Jahre als 34. Präsident der Vereinigten Staaten! Bravo, Howy!

Alle Aufgaben wurden von ihm anhand der Kriterien wichtig/unwichtig und dringend/nicht dringend in vier Quadranten aufgeteilt.

Die Einteilung aller »ToDo«-Aktionen geschieht wie folgt:
- A = wichtig und dringend
- B = wichtig, aber nicht dringend
- C = dringend, aber nicht wichtig
- D = nicht wichtig und nicht dringend

Hochinteressant ist nun die Betrachtung aller Dinge, die wir tun und tun sollten (und nicht tun sollten), nach diesen vier Kriterien und Einteilungen.

Malen Sie dazu ein Viereck und teilen Sie es in vier Teile.

A Wichtig und dringend	**B** Wichtig, aber nicht dringend
C Dringend, aber nicht wichtig	**D** Nicht wichtig und nicht dringend

Sortieren Sie alle Ihre Arbeitsthemen und Angelegenheiten in dieses Schema ein. Schreiben Sie alles, was an einem Tag passiert und was passieren könnte, auf und ordnen Sie es in dem für Sie zutreffenden Quadranten ein. Notieren Sie alle offenen Aktionen. Alles, was Sie normalerweise tun und was Sie tun müssten. Und was Sie tun, obwohl es nicht wichtig und nicht dringend ist. Machen Sie eine Liste der Dinge, die Sie als strategische Meilensteine für sich definieren. Langfristige Pläne, die Sie immer aufschieben. Das kann zum Beispiel auch die Anmeldung in einem Fitnessstudio sein, falls Sie mehr Sport treiben wollen. Oder schon lange beabsichtigen, ein Buch zu schreiben.

Überlegen Sie sich vor allem, welchen Stellenwert hier Ihre Suche nach einem neuen Job hat. Schreiben Sie auch schonungslos auf, was Sie alles gerne tun, was aber eigentlich nicht wirklich wichtig ist. Gönnen Sie sich mal den Spaß. Sie werden überrascht sein.

Jetzt zur Erläuterung der »Quadranten-Theorie«:

- Quadrant A (wichtig und dringend).
  Ganz oben in der Skala der Aktionen, die wir immer selbst mit höchster Priorität erledigen sollen, ist dieser Quadrant. Das sind die wirklich wichtigen Dinge, die keinen Aufschub dulden. Sie sind wichtig und dringend. Sie müssen gemacht werden, und zwar unmittelbar.

- Der Quadrant B (wichtig, aber nicht dringend).
  Dieser Quadrant beschreibt die Aktionen, die das Herzstück unseres strategischen Tun und Handelns sind. Wichtige Aktionen, die wir tun müssten, aber eben nicht sofort. Dinge, die aufgeschoben werden, weil der Tag anders verläuft, als wir es geplant hatten. Es liegt an uns selbst, ob wir zum Beispiel das Thema »Jobsuche« in Quadrant A oder B sehen. In A ist es vermutlich dann, wenn Sie arbeitslos sind oder Ihre Firma insolvent ist. In B ist es wahrscheinlich jetzt gerade, Sie wissen, dass Sie sich beruflich verändern sollten; es ist wichtig, aber nicht dringend. Damit stel-

len Sie die Jobsuche erst einmal »hinten an«. Das ist Ihr strategischer Quadrant, oberwichtig, der wichtigste eigentlich, aber leider muss er immer als Erster zurückgestellt werden, wenn Sie von anderen Dingen überrollt werden.

- Der Quadrant C (dringend, aber nicht wichtig).
  Das sind die Dinge, die in der Regel von außen auf uns einprasseln, die Feuerlösch-Aktionen, die spontanen Zeitkiller. Ganz gefährlich. Jemand steht in der Tür und macht Druck. Das Telefon klingelt, Sie müssen rangehen. Eine E-Mail kommt rein, Sie müssen sie beantworten. Ein Software-Update wird empfohlen, sie führen es gleich aus.

- Der Quadrant D (nicht wichtig und nicht dringend).
  Der Quadrant D ist der eigentlich kritische. Diese Dinge dürften wir eigentlich gar nicht tun, sie sind weder wichtig noch dringend. Eisenhower sagt: Delegieren, weg damit! Als ob das so einfach sein würde!

Soweit die Theorie!

Das Eisenhower-Prinzip wird inzwischen sehr kritisch betrachtet. Ein gutes Zeitmanagement soll ja eigentlich gerade dringende Aufgaben verhindern. Die Priorisierung/Einteilung der Aufgaben wird demzufolge vorwiegend nach dem Kriterium »Wichtig« vorgenommen! Grundlage der Kritik ist u. a. die Erkenntnis, dass wichtige Aufgaben selten dringend und dringende Aufgaben selten wichtig sind.

Wir wollen nun auch weniger das System verinnerlichen, sondern nur unsere eigenen Schlüsse aus der Einteilung ziehen. Man sieht nämlich sehr gut, wo die Zeit bleibt, die uns fehlt, und wie unsinnig wir eigentlich agieren. Die Praxis sieht doch so aus, dass wir bevorzugt die Dinge tun (müssen), die sehr dringend, aber oft nicht wichtig sind.

Der Quadrant C (dringend, aber nicht wichtig) ist also die erste Wurzel des Übels. Hier haben Sie aufgeschrieben, was Ihnen den Tag versaut: ein plötzlicher Anruf, ein Kollege oder Mitarbeiter in Ihrer Tür – also alles, was Ihnen von außen sagt: Bitte schnell tun. »Es« fragt aber leider nicht, ob es wichtig ist.

Nachdem Sie nun alles erledigt haben, was dringend war, wollen Sie sich jetzt endlich belohnen und ablenken. Also was tun Sie? Richtig! Die Dinge, die *weder wichtig noch dringend* sind, um sich »ein wenig zu zerstreuen«.

Sie wenden sich dem Quadranten D (nicht wichtig und nicht dringend) zu. Sie sortieren Kontakte, schauen in Ebay, basteln an Ihrer Website, spielen ein kleines Spielchen, rufen die Oma an – es gibt so viel. Sie haben das alles aufgeschrieben, hier liegt sie jetzt vor Ihnen: die zweite Wurzel allen Übels.

Was natürlich auf der Strecke bleibt, ist der Quadrant B (wichtig, aber nicht dringend). Das aber sind genau die Dinge, die uns wirklich nach vorne bringen, die strategischen Meilensteine, persönliche Reflexionen, herausgeschobene Entscheidungen. Längst »fällige« Dinge also, vor denen wir uns regelmäßig und gerne drücken.

In den Quadranten B – oder noch besser in A! – gehört auch das Ändern Ihrer beruflichen Situation, die Suche nach dem Traumjob. Sie wissen es ja eigentlich ganz genau, tief in

Ihrem Innersten ist Ihnen alles klar, aber es gibt ja sooo viele »dringende« Dinge, da kann man sich leicht einreden, dass man einfach zu nichts anderem kommt.

Ich will Ihnen mit diesem Diagramm nicht Ihren schönen Tagesablauf vermiesen, sondern Ihnen nur bewusstmachen, warum es so ist, wie es ist. Und Sie müssen dringend an Ihren »zwei Quadranten« B und D arbeiten.

Eisenhower-Aktionen für Sie:
1. *Sie* sind *Chef*!
2. Zeit gibt Ihnen nur *Chef*!
3. Arbeiten Sie an Ihren Quadranten!

Nutzen Sie den guten alten Eisenhower, um Ihre Liste der wirklich wichtigen Dinge aufzuarbeiten und die Dinge, die dringlich erscheinen, auf den Prüfstand zu stellen. Schützen Sie sich vor den äußeren Einflüssen, die Sie permanent »aus der Bahn« werfen und Sie daran hindern, den Tag so zu gestalten, wie es eigentlich Sinn macht, damit Sie schneller und zügiger vorankommen. Feuerlösch-Aktionen bringen Sie nicht vorwärts.

Und: Vermeiden Sie, dass die *nicht dringenden und nicht wichtigen Dinge* immer die Oberhand bekommen. Ich weiß, das wird hart.

Identifizieren Sie diejenigen Ihrer Aktionen, die nur Ihre Zeit killen. Sie müssen Sie nicht ganz aufgeben, schreiben Sie sie auf und belohnen Sie sich, wenn Sie wirklich etwas Wichtiges getan haben. Aber dosiert, kontrolliert und nur nach wirklich gelungenen Aktionen. Und tun Sie mir einen Gefallen: Streichen Sie die Rituale!

Das wird am schwersten, denn das sind die liebgewordenen Dinge, die Spaß machen, die Sie beschäftigen, die Ihnen die Laune zurückbringen, die aber zu nichts anderem führen, außer Sie von Ihren wichtigen Dingen abzuhalten.

Wir sind morgens am effektivsten. Unser Biorhythmus gibt uns morgens die meiste Energie, also beginnen Sie den Tag damit, die wirklich wichtigen Dinge zu erledigen.

Das Pareto-Prinzip

Ein Segen in meiner beruflichen Laufbahn war, dass ich irgendwann über das Prinzip von Vilfredo Pareto gestolpert bin. Den guten Mann hätte ich knutschen können und ihn sofort als Grillmeister zu meiner nächsten Geburtstagsfeier eingeladen. Und Sie wissen ja: An das eigene Barbecue dürfen nur wirkliche Kerle!

Leider bin ich etwas spät dran, denn Wilfried lebte im 19. Jahrhundert. Er war Professor für politische Ökonomie an der Universität von Lausanne. Er erkannte, dass in vielen Märkten überall auf der Welt ein Großteil der Aktivitäten auf einen Bruchteil der Akteure entfällt. Dies wurde als das 80/20-Pareto-Prinzip bekannt:

> *»80 Prozent des Geschehens entfallen auf 20 Prozent der Beteiligten.«*

Pareto-Wilfried selbst war vor allem daran interessiert, sein Prinzip auf den Reichtum der Nationen anzuwenden, der sich (damals wie heute) in den Händen einer kleinen Bevölkerungsminderheit zu konzentrieren pflegte. Er stellte fest, dass die Einkommensverteilung in den verschiedenen Ländern erstaunlich ähnlich war; beispielsweise war der Anteil der oberen 20 Prozent der Bevölkerung am Gesamteinkommen stets mehr oder weniger identisch. Das nun interessiert uns, sorry Villy, nur sehr am Rande.

Das Geniale am Pareto-Prinzip aber ist, dass es sich auf jede nur denkbare Situation der Verhältnismäßigkeit und auf jede Aufgabe anwenden lässt:

- In 20 Prozent der zur Verfügung stehenden Zeit können 80 Prozent der Aufgaben erledigt werden.
- Mit 20 Prozent meiner Kunden mache ich 80 Prozent meines Umsatzes.
- 20 Prozent Input sorgt für 80 Prozent Output.

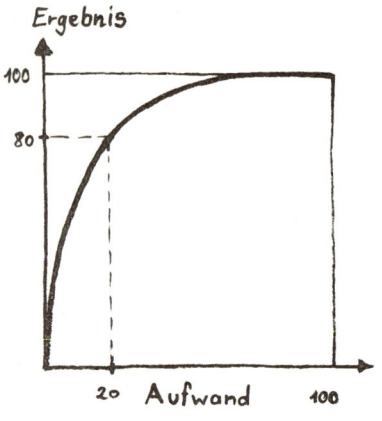

Oder auch: Mit 20 Prozent meiner Socken gehe ich in 80 Prozent aller Fälle spazieren. Der Rest liegt rum. Schauen Sie doch mal in Ihren Kleiderschrank und sehen Sie sich an, mit wie viel Ihrer Klamotten Sie eigentlich auskommen.

Frauen sind von diesem Experiment natürlich ausgenommen ...

Diese geniale 80-zu-20-Regel besagt also, dass 80 Prozent der Ergebnisse mit 20 Prozent des Arbeitseinsatzes erreicht werden.

Und daraus folgt dann auch: Die verbleibenden 80 Prozent verursachen die meiste Arbeit. Damit verballere ich also meine ganze Zeit, ohne erkennbaren Mehrwert.

Lassen wir uns das noch einmal auf der Zunge zergehen:

> *Mit 20 Prozent Arbeitsaufwand und Einsatz erreiche ich 80 Prozent des Ergebnisses!*

Die 80 Prozent, die ich dann noch reinstecke, bringen nicht mehr viel, machen aber die meiste Arbeit.

Ich habe nach diesem Prinzip alle meine Aufgaben und Tätigkeiten radikal umgewandelt. Und auch meine Socken! Und siehe da: Ich hatte plötzlich mehr Zeit. Und weniger Socken. Das Pareto-Prinzip funktioniert.

Gut.

Aber: Es funktioniert nicht immer.

Wolfgang, einer meiner besten Freunde und sehr geschätzter Squashpartner, dem ich begeistert davon erzählt habe, hat mir erwidert: »Was ist dann mit dem Piloten da vorne im Cockpit, macht der nur eine 20-Prozent-Landung und sagt: ›Der Rest heute lohnt sich nicht!‹«

Haha. Sehr komisch. Mein Freund kann ein richtiger Spielverderber sein. Aber im Squash ist er klasse.

Natürlich gibt es keine Regel ohne Ausnahme. Natürlich funktioniert dieses Prinzip nicht immer und überall, auch ein Operateur kann nicht bei 20 Prozent der Naht aufhören und nach Hause gehen. Aber vieles, ja sehr vieles lässt sich damit auf den Prüfstein stellen, erleichtern und dadurch Zeit gewinnen. Es geht hier um die grundlegende Aussage, dass Perfektion unwirtschaftlich ist, aber es soll damit nicht infrage gestellt werden, dass sie ab und an natürlich notwendig ist.

Wir sollten also nicht bei allem immer nach Perfektion streben und versuchen, überall 100 Prozent erreichen zu wollen. Das ist ein lobenswertes Ziel, aber absolut unproduktiv, es kostet überproportional Stress, Energie und Zeit. Wir sollten daraus ableiten, dass es oft besser ist, den eigenen Perfektionismus etwas zu bremsen, und uns mit der eingesparten Zeit Dingen widmen, die weitaus wichtiger sind.

Aktionen für Sie:

- Stellen Sie ab jetzt alles auf den Prüfstand, damit Sie sich die Zeit freischaufeln für die wirklich wichtigen Dinge.
- Gehen Sie nach dem 20/80-Pareto-Prinzip vor. Optimieren Sie Ihren Arbeitseinsatz, oft reichen 20 Prozent Aufwand für 80 Prozent Ergebnis!
- Trennen Sie sich von liebgewordenen Gewohnheiten (nicht wichtig und nicht dringend) und strukturieren Sie Ihren Arbeitstag danach neu. Arbeiten Sie an Ihren Quadranten!

- Beginnen Sie mit den wirklich wichtigen Dingen Ihren Tag und befolgen Sie Ihren Biorythmus. Sortieren Sie also morgens nicht Ihre E-Mails.
- Eliminieren Sie das minütliche Abrufen Ihrer E-Mails und bestimmen Sie selbst, wann Sie diese erhalten und bearbeiten wollen. Schalten Sie öfter den Anrufbeantworter ein und hören Sie ihn ab, wenn Sie Zeit dafür haben.
- Machen Sie, wenn es geht, öfter mal die Tür zu. Open Door Policy ist ja ganz nett, aber sie hilft Ihnen nicht weiter. Verrammeln Sie sich also öfter mal.
- Werden Sie egoistischer, Sie werden deshalb nicht gleich zum Sozialfall oder Kameradenschwein in Ihrem Umfeld.
- Hinterfragen Sie bei all Ihren Aktionen die Effektivität und Notwendigkeit und den administrativen Aufwand dafür. Es ist Ihre Zeit, schenken Sie diese nicht zu leichtfertig her.
- Seien Sie ab jetzt selbstbestimmt. Schluss mit den Monopoly-Ereigniskarten. Es ist *Ihre* Zeit!
- Lösen Sie sich von allen äußeren Einflüssen, die Sie fremdsteuern. Sie entscheiden, wann Sie was tun. Your office is your castle. Lassen Sie niemanden ungefragt eindringen. Seien Sie konsequent!
- Nehmen Sie sich gezielt den Freiraum für die Dinge, die Sie als wichtig erachten. Sie werden sehen, diese Dinge sind es, die Sie voranbringen.

Plötzlich haben Sie mehr Zeit, die Sie sinnvoll nutzen können: für Ihre berufliche Zukunft.

Und denken *Sie* daran: *Sie* sind *Chef*!

Niemanden wagen wir so unverschämt zu belügen wie uns selbst

Von Natur aus bringen wir alle die Eigenschaft mit, das am schönsten zu finden, wofür wir uns einmal entschieden haben. Unsere gebildete Meinung und die gefällten Urteile erscheinen uns dann immer als absolut richtig, und sie sind uns »heilig«. Sie werden verteidigt, sogar gegen uns selbst, auch wenn sie faktisch nicht stimmen oder inzwischen überholt sind.

Fatal lässt sich dieses Phänomen beispielsweise bei Rauchern oder Bulimiekranken beobachten, die alle tief in ihrem Innersten wissen, dass ihr Verhalten falsch ist. Dennoch werden Raucher ihren Tabakgenuss mit den abstrusesten Argumenten verteidigen.

Wir belügen uns also selbst, damit wir die Dinge, die eigentlich aus der Vernunft heraus geändert werden müssten, nicht verändern müssen.

Im Fachbegriff heißt das *kognitive Dissonanz*. Die Theorie wurde von Leon Festinger, einem US-amerikanischen Sozialpädagogen (1919–1989), erstellt und in vielen Experimenten mit Menschen untersucht.

Wir streben immer danach, uns im seelischen Gleichgewicht zu halten. Jede Störung verursacht uns Unbehagen, das wir so schnell wie möglich wieder »harmonisieren« wollen. Wir bemühen uns darum, unsere Einstellungen, Annahmen, Wahrnehmungen stets miteinander und mit unserem individuellen Selbstbild in Einklang zu bringen – psychologische Harmonie herzustellen, so könnte man sagen. Entsteht dort eine Dissonanz, also ein Missklang, werden wir unsere Einstellungen so ändern, dass wieder ein stimmiges Gesamtgefüge entsteht, denn alle Unstimmigkeiten werden als überaus unangenehm und belastend empfunden. Was gut, was begehrenswert ist, klären nicht Tatsachen und Vernunft, sondern ganz allein unser Bedürfnis nach einem möglichst stressfreien und harmonischen Leben.

So weit, so gut! Das ist ja alles ganz in Ordnung, wird aber kontraproduktiv, wenn diese Zusammenhänge nicht mehr logisch oder sogar für uns in höchstem Maß schädlich sind. Untersuchen wir daher dieses Phänomen etwas genauer, um den Ursachen dafür auf den Grund zu gehen.

Mich hat es immer fasziniert, wie sehr wir an Dingen »kleben«, obwohl wir ganz genau wissen, dass sie falsch sind. Noch schlimmer, wir verteidigen sie bis aufs Messer und versuchen darüber hinaus, andere damit anzustecken. Wir wollen, dass sie genauso denken wie wir, damit wir nicht so allein sind in unserem Fehlverhalten.

Ein Raucher findet es unerträglich, wenn er jemanden trifft, der gerade mit dem Rauchen aufgehört hat. Das macht ihn ganz fuchsig. Denn da hält ihm jemand einen Spiegel vor, und das, was er darin sieht, will er nicht sehen. Und was macht er? Er bietet dem gerade Suchtfreien eine Zigarette an: »Hier, probier doch mal, na komm! Die eine, die schadet doch nicht!«

Im Job ist es das Gleiche. Mir geht es nicht gut in meinem Job. Ich bin so was von unzufrieden. Wenn dann mein Kollege gekündigt hat, dann kriegt er aber was zu hören! Wirst schon sehen, was du davon hast und dass das die falsche Ent-

scheidung war. Mit wem soll ich denn jetzt in Zukunft gemeinsam jammern? Der Andersdenkende wird diffamiert, damit mein Weltbild erhalten bleibt – und sei es noch so schief.

Das ist einer der Gründe, warum wir in unserem Jobelend verharren: Wir wollen den Ist-Zustand einfach nicht ändern und sind sturer als jeder Esel. Dabei sind wir jenem Tier in diesem Moment gar nicht so unähnlich ...

Ein Mann geht zu seinem Schneider, um sich den Anzug abzuholen, den er sich hat machen lassen. Er probiert und merkt, der passt überhaupt nicht. Der Schneider erwidert: »Doch, er passt, Sie müssen nur die linke Schulter etwas hochziehn und das rechte Bein anwinkeln, dabei Ihren Schwerpunkt insgesamt stärker nach hinten verlagern.« Er probiert es aus, und nun

> *sitzt der Anzug tatsächlich perfekt. Er geht so humpelnd und ächzend auf die Straße, zwei Passanten sehen ihn und der eine flüstert: »O mein Gott, der arme Kerl, schwerbehindert. Aber eines muss man ihm lassen: Einen guten Schneider hat er!«*

Es stünde uns gut, unserem Selbstbetrug ein Ende zu machen, denn sonst sind wir nicht offen für Veränderung und wirken wie der arme, hilflose Kerl in seinem Anzug. Seien Sie nicht die Person, die sich in ihre Kleider hineinbiegt und sagt: »Passt doch!« Stellen Sie sich aufrecht hin, und werfen Sie Ihren Anzug weg! Er passt nicht, auch wenn Sie sich noch so sehr verbiegen! Und Sie sehen bescheuert darin aus!

Stellen Sie Ihre Meinung auf den Prüfstein. Dazu ist es hilfreich, sich selbst wie eine fremde Person zu beobachten. Auf die Meta-Ebene gehen heißt das in der Psychologie. Beobachten Sie sich bei Ihrem Verhalten, insbesondere, wenn es jetzt um Ihren Standpunkt in Bezug auf einen beruflichen Richtungswechsel geht. Was sind die »Hot buttons« bei Ihnen, bei denen Sie sofort eine Antwort »parat haben«, die Sie aber nur ruhigstellen soll?

Fragen Sie sich doch einfach mal: »Was hindert mich daran, mich beruflich zu verändern?«

Oder machen Sie das Ganze in einer kleinen Session mit einer vertrauten Person und diskutieren Sie mit ihr dieses Thema. Starten Sie ein kleines Rollenspiel. Sie werden sehen,

Sie fangen sofort an, sich zu rechtfertigen, und Sie werden erkennen, wie eingefahren und unsinnig Ihnen einiges an Ihren Begründungen vorkommt. Schauen Sie sich jetzt mal die folgenden Argumente etwas genauer an, und prüfen Sie, ob eine der Aussagen auf Sie zutrifft:

- Ich hab keine Zeit dafür.
- Ich trau mich nicht.
- Ich habe Angst vor Veränderung.
- Ich glaube nicht, dass ich etwas Besseres finden werde.
- Schade um die Zeit und den Aufwand.
- So schlecht ist mein bisheriger Job doch gar nicht.
- Ich warte noch ein wenig ab, ob sich etwas verändert.

Merken Sie was? Ist das nicht tragisch, was wir uns da so selbst einhämmern, nur um uns ruhigzustellen?

Versuchen wir nun gemeinsam, anhand des bisher Gelernten, positive Antworten zu geben, die Sie in Ihrem Tun bestärken und nicht hindern. Ich fang mal an:

- *Keine Zeit:* Zeit gibt Ihnen niemand, Sie müssen und Sie können Sie sich selbst nehmen. Sie sind schon groß, Sie sind *Chef*! Instrumente dafür haben wir entwickelt, eliminieren Sie Ihre Zeitfresser. Es wird die spannendste Phase in Ihrem Leben, ein neuer Film mit Ihnen als Hauptdarsteller, nicht in einer Nebenrolle. Freuen Sie sich darauf!
- *Kein Mumm dafür:* Wenn Sie nichts tun, wird es schlimmer; nichts zu tun ist die schlechteste aller Varianten. Jeder Tag, der Ihnen keinen Spaß macht im Job, ist ein verlore-

ner Tag. Und schlussendlich sind Sie von Ihrem jetzigen Arbeitgeber abhängig, denn irgendwann ist der Zug abgefahren und dann sind Sie nur noch ein Spielball. Wollen Sie Ihren Traumjob finden? Jetzt? Dann legen Sie doch los!

- *Ich finde nichts Besseres:* Wenn Sie nicht suchen, dann haben Sie natürlich Recht, dann werden Sie auch nichts finden können. Und jetzt? Wollen Sie mit dieser Ungewissheit alt werden, weitere 20 Jahre durchhalten bis zur Rente – oder sind Sie neugierig, was noch kommen kann? Bereit für mehr Spaß und Begeisterung ohne Risiko?
- *Schade um die Zeit und den Aufwand:* Lohnt es sich, für Ihr berufliches Glück zu kämpfen und etwas Ihrer so kostbaren Zeit zu investieren? Ach ja, stimmt, Sie haben ja keine Zeit, weil Sie die Dinge tun müssen, die Ihnen keinen Spaß machen. Hatte ich vergessen. Gibt es beruflich etwas Wichtigeres als Zufriedenheit und Begeisterung im Job? Ist es nicht spannend, das herauszufinden?
- *So schlecht ist mein Job gar nicht:* Ach, und deshalb haben Sie dieses Buch gekauft? Sind Sie nicht neugierig darauf, was der Arbeitsmarkt Ihnen noch zu bieten hat?
- *Ich warte noch ein wenig ab:* Worauf warten Sie eigentlich? Können Sie mir das genauer erklären? Denken Sie daran, Ihre jetzige Firma existiert nicht, um es Ihnen recht zu machen. Ihr Schicksal nehmen Sie besser selbst in die Hand, es sei denn, Sie wollen weiterhin am anderen Ende einer Fernsteuerung sein.
- Warten ist ja nun wirklich mega-langweilig und der unkreativste Teil Ihres Lebens. Sie warten und hoffen auf bessere

Zeiten. Das Ergebnis des Wartens können Sie aber nicht beeinflussen; wollen Sie stattdessen nicht lieber Ihr Schicksal selbst in die Hand nehmen? Oder bevorzugen Sie es, wenn andere das für Sie tun, mit allen Konsequenzen?

Eine Chance auf Veränderung besteht nur, wenn Sie handeln und nicht länger warten!

Unsere Komfortzonen – der Mensch an sich ist träge

Alle Jahre wieder nehmen wir uns zum Jahresanfang eine Menge vor. Doch meistens sieht es schon nach wenigen Wochen nicht gut aus mit unserem Elan und dem Umsetzungswillen dieser guten Vorsätze. Woran liegt das?

Wer Erklärungen dafür sucht, warum man seine Vorsätze nicht in die Tat umsetzt, wird meist schnell fündig. Denn wir haben eine Menge beruhigender Ausreden parat: Wir wollen mehr Sport treiben? Ja, klar, doch leider haben wir nie die Zeit dafür! Wir möchten mehr Zeit mit der Familie verbringen? Gute Idee, bloß der Zeitpunkt ist gerade total unpassend! Wir wollen endlich einen neuen Job suchen? Klar, wollen wir, aber wir haben momentan so viel um die Ohren.

Wir ändern unser liebgewonnenes Verhalten nur ungern. Änderungen sind überhaupt nicht unser Ding. Wir steuern erst gegen, wenn Leidensdruck dazukommt, wenn es wirklich wehtut. Erst wenn gar nichts mehr geht, dann fangen wir an, unser Verhalten zu überdenken und zu ändern.

Die vielen Entschuldigungen und Ausreden, die unsere Motivation bremsen und die alle aus unserem eigenen Denken entspringen, haben ja einen großen Vorteil: Sie befreien uns von Selbstverantwortung und erzeugen Passivität. Alles bleibt beim Alten, die anderen oder die Situation ist schuld und wir sind fein raus, weil wir uns nicht bemühen müssen.

Die Angst vor Veränderung bremst uns aus. Wir befürchten das Schlimmste, malen uns aus, was alles passieren könnte, und verändern dann lieber – na was –: nichts!

Wir haben Angst vor Misserfolg und wollen alles richtig machen. Dabei übersehen wir, dass wir nur aus eigenen Erfahrungen lernen. Wer Neues wagt, riskiert es, Fehler zu machen, aber er hat auch die Chance auf jede Menge Spaß und persönliche Entwicklung.

Der Preis für die Vermeidung der Angst ist hoch: Wir ignorieren unsere wahren Bedürfnisse und leben an uns selbst vorbei. Bezogen auf die berufliche Situation, beginnen wir erst, die Dinge infrage zu stellen, wenn wir kurz vor der Kündigung stehen, eine Situation richtig eskaliert oder dem Unternehmen die Insolvenz droht. Ist man auf seinem Weg, der geradeaus geht, dann gibt es keinen Grund zur Veränderung oder zum Richtungswechsel.

Das ist in uns allen drin, tief in unseren Genen. Wenn etwas funktioniert, dann wollen wir es nicht ändern. Auf keinen Fall! Never touch a running system. Das ist ja auch im Grunde nicht falsch. Wer seinem Computer, der noch funktionierte, ein neues Betriebssystem verpasst und dann wutschnaubend vor dem Bildschirm sitzt, weil jetzt gar nichts mehr geht, der weiß, wovon ich rede.

Nur bedeutet es gleichzeitig Stillstand. Das neue Betriebssystem ist ein gutes Beispiel. Sicher, ich kann alles so lassen, aber neue Programme, neue Software funktionieren irgendwann nicht mehr mit dem alten System. Die Technik zieht an mir vorbei und damit blockiere ich mich für den Fortschritt. Ich bleibe stehen, während die Welt sich um mich herum weiterdreht. Ich muss also irgendwann meinem PC ein neues Betriebssystem verpassen.

Verändern ohne erkennbare Not, das fällt uns so unsagbar schwer. Solange es sich noch ertragen lässt, verändern wir nichts. Die Dialekte haben dafür eine passende Weisheit parat: »Passt scho«, »Es hat noch immer jot jejange« oder »Wat mut, dat mut« laden ja förmlich dazu ein, sich treiben zu lassen, es wird schon irgendwie werden und wir können es ja sowieso nicht ändern. Wir haben unsere Komfortzone, und solange es noch irgendwie geht, warum soll man was ändern. Warum soll ich also meinen Job aufgeben, wer weiß, was dann auf mich zukommt. Vielleicht wird es ja noch schlimmer.

Wie oft habe ich Personen angesprochen, ihnen die tollsten Jobperspektiven gegeben, mich mit ihnen unterhalten und auf sie eingeredet, aber trotz ihrer Unzufriedenheit und guten beruflichen Chancen sind sie den letzten Schritt nicht gegangen.

Spatz in der Hand – oder Taube auf dem Dach, die allermeisten nehmen den Spatz. Erst wenn es dem Spatz nicht mehr gutgeht, dann schaut man, ob die Taube noch da ist.

Meist ist sie dann aber schon weg. Shit happens. Hirschhausen sagt dazu ganz treffend: »Mal ist man die Taube, mal das Denkmal.«

Wer sind Sie? Der Spatzliebhaber oder der Taubenfänger?

Die Physik kennt die Theorie der »gleichförmigen Bewegung«, die besagt, dass ein Körper, der sich mit einer gleichbleibenden Geschwindigkeit bewegt, nur wenig Lust verspürt, seine Richtung zu ändern. Das trifft aber nicht nur auf tote Materie zu, sondern auch auf uns.

Sie kennen es aus dem Alltag. Alles was sich bewegt, ist schwer aus seiner Bahn zu bringen. Das will die Masse nicht, sie will einfach weiter geradeaus. Ein fahrendes Auto will geradeaus, wenn ich in die Kurve lenke, dann muss ich Kraft ausüben und Energie aufwenden. Wer keine Servolenkung hat, der kann ein Lied davon singen. Körper bleiben also liebend gerne stur dort, wo sie sind. Es wird Kraft beziehungsweise Energie benötigt, um einen Körper zu beschleunigen, aber auch, um ihn abzubremsen. Isaac Newton hat das seinerzeit ausgetüftelt, und damit haben wir nun eine plausible Erklärung, warum auch wir so veränderungsunwillig sind. Reine Physik! »Ein Körper bleibt im Zustand der Ruhe oder der gleichförmigen Bewegung, sofern er nicht durch einwirkende Kräfte zur Änderung seines Zustands gezwungen wird.« So sprach das Universalgenie und hat damit Millionen Schüler und Studenten im Unterricht zur Verzweiflung getrieben.

Wenn wir bei den pfiffigen Physikern bleiben, so hat Einstein eine andere Aussage parat, die auch gut in diesen Zusammenhang passt: »Alles im Leben ist relativ!« Das ist doch mal ein Pfund! Danke Albert für diese Erkenntnis! Relativ falsch ist also unsere Annahme, dass sich scheinbar nichts verändert. Und relativ falsch ist immer noch falsch.

Im Gesamtsystem sieht das nämlich alles völlig anders aus, verglichen mit dem, was wir so in unserem direkten Umfeld wahrnehmen. Wenn etwas vermeintlich feststeht, so ist das nur eine Frage der Betrachtungsperspektive. Wenn Sie also zum Beispiel in Wanne-Eickel aus dem Fenster schauen, dann steht der Kirchturm vor Ihrer Nase dort durchaus ziemlich stabil und es sieht nicht so aus, als ob er sich gerne drehen möchte. Betrachten Sie ihn dagegen aus dem Orbit, dann ist seine Geschwindigkeit sehr beträchtlich, denn die Erde dreht sich mit stattlichen 1600 km/h um sich selbst. Und das ist noch lange nicht alles, da sich die Erde um die Sonne mit rund 107 000 km/h bewegt. Nicht schlecht für einen Kirchturm in Wanne-Eickel!

Aus unserem unbedeutenden Blickwinkel heraus glauben wir ja auch, dass die Sonne um unsere Erde kreist. Ich sage Ihnen: Die hat Besseres zu tun, als sich um uns zu drehen.

Das sind nun nette Erklärungen und Vergleiche, ich möchte Sie damit sanft einstimmen auf die Erkenntnis, dass alles in Bewegung ist. Und wenn wir uns den Bewegungen nicht anpassen (also uns nicht verändern), dann dreht sich alles quasi unter uns und über uns weg, wir bleiben auf der Stelle und sind die Letzten, die es merken. Um uns herum ändert sich also permanent alles. Alles dreht sich, alles bewegt sich, und wir müssen aufpassen, dass wir nicht am Ende die Einzigen sind, die »abloosen«, weil wir stehen geblieben sind.

Auch wenn wir alle keine Freunde von Veränderungen sind, so kommt doch keiner darum herum. Machen wir uns nichts vor: In unserem Leben ändert sich ständig irgendetwas. Wir können nichts dagegen tun. Wir verändern uns auch, indem wir älter werden, uns weiterentwickeln, dazulernen und Neues erleben. Es verändern sich die Menschen um uns herum – manche gehen, neue Menschen kommen in unser Leben, sogar Schwiegermütter ändern sich – gehen aber eher selten. Es verändert sich die Umwelt, die Mode, die Trends, die Technik, ja sogar die Hits am Ballermann.

Veränderung ist ein Element des Lebens. Ohne Veränderung gäbe es keine Weiterentwicklung. Sehen wir der Tatsache ins Auge: Es bleibt uns nichts anderes übrig, als zu lernen, mit Veränderungen umzugehen!

Stellen wir den Bezug zur Arbeitswelt her. Wenn Sie sich nicht verändern, Ihr Arbeitgeber wird es tun. Er muss es sogar tun. Sonst ist er nicht konkurrenzfähig, egal in welcher Branche er ist. Neue Produkte, neue Märkte, neue Dienstleistungen, neue Jobprofile. Wenn Sie jetzt stehen bleiben, dann sind Sie irgendwann ein Fremdkörper in der Organisation. Alter Schwede, jetzt stehst du aber im Wege. Genau das passiert sehr oft, aber man merkt es nicht, oder man begreift es zu spät.

Und wenn Sie jetzt arbeitslos sind, dann haben Sie vermutlich schon gemerkt, wie schnell sich Dinge um Sie herum verändern können.

Ich will nicht polemisch werden, aber haben Sie alles getan, damit Sie »am Ball« bleiben? Oft passen Personen plötzlich nicht mehr in die Organisation eines Unternehmens, weil sie in ihrer Entwicklung und in ihren Denkmodellen stehengeblieben sind. Und dann haben sie sich quasi selbst wegorganisiert.

Daher sollten Sie auch dauernd eine Standortbestimmung durchführen und sich niemals einlullen lassen, weil es gerade so schön ist hier. Tun Sie das nicht, Ihr Arbeitgeber tut es mit Sicherheit erst recht nicht.

Loyalität spielt in diesem Zusammenhang überhaupt keine Rolle. Auch wenn es ehrenhaft ist, zu sagen: »20 Jahre bin ich hier, mein Arbeitgeber war immer gut zu mir. Er war loyal, ich bin es auch!«

Was ist, wenn Ihr Arbeitgeber schneller über die Wupper geht, als Ihnen lieb ist? Wird er dann auch sagen: »20 Jahre, jawohl Herr Meier, wegen Ihnen machen wir jetzt weiter, Sie bleiben einfach hier, Sie sind mein bester Mann. Aber vergessen Sie bitte nicht, das Licht auszumachen.«

Oder wenn die Führung plötzlich wechselt und Ihr neuer Chef Ihnen erklärt: »Schön, dass Sie so lange hier gearbeitet haben, genauso schön ist es aber auch, wenn Sie jetzt gehen.«

Es hilft nicht, in der Vergangenheit nach Argumenten zu suchen, die nur den Verbleib rechtfertigen. Darin sind wir leider Meister: im Uns-selbst-Belügen und dem Vorspiegeln von Argumenten, warum wir *keine* Veränderung wollen.

Schluss damit, es ist an der Zeit, an sich zu denken. Denn die anderen tun es auch. Getreu dem Motto: »Jeder denkt an sich, nur ich, ich denk an mich.«

Zehn Jahre und mehr bei einer Firma sind längst kein Privileg mehr, es kann Ihnen im Lebenslauf sehr negativ ausgelegt werden. Und Loyalität zu Ihrem Arbeitgeber ist toll und nett von Ihnen, aber sie wird Ihnen nicht helfen, und letztlich dankt es Ihnen niemand, dazu leben wir alle zu sehr in einer Ego-Gesellschaft. Benutzen Sie sie also nicht als Ausrede, um zu verharren. Und bei vielen Firmen entscheidet nicht Ihr Vorgesetzter, sondern der Aktionär. Und der schätzt Ihre persönliche Loyalität nur sehr bedingt, der schätzt seinen Geldbeutel noch viel mehr.

Betrachten wir zunächst einmal, was alles passieren kann, wenn Sie so weitermachen wie bisher.

Nun, nehmen wir erst mal an, Sie tun nichts. Herzlichen Glückwunsch, Sie sind in bester Gesellschaft. Denn die meisten tun genau das: nichts. Aussitzen. Ich bin ein Stein.

Eine ganz beliebte Ausrede ist die: Ich warte mal ab, was der Arbeitgeber mit mir macht. Soll er mich doch rausschmeißen. Dann ist aber was los. Dann will ich eine saftige Abfindung und dann kann ich mit der Kohle was anfangen.

Warten auf eine Abfindung ist nun überhaupt keine gute Idee. Die Zeit, in der Sie beharrlich warten, ist erst einmal eine verlorene Zeit und Sie könnten diese schon längst woanders verbringen und nutzen. Sie könnten sich schon selbst überholen, statt auf der Standspur vor sich hin zu trödeln und auf eine unbestimmte Summe Geld zu warten. Warten auf bessere Zeiten oder warten auf eine ungewisse Zukunft ist doch nun wirklich das Dümmste, was wir tun können, und pure Zeitverschwendung.

Und dann erst »Gas zu geben«, nachdem Sie rausgeschmissen wurden, ist ebenfalls nicht empfehlenswert. Gehen Sie auch keine Arbeitsrechtsprozesse oder ähnliche Auseinandersetzungen mit Ihrem ehemaligen Arbeitgeber ein. Das spricht sich schneller rum, als Sie denken, und Sie könnten zu einer »Persona non grata« werden. Heißt: Revoluzzer-Image, auf Krawall gebürstet. Das will sich keine Firma ans Bein binden, und Sie werden es schwer haben – diese Dinge prägen Ihren Ruf mehr, als Sie glauben, und viele Firmen holen sich gerne vor einer Einstellung Referenzen von Ihrem vorigen Arbeitgeber ein. Also keine gute Idee.

Suchen Sie nicht nach weiteren Gründen, warum Sie nichts tun können, sondern beginnen Sie zu handeln!

Die Lebensphilosophie der Buddhisten ist da wesentlich realer: Lebe im Jetzt und genieße dein *Jetzt*. Und wenn du es *jetzt* nicht genießen kannst, dann ändere es *jetzt*. Nicht morgen.

Jetzt!

Wenn Sie also etwas verändern wollen, dann tun Sie es *jetzt* und konzentrieren Sie sich darauf. Warten Sie nicht auf besseres Wetter, auf eine Abfindung oder auf sonstige Weltwunder. Das *Jetzt* ist das Einzige, was Sie aktiv beeinflussen und verändern können.

Das Jetzt

Folgende kleine Geschichte aus dem Zen-Buddhismus finde ich sehr weise und in unserem Zusammenhang äußerst treffend:

> *Ein Mann wurde einmal gefragt, warum er trotz seiner vielen Beschäftigungen immer so glücklich sei. Er sagte: »Wenn ich stehe, dann stehe ich, wenn ich gehe, dann gehe ich, wenn ich sitze, dann sitze ich, wenn ich esse, dann esse ich, wenn ich liebe, dann liebe ich ...«*
> *Dann fielen ihm die Fragesteller ins Wort und sagten: »Das tun wir auch, aber was machst du darüber hinaus?«*
> *Er sagte wiederum: »Wenn ich stehe, dann stehe ich, wenn ich gehe, dann gehe ich, wenn ich ...«*
> *Wieder sagten die Leute: »Aber das tun wir doch auch!«*
> *Er aber sagte zu ihnen: »Nein – wenn ihr sitzt, dann steht ihr schon, wenn ihr steht, dann lauft ihr schon, wenn ihr lauft, dann seid ihr schon am Ziel.«*

Genauso ist unser Leben. Wir haben nie Zeit. Und wir leben nicht im Moment, sondern sind entweder schon einen Schritt weiter oder mit den Gedanken ganz woanders.

Schauen wir doch jetzt einmal, bevor Sie anfangen, sich nun wild drauflos verändern zu wollen, was Ihren Marktwert in den unendlichen Weiten und Ausprägungen des Arbeitsmarktes ausmacht und beeinflusst und wie realistische Karriereziele aussehen.

Me, myself and I: Marktwert und Karriereziele

Der Marktwert ist in unserer Definition der Status, den Sie im Arbeitsmarkt haben. Die Anerkennung, Reife und Wertschätzung Ihres beruflichen Tuns. Jede Ware, jedes Produkt hat seinen Preis, und der bemisst sich daraus, was ein Käufer bereit ist, dafür zu bezahlen. Aber nicht nur der Preis ist entscheidend, sondern auch die Neigung, das Produkt unbedingt haben zu wollen. Die Kauflust also. Will ich haben. Muss ich haben.

In diesem Kontext sind Sie ein Produkt im Arbeitsmarkt und die Frage ist, wie können Sie Ihren Preis, Ihr Prestige und Ihren Wert beeinflussen und so natürlich das »Kaufinteresse« an Ihrer Person so weit wie möglich steigern.

Die wenigsten machen sich über diesen Punkt Gedanken, dabei ist die Attraktivität, die man damit für sich erhält, so ungemein wichtig, um leichter an den Job zu kommen, den man haben will. Aber auch, um vor Schicksalsschlägen gewappnet zu sein, weil man sicher sein kann: Ich bekomme durch meinen hohen Marktwert jederzeit wieder eine adäquate Tätigkeit. Passen Sie also auf, dass Sie kein Ladenhüter werden und Ihre Vita nicht wie Blei im Arbeitsmarktregal liegt.

Was prägt den Marktwert unserer Arbeitsleistung, was sind

die Messkriterien? Nun, es gibt so viele Punkte, die beeinflussen, ob man Top oder Flop ist. Jeder, der beurteilt, legt dort natürlich seine eigene Messlatte an und findet unterschiedliche Dinge wesentlich. Damit geht es schon wieder los – die Jury ist jedes Mal eine andere.

Man unterscheidet bei der Bewertung grundsätzlich die weichen und harten Faktoren. »Hart« ist alles, was Sie an soliden, das heißt an unumstößlichen Kenntnissen und Fakten mit sich bringen: Ihre Ausbildung, Qualifikation, Ihr Alter, Ihre Betriebszugehörigkeit, bestimmte Produkt- oder Marktkenntnisse. Dinge, die messbar und bewertbar sind. Die sogenannten »weichen Faktoren« sind nicht beziehungsweise nicht objektiv quantifizierbare Größen. Der Begriff geht zurück auf das »7-S-Modell« – etwas infantil auch genannt das »Modell vom glücklichen Atom« – von Tom Peters, seines Zeichens McKinsey-Berater in den 1970er Jahren. Er hat in einem Anflug von Neugier und Arbeitswut die vier Aspekte »Shared Values«, »Staff«, »Skills« und »Style/Culture« als die weichen, nicht buchhalterisch erfassbaren Erfolgsfaktoren beschrieben. Er hat dann bunte Kreise dazu gemalt (als McKinsey-Berater hat man ja auch genug Zeit dafür). Seine Erkenntnis war, dass die weichen Faktoren, also Eigenschaften wie Kommunikation, Kooperation, Motivation, Engagement, Verantwortungsbereitschaft, Interesse, Vertrauen, Konkurrenz, Konfliktfähigkeit oder Kundenorientierung den eigentlichen Erfolg einer Person, eines Projektes, einer Firma bestimmen.

Und damit hat er sicher Recht. Die »Hard Facts« sind sozusagen die Grundlage, damit man überhaupt qualifiziert ist für einen Job, die weichen Faktoren aber füllen ihn aus. In der

Praxis sind sie die wahren Bestimmer, ob sich der Chef für Mitarbeiter entscheidet und auch Mitarbeiter für den Chef. Die harten Fakten beschreiben, *was* Sie sind, die weichen, *wie* Sie sind. Das hätten wir auch ohne den Kollegen McTomPetersKinsey herausfinden können, aber dennoch hat er sich immerhin angestrengt dabei und das wollen wir doch anerkennend festhalten.

Ihren Marktwert beschreiben Sie in Ihrem Lebenslauf, sehen Sie zu, dass dort also genug dieser »Wie Sie sind«-Elemente enthalten sind. Wie Sie das beschreiben sollen, dazu kommen wir noch, denn verliebte Selbstdarstellung ist hierbei ein »NoGo«. Sie müssen aber Position beziehen, denn sonst lassen Sie Raum für Interpretationen, vergessen Sie also nicht, wesentliche Dinge zu erklären. Nehmen wir mal ein brisantes Beispiel.

Ein Punkt, der heute oft negativ ausgelegt wird, ist eine (zu) lange Zugehörigkeit zu einer Firma, auch wenn Sie dort nach Ihrem Empfinden Karriere gemacht haben und mächtig stolz darauf sind. Denn der Leser Ihres Lebenslaufes stellt Ihnen unweigerlich bei langer Betriebszugehörigkeit folgende Fragen:

- Warum wollen Sie sich jetzt, nach so langer Zeit, überhaupt verändern?
- Müssen Sie sich vielleicht verändern? Warum um Himmels willen nach so langer Zugehörigkeit? Da muss doch was passiert sein?
- Sind Sie überhaupt noch »verpflanzbar« oder schon firmenblind?

- Können Sie sich noch an eine neue Firmenkultur anpassen?
- Können Sie den guten Job, den Sie bisher gemacht haben, auch an anderer Stelle erfolgreich umsetzen?
- Sind Sie überhaupt veränderungswillig?
- Sind Sie noch lernwillig und lernfähig?
- Kann man Sie überhaupt noch verändern, oder sind Ihre Denkmodelle schon verkrustet?
- Haben Sie bisher in Ihrer Firma nur Glück, eventuell einen Mentor, gehabt?

Ich weiß, das tut jetzt weh, denn Sie fühlen sich überhaupt nicht firmenblind oder unflexibel. Aber Sie müssen gegen diese Fragen ankämpfen, sozusagen beweisen, dass Sie anders sind als das Vorurteil, das bei Durchsicht Ihres bisherigen Arbeitslebens unweigerlich aufkommt. Im Gegensatz zu unserer Rechtsprechung, wo das Unschuldsprinzip gilt, ist es im Arbeitsmarkt genau anders herum. Sie müssen sich erklären und beweisen, dass es anders ist. Sie müssen den anderen vom Gegenteil überzeugen. Der Angeklagte ist also erst mal »ipso iure«, also Kraft Gesetzes, ohne weiteren Rechtsakt »schuldig« und verurteilt. Sie müssen sich nun rechtfertigen, dass Sie unschuldig sind.

Es ist heute wichtig zu zeigen, dass man genau diesen Vorurteilen und Befürchtungen entgegengewirkt hat. Am besten, indem man einen abwechslungsreichen, aber dennoch kontinuierlichen beruflichen Werdegang hat, durch Wechsel verschiedene Firmenkultur erlebt hat, durch einen neuen Job zeigt, dass man nicht träge oder entscheidungsmuffelig ist.

»Karriere machen« heißt also nicht, wie man oft meint, permanent in der Hierarchie nach oben zu steigen, mehr Verantwortung, mehr Entscheidungsgewalt, mehr Mitarbeiter unter sich zu haben. Das ist alles Blödsinn, so definiert sich keine erfolgreiche Karriere.

Viele Kandidaten kommen zu mir und fragen nach Jobs, in denen sie zehn Mitarbeiter mehr führen wollen, als sie jetzt haben. Da entgleisen mir dann meine Gesichtszüge. Ich kann darauf nur entnervt entgegnen: »Tut mir leid, Ihre Ziele sind falsch gesteckt, denn das hat mit Karriere und Aufstieg nichts zu tun.« Gar nichts. Ob man 100 oder 200 Mitarbeiter führt, ist völlig unerheblich, denn man führt diese sowieso nicht direkt, sondern hat eine Handvoll direkter Mitarbeiter, in Neudeutsch sogenannte »Direct reports«.

Ob Sie jetzt also gerade mächtig eindrucksvolle 100 Millionen Umsatzverantwortung haben und nun im nächsten Schritt die 200 Millionen knacken wollen – das ist ein genauso unsinniges Karriereziel. Es kommt doch nicht auf den Produktpreis an. Verkaufen Sie in Zukunft dann einfach Panzer statt Seife. Kernkraftwerke statt Tiernahrung. Sind Sie deshalb ein besserer Manager?

Ein wertvoller Karriereschritt ist zum Beispiel zu zeigen, dass man den gleichen guten Job auch an anderer Stelle hervorragend machen kann. Dass man sich in unterschiedlichen Firmenkulturen und Formaten behaupten und in einem neuen Umfeld zeigen kann, dass man es an anderer Stelle genauso gut oder sogar besser kann. Denn wenn man nur in einer Firma erfolgreich ist, sagt das noch nicht genug über die generellen Fähigkeiten aus. Es ist noch nicht

»repräsentativ«. Vielleicht hat man ja bisher nur Glück gehabt, einen wohlgesinnten Vorgesetzten oder vielleicht sogar einen Protektor hinter sich gehabt? Ist man deshalb eventuell nur in dieser einen Firma in der Lage, erfolgreich zu arbeiten?

Eine Firma reicht also nicht aus für ein objektives Qualitätsurteil, egal wie weit man dort gekommen ist. Die typischen Kaminkarrieren, wie man das nennt, das heißt, in einer Firma über viele Jahre hinweg erfolgreich aufzusteigen, sind kein positives Attribut für einen allseits gefragten Manager. Das ist heute im globalen Markt, wo Vielseitigkeit und Anpassungsfähigkeit gefragt sind, einfach nur mega-out.

Multikulti-Erfahrungen hingegen machen Sie sehr interessant, das heißt in diesem Zusammenhang, in verschiedenen Umgebungen, Firmen, Unternehmenskulturen gearbeitet und gelernt zu haben.

Setzen Sie sich reale Karriereziele. Die wichtigste Wertschöpfung, die auch den Marktwert positiv beeinflusst, heißt: lernen. Dazulernen. Den Horizont erweitern. Die Birne erleuchten. Die Wissensplattform vergrößern. Die eigenen Fähigkeiten ausbauen. Fehler machen und daraus lernen.

Was mir sehr am Herzen liegt, weil es auch so gerne geschrieben wird: Bitte gehen Sie nicht davon aus – und schreiben Sie das vor allem nie in Ihren Lebenslauf! –, dass Sie jetzt schon alles können und nun einen Job suchen, in dem Sie das Gelernte weltmännisch »anwenden« wollen. Und das Unternehmen soll jetzt von Ihrem Genius profitieren. Ich lese das so häufig und es ist so furchtbar!

Damit outen Sie sich sofort als stumpfsinnig und engstirnig. So jemanden will doch niemand einstellen. Natürlich sind Talente und Fertigkeiten gefragt, aber Sie müssen immer lernfähig und vor allem lernwillig bleiben. Und das sollten Sie auch so schreiben.

> *»Wer meint, etwas zu sein,*
> *hat aufgehört, etwas zu werden.«*
> SOKRATES

Geben Sie also dem geneigten Leser Ihres Karrierepapiers nie den Eindruck, dass Sie von Sokrates noch nie was gehört haben. Intelligenz definiert sich, dass man erlangtes Wissen an neuer Stelle und in einer unbekannten Situation neu zusammensetzen und anwenden kann. Damit unterscheiden wir uns von den Tieren. Dann tun Sie das doch bitte, Sie sind ja kein Wal. Gehen Sie davon aus, dass auch berufliche Situationen immer neu geschrieben werden und sich keine Szene wiederholt. Und falls doch, dann sucht man einen Mitarbeiter, der alles immer wieder neu und flexibel überdenkt, bevor er handelt. Der Schablonenmann mit seinen Patentrezepten ist ein »Yesterday Man«!

Man darf sich also nie selbst überschätzen und sich zu lehrmeisterlich in seinem Lebenslauf geben.

Kommen wir zurück zum Marktwert und realistischen Karrierezielen in den unendlichen Weiten des Arbeitsmarktes. Falsch ist es zu denken, ein Schritt muss immer »mächtig« sein. »Mächtig« eindrucksvoll, »mächtig« mehr Geld, »mächtig« mehr Verantwortung. Sonst wäre es nur ein Seitenschritt und den könne man sich ersparen.

Das ist falsch gedacht. Man muss auch hier taktisch denken, die meisten sind seltsamerweise damit total überfordert. Nie würde man privat oder im Sport »den Kamikaze machen«, bei einem Jobwechsel ist man da aber völlig enthemmt und schmerzfrei. Das Ziel kann gar nicht groß genug sein – es wird schon klappen! Klappt aber eben leider nicht. Die meisten Jobwechsel gehen in die berühmte Hose, weil man sich überfordert.

Auch wenn manche Karriereschritte wie ein Seitenschritt aussehen mögen, sind sie das nur im Auge des Betrachters. Rom wurde ja auch nicht – na, Sie wissen schon. Also gehen Sie behutsam vor und machen Sie zum Beispiel einen strategischen Schachzug hinein in eine neue Firmenkultur. Dribbeln Sie sich durch Ihre Karriere, statt blind nach vorne zu stürmen und dann voll an den nächsten Pfosten zu knallen.

Betrachten Sie den Jobwechsel als den ultimativen Karrierebooster, denn bei einem neuen Arbeitsumfeld ist vieles neu: Firmenpolitik, Management, Kunden, Aufgabe, Umfeld, Produkte, Organisation, Kultur, Entscheidungswege und und und. Alles fremd, alles neu, alles zu verarbeiten.

Das ist viel. Oft zu viel. Ein Scheitern ist vorprogrammiert, wenn im neuen Job die Aufgabe wesentlich anspruchsvoller ist. Schwerer Ausnahmefehler! Weniger ist also auch bei einem Jobwechsel mehr. Wirklich!

Ein Wechsel »auf gleichem organisatorischen Niveau« birgt viel weniger Risiko, weil man tut, was man kann, und sich im neuen Job profilieren kann. Das neue Umfeld kann dann in Ruhe »verarbeitet« werden. Das ist schwierig genug, doch wenn man diese Anpassung erfolgreich gemeistert hat, dann ist und bleibt man attraktiv für den Arbeitsmarkt.

Lassen Sie sich also beraten, bevor Sie sich selbst falsche Ziele setzen, die die Welt nicht braucht – außer Sie selbst für Ihr Ego. Mit Managern, die sich und ihre selbst gebauten Luftschlösser toll finden, kann man heute die Straße pflastern. Sorry, passen Sie auf, dass Sie nicht dazugehören!

Der Typus, der heute gefragt ist, hat Mut zu Neuem, zur Veränderung, ist anpassungsfähig, selbstkritisch und in der Lage, sich und seine Tätigkeit infrage zu stellen und dann neue, kreative Antworten darauf zu geben.

Mein Rat als Ihr Karriereberater: Einen Aufstieg in der Verantwortung, also zum Beispiel vom Verkäufer zum Verkaufsleiter, vom Koch zum Chefkoch, vom Flugbegleiter zum Purser oder gleich zum Kapitän sollte man nicht mit einem Jobwechsel vollziehen. Letzteres würde mich als Passagier da hinten auf 3C doch leicht beunruhigen, bei allem Respekt vor Ihrem Ehrgeiz und Ihren fliegerischen Ambitionen.

Sie sollten also erst einmal Verkäufer oder Koch oder Flugbegleiter bleiben, das können Sie, hier werden Sie sich am ehesten profilieren und einen herausragenden Job machen können. Ja, warum dann aber wechseln, werden Sie nun fragen? Nun, der Wechsel an sich frischt in jedem Fall Ihren Marktwert gehörig auf. Zudem sollten Sie Ihr neues Unternehmen, wenn Ihnen das wichtig ist, auch danach beurteilen und auswählen, ob Ihr Karriereziel als »Leiter« dort langfristig umsetzbar erscheint. Dann handeln Sie clever und vollziehen eine so einschneidende Veränderung der Verantwortlichkeit in einem bekannten Umfeld.

In jedem Fall sollten Sie genau abwägen, ob Sie Ihre Karriereziele in ihrem jetzigen Umfeld und Unternehmen noch erreichen können. Wenn nicht, dann ist es nur noch verlorene Zeit, und Sie müssen wechseln.

Und je länger Sie verweilen und abwarten, umso mehr reduzieren sich auch Ihr aktueller Marktwert und Ihre Chancen auf einen attraktiven Job. Je länger Sie bleiben, umso abhängiger machen Sie sich von Ihrer jetzigen Firma, das muss Ihnen bewusst sein. Und nach 25 Jahren Betriebszugehörigkeit wird es ganz schwierig, überhaupt noch die Kurve zu kriegen.

Natürlich sollen Sie es nicht übertreiben mit den Wechseln, Jobhopping ist auch keine Lösung. Aber in gesunden Zeitabständen zu wechseln baut Ihren Marktwert sukzessive auf und macht Sie unabhängig von beruflichen Schicksalsschlägen. Sie haben dann eine breite Wissens- und Erlebnis-Plattform, und falls etwas schiefgehen sollte, dann haben Sie im wahrsten Sinne des Wortes eine breite Brust und ein Fundament, das Sie beruflich immer tragen wird.

Sie dürfen also auch Fehler machen, mal danebenliegen in der Wahl des neuen Arbeitgebers. Das ist im Lebenslauf überhaupt kein Problem, man kann sich durchaus mal vertun. Fehler machen Sie sogar menschlich, Sie müssen sie nur erklären und nachvollziehen können, dann ist es in Ordnung. Aber Sie dürfen sich nicht wiederholen!

Erklären Sie daher in Ihrem Lebenslauf immer, was genau passiert ist und welche Motive Sie hatten, dann wird Ihnen das niemand übelnehmen.

Auf unserer Website steht bei unseren Jobangeboten:

> *»Fortschritt bedeutet Mut zur Veränderung, zufriedene Menschen bleiben stehen!«*

Dieser Satz stammt von Herbert G. Wells, einem englischen Schriftsteller, Historiker und Pionier der Science-Fiction-Literatur. Ohne Fortschritt gäbe es keine Science Fiction, ohne den Mut, etwas ändern zu wollen, würden wir alle vermutlich noch mit Steinen auf Säbelzahntiger werfen.

Lassen Sie uns jetzt zusammenfassen: Ihr Marktwert setzt sich aus den harten und weichen Faktoren zusammen. Achten Sie darauf, dass beide Skills sich weiterentwickeln und immer dokumentier- und nachvollziehbar sind. Vermeiden Sie Interpretationen, vermeiden Sie alles, was Ihren Wert reduziert, wie zum Beispiel eine zu lange Betriebszugehörigkeit.

Gehen Sie analytisch an Ihre Karriere und Ihren Marktwert heran. Was steigert Ihren Wert, was bewirkt Gegenteiliges? Setzen Sie sich reale Karriereziele, und beurteilen Sie nun nach unseren neuen Betrachtungswinkeln, ob Sie Handlungsbedarf haben. Und wenn Sie das mit *Ja* beantworten, dann handeln Sie!

Die Jammerfalle

Es ist ein typisch deutsches Phänomen: jammern, quengeln, klagen, kein Land hat so viele Begriffe dafür, wir Deutschen jammern so gern, und immer und überall. Über das Wetter, über den Job, über Politik, warum es den anderen bessergeht oder warum man wieder mal kein Glück hatte, warum Dieter Bohlen das A-Wort sagt und warum Angela Merkel eine Betonfrisur hat. Ist es nicht schön, dass man auch immer jemanden findet, der mitjammert? Das verbindet.

Wir haben es ja kommen sehen. Wir betreiben in unserem Umfeld Katastrophentourismus, viel interessanter ist das Unglück, das Glück will keiner hören. Uns würde also sehr viel fehlen, wenn wir nichts mehr hätten, über das wir herzzerreißend lamentieren könnten.

Wenn Sie zur Begrüßung fragen: »Wie geht's?« und Ihr Gegenüber antwortet: »Gut!« – dann ist das Gespräch sehr schnell beendet. Was will man auch mit so jemanden anfangen, dem es einfach nur gutgeht? Das will doch nun wirklich keiner hören.

Und am schönsten jammern lässt sich natürlich über den Job, über die Kollegen, über den Chef. Mein Gott, wie herrlich ist es, sich im Jammertal zu suhlen, was würde man nur machen, wenn man keinen Gesprächsstoff mehr darüber hätte?

Uns würde wirklich etwas fehlen. Das Leben wäre leer. Was ist, wenn wir nicht jammern würden? Richtig: Wir hätten mehr Zeit. Wir würden uns nicht selbst runterziehen mit dem negativen Gesulze, sondern wir könnten plötzlich das Positive sehen. Was für eine Vorstellung. Unglaublich.

Jammern hilft, damit wir in unserer Komfortzone bleiben, nur nichts ändern, kann ja alles nur schlimmer werden. Pessimismus erhält die Gleichförmigkeit, aber die Optimisten regieren die Welt! Die Optimisten haben die Lebensfreude auf ihrer Seite, und was ist denn nun schöner: über das nicht Einhalten des Reinheitsgebotes zu jammern oder einfach eine Maß Bier zu stemmen?

Über gestiegene Preise zu jammern oder sich einen schönen Abend zu machen und einfach mal »die Sau rauszulassen«?

Halten wir fest: Jammern ist Zeitverschwendung, es bringt rein gar nichts.

Tipp: Lernen Sie Ihre Jammerfloskeln, beobachten Sie sich selbst eine Woche lang. Geben Sie sich anschließend selbst eine Antwort dazu. Wenn dann ein Jammer-Anfall kommt, machen Sie sich lustig über Ihr Verhalten und freuen Sie sich, dass Sie sich erwischt haben – beim Jammern. Das beste Rezept ist: Wenn Sie etwas zu jammern haben, stellen Sie sich die drei Fragen: Love it? Change it? Or leave it? Also: Liebe ich es, will ich es ändern oder verlasse ich die Arena? Hat der Nachbar nachts um drei Uhr die Mucke auf 120 Phon, dann können Sie entweder im Bett mitwippen, die Polizei rufen oder ins Hotel umziehen. Aber tun Sie eines bloß nicht: liegen bleiben und jammern!

Versuchen Sie zur Abwechslung mal, über schöne Dinge zu sprechen. Sie werden sehen, das baut auf. Und plötzlich werden Sie merken: Ihnen gehen die Themen aus – ist das nicht zum Jammern ...?

Zusammenfassung unserer Verhinderer, Ausreden und Blockaden

Wir haben jetzt vieles beleuchtet, es war unsere Kernfrage am Anfang, warum es so ist, wie es ist. Warum sind so viele Menschen unzufrieden in ihrem Job und ändern nichts? Jetzt können wir das für uns beantworten und haben Rezepte gefunden. Ich fasse diese noch einmal zusammen:

- Wenn Sie erfolgreich suchen wollen, müssen Sie weg von der Herde! Weg von den veralteten Jobsuchmethoden, weg von dem, wie es alle machen. Sie müssen es anders machen, als es ihnen die Mehrheit aus dem Rudelverhalten heraus suggeriert. In der Herde werden Sie nie ein Optimum Ihrer persönlichen Ziele realisieren können.
- Positiv oder negativ denken – Sie haben die Wahl! Geben Sie sich selbst eine Chance, und tanken Sie Kraft und Zuversicht durch eine lebensbejahende Einstellung.
- Werden Sie kritischer, wenn es um Ihre berufliche Zukunft geht. Sagen Sie nicht zu schnell Ja. *Sie* suchen

einen Job, der zu Ihnen passt. Sie verbringen mehr Zeit am Arbeitsplatz als irgendwo anders. Sie sollten ein Grundinteresse haben, dass diese Zeit Ihnen wirklich Erfüllung bringt.
- Stoppen Sie Ihre selektive Wahrnehmung, werden Sie offener, lassen Sie zu, dass es anders ist, als Sie es schon vorher zu wissen vermuten. Glauben Sie nur sich, nicht Ihrem Umfeld. Steigen Sie aus Ihrer Kiste und bilden Sie sich selbst ein Urteil. Gruppenwahrnehmungen und Meinungen anderer sind subjektiv und wollen Sie nur aus egoistischen Motiven heraus beeinflussen.
- Kämpfen Sie gegen das Korsett Ihrer Herkunft, starrer Prinzipien und Gruppenzwängen. Die Gruppe will Sie unterdrücken und einsortieren. Entfernen Sie sich von Ihrem Rudel. Trauen Sie sich auszubrechen! Nur so können Sie Ihre Ziele realisieren.
- Leben Sie nicht länger in der Vergangenheit oder in der Zukunft. Verändern können Sie nur das *Jetzt*. Die Vergangenheit ist Schnee von gestern und die Zukunft immer ungewiss. Also handeln Sie *jetzt*, suchen Sie keine Ausreden nur zum Selbstbetrug, und warten Sie nicht länger ab. Es wird nicht besser; wenn Sie verharren, wird es schlimmer.
- Nehmen Sie sich *Zeit* und machen Sie Schluss mit den Ausreden, warum es gerade jetzt nicht geht.
- Werden Sie effektiv, statt nur effizient zu sein. Hören Sie auf, auf hohem Niveau Däumchen zu drehen. Stellen Sie alle Zeitfresser auf den Prüfstand, benutzen Sie dazu unter anderem das Pareto-Prinzip und Eisen-

howers Quadrantenlogik. Lassen Sie sich nicht von »Ereigniskarten« zu stark leiten, *Sie* sind das Ereignis.
- Sie sind *Chef*, es ist Ihre Zeit. Niemand gibt Sie Ihnen, Sie müssen sie sich selbst nehmen.
- Hören Sie auch auf, sich selbst zu belügen, nur um Ihre Komfortzone zu behalten. Ihre Trägheit schadet Ihnen mehr, als sie Ihnen nutzt.
- Hören Sie auf zu jammern, sondern verändern Sie etwas. Love it, change it or leave it.
- Sie müssen sich verändern, die anderen tun es auch, Ihre Firma tut es. Verharren ist nicht nur Stillstand, es führt zur Isolation.
- Achten Sie auf Ihren Marktwert und setzen Sie sich realistische Karriereziele. Nur so bleiben Sie attraktiv für den Arbeitsmarkt. Sonst werden Sie ein Spielball im Arbeitsmarkt und andere entscheiden über Ihr Leben und Ihr berufliches Tun.

Haben Sie das verinnerlicht, ist es nun an der Zeit, den nächsten Schritt zu tun.

TEIL 2

Workshop zur Zielfindung

Die richtige Frage

Um hohe Ziele erreichen zu können ist es notwendig, uns erst die passenden Fragen zu stellen und dann die richtigen Antworten darauf zu finden. Bevor wir also nach unserem Traumjob fahnden, müssen wir erst einmal klären, wohin die Reise gehen soll. Beschäftigen wir uns also zur Einstimmung mit der Frage aller Fragen: Was ist der Sinn unseres Lebens? Rumms! Oha. Schon wird es dramatisch und wir fangen an, unsere Backen aufzublasen und ratlos in die Runde zu blicken.

Was wollen wir im Leben? Hmm.

Unsere Ziele erreichen? Ach ja, welche? Fortwährend Glück haben, Geld anhäufen? Erfolg? Popstar werden? Familienidylle? Freiheit? Andere glücklich machen? Alle Achttausender ohne Atemmaske besteigen?

Ja, alles! Her damit!

Bringt uns das jetzt weiter? Beruhigen Sie sich. Nein, das ist zu philosophisch, zu theoretisch, und ein Patentrezept wird von mir auch nicht geliefert.

Mit der Frage nach Ihrem persönlichen Lebensziel will ich mich nicht weiter beschäftigen, damit muss ich Sie an dieser Stelle alleinlassen. Nehmen Sie sich einen guten Psychologen, wenn Sie die Frage fundamental interessiert, besuchen Sie eine Selbsthilfegruppe, bauen Sie Stuhlkreise mit Ihren Schüttelmeditationskollegen oder suchen Sie im Kaffeesatz oder in den Sternzeichen nach den Antworten. An dieser Stelle steige ich aus. Aber die Frage nach dem richtigen Job, dem *Traumjob*, das berufliche Fernziel, die möchte ich von Ihnen schon etwas genauer beantwortet wissen. Denn diese Antwort wird die Grundlage unseres weiteren Vorgehens sein. Wir können nichts suchen, wenn wir nicht wissen, was. Das ist irgendwie logisch, oder? Also, wie lautet die richtige Frage nach dem, was wir suchen? Wie definiert sich Ihr *Traumjob*? Wonach müssen wir suchen? Welche Frage müssen wir, müssen Sie sich beantworten?

Wo verdiene ich das meiste Geld?

Geld.

Yo, Man!

Gib her!

Hmm. Suchen Sie den Job, der am meisten Geld bringt? Ist es das, was Sie wollen? Fragen Sie mal Unternehmensberater, die verdienen einen Haufen Geld, sind 300 Tage im Jahr auf Achse, haben kein Wochenende, und nach fünf Jahren setzt unweigerlich ein Pfeifen im Ohr ein. Nach dem Gehörsturz und drei Monaten Reha geht's dann wieder, eventuell etwas langsamer und mit leichten Störungen im Gleichgewicht, aber es geht schon.

Aus meiner Sicht: Nein, viel Geld zu verdienen hat keinen Vorrang. Zumindest nicht als vordergründiges Motiv. Sicher, es gibt Sprüche von Oscar Wilde wie: »Als ich klein war, glaubte ich, Geld sei das Wichtigste im Leben. Heute, da ich alt bin, weiß ich: Es stimmt.«

Ja klar. Netter Spruch. Oscar war ja auch ein Lebemann. Geld ist schon irgendwie wichtig. Für alle von uns. Aber Geld als Motivation für einen Job ist nicht ausreichend. Das ist zwar ganz schön, aber nach einem Monat mit »mehr Gehalt auf dem Konto« sehr schnell vergessen.

Firmen wissen, dass Geld nicht das alleinige Gut ist, um Mitarbeiter nachhaltig zu motivieren. Es ist einfach viel zu schnell Alltag, ist somit keine Wurst, nach der man ständig schnappt, um die Extrameile zu gehen. Die Dinge werden im Alltag schnell selbstverständlich. Ich häufe jetzt Geld an. Fein. Und jetzt? Deswegen bleibt der Job trotzdem stinklangweilig.

Es ist übrigens auch gefährlich, wenn man überdurchschnittlich gut in einem Job verdient. Es gibt Firmen, die binden so ihre Mitarbeiter, denn diese können sich mit ihrem wahnwitzigen Gehaltspaket nirgends mehr blickenlassen. Sie sind quasi unvermittelbar geworden, auch für uns Headhunter, denn sie verdienen einfach mehr, als sie »verdienen«. Verzeihung, ist aber leider oft so. Wenn dann aus Leidensdruck ein Jobwechsel ansteht, dann will man natürlich keinen Rückschritt machen, wie soll man das auch erklären. Ich möchte diesen Job, aber zahlen Sie mir ruhig etwas weniger. Ich bin da nicht so.

Das klingt komisch, und eigentlich mag keine Firma so jemanden einstellen. Der bleibt doch nicht lange oder geht, sobald er woanders wieder mehr verdienen kann.

Eine derartige Gehaltsfalle führt deshalb häufig in eine berufliche Sackgasse. Also sollte man nicht zu raffgierig sein, vor allem in jungen Jahren sollte man zurückstecken und moderate Gehaltsansprüche stellen. Ich weiß, das wollen Sie nicht hören.

Das Sensationsgehalt ist es also nicht, was den Traumjob ausmacht.

Zugegeben, Reichtümer anzuhäufen hat Vorzüge, löst aber bei weitem nicht so viele Probleme, wie wir glauben. Wenn Sie einfach nur Geld schaufeln, dann merken Sie gar nicht, wie leer Ihr Leben eigentlich ist, Sie kommen gar nicht dazu, darüber nachzudenken und dass Sie sich mit Ihrem beruflichen Erfolg nur selbst etwas vorgaukeln.

»Relatives« Einkommen wäre da wesentlich wichtiger zu beurteilen als »absolutes«. Das heißt, Sie verdienen zwar weniger Geld, können dafür aber mehr Dinge tun, die Ihnen Spaß machen. Was ist dann besser?

Sie sehen: Die Frage nach dem Geld bringt uns also nicht weiter.

Brauche ich mehr Macht?

Macht! Schönes Wort. Böses Wort. Wer möchte das nicht: Macht über jemanden zu haben, Monopoly zu spielen und immer die Miete der Schlossallee zu kassieren. Menschen führen, anleiten, ihnen erzählen, was richtig und was falsch ist. Vorbild zu sein, jemand zu sein, zu dem man aufschaut. Prominent zu sein, anerkannt. Das ist Macht.

Nun sehen wir uns dazu doch mal einen Michael Jackson an, war der glücklich? Amy Winehouse, Tom Cruise, alle sind prominent, haben Geld, haben Macht. Aber sind sie dauerhaft zufrieden? Brad Pitt kann ohne Bodyguard auf keine Toilette mehr gehen.

Angela Merkel hat Macht, möchten Sie mit ihr tauschen? Sie arbeitet rund um die Uhr, um ihr Amt und alle anstehenden Aufgaben zu erfüllen und tagtäglich Hunderte von Entscheidungen zu treffen. Ist das der Kick?

Ich kenne viele Manager, die werden alle irgendwann »entscheidungsmüde«. Ich selbst habe früher auch ein großes Rad gedreht, eine eigene Firma aufgebaut, sie wachsen lassen, viele Mitarbeiter geführt, »Top-Manager gespielt«. Heute brauche ich das nicht mehr und fühle mich viel wohler dabei. Ich habe umstrukturiert, von einem großen Mitarbeiterstab hin zu einer schlanken Franchise-Organisation. Und wissen Sie was? Mir geht es seitdem viel besser. Warum? Ich war auch entscheidungsmüde, es leid, ständig alle Augen auf mich gerichtet zu fühlen, keiner versteht, dass man nicht alles weiß, nicht alles wissen kann und auch nicht wissen will. Ich musste zig Entscheidungen fällen jeden Tag, jeder Mitarbeiter kam zu mir ins Büro und wollte eine Lösung, wie machen wir dies, wie machen wir das?

Ich erinnere mich dann an einen Motorradausflug mit 30 anderen Bikern. Das war ein Schlüsselerlebnis für mich. Ich habe es geliebt, auf dieser Tour einfach nur hinterherzufahren. Wo es langgeht? Keine Ahnung, mir doch egal, ich muss nix entscheiden, habe Pause und genieße die Gegend. Ich tucker gemütlich hinterher. Ich und meine Harley und vorne ein Depp, der aufpassen muss, dass die anderen nicht aus Versehen in den Gardasee fahren. Genial! Ich war begeistert. Ich war »machtlos«, und es gab nichts Schöneres!

Nehmen wir die Top-Manager in der Industrie, die großen Spieler, die Milliarden verantworten. Und dann? Abgeschoben. Abgefunden, Bauernopfer.

All die Schrempss, Sommers und Zumwinkels wurden von der Öffentlichkeit früher oder später so abgewatscht, dass auch sie das Pfeifen im Ohr als Volkes Rache ewig klingen hören werden. Denn »das Volk«, die Untergebenen, die Mitarbeiter, die warten nur auf Fehler. Da sind sie dann wie die Geier. Warten auf die Fehler der »Großkopferten«. Das Volk ist bei Machtpersonen extrem kritisch, neidisch, empfindet deren Position als ungerecht. Und früher oder später schlägt es zurück. Das Volk oder das Schicksal. Oder beides. Man sitzt also ständig auf einem heißen Stuhl, einem Pulverfass, und die Mitarbeiter halten die Zündschnur in der Hand. Zudem sind die meisten Denkmäler hohl. Vorsicht also mit einer Vorturnerrolle als höchstes Ziel.

Macht ist auch ein sehr relativer Begriff und zudem sehr vergänglich, wie wir sehen. Und es ist ein bisschen so wie die Haarlänge bei den Frauen. Sind sie kurz, will frau sie lang haben, sind sie lang, will frau sie kurz.

Hat man Macht, will man keine, hat man sie nicht, will man sie unbedingt. Also ist die Frage nach mehr Macht auch keine gute Frage.

Will ich Zufriedenheit?

Wer zufrieden ist, der ist satt, der ist entspannt, der bewegt sich nicht mehr, weil er angekommen ist. Das wiederum kann sehr gefährlich sein. Man spürt nämlich keine Gefahr mehr, man überschätzt seine Situation und ertrinkt völlig in seiner Zufriedenheit.

Wenn aber jetzt gerade von hinten der Säbelzahntiger sich anschleicht, dann ist es schnell vorbei mit der Zufriedenheit. Und mit uns. Zufrieden zu sein ist kein dauerhaftes Gefühl, es ist ebenso vergänglich und lässt uns nur abstumpfen. Zufriedenheit ist kein Antrieb. Das ist also auch die falsche Frage.

Suche ich Erfüllung und Glück?

Erfüllung und Glück? Ist es das? Das Gegenteil von Glück ist die Langeweile. Glück kann man auch nicht dauernd haben, bei allem Respekt. Es ist also kein reales Ziel. Schön, wenn es mal da ist, aber leider sehr volatil und zerbrechlich.

Ich muss Sie also auch bei dieser Frage enttäuschen.

Was begeistert mich?

Wow! Gute Frage! Das ist die richtige Frage. Denn Begeisterung ist etwas sehr Waches, Anhaltendes, Tiefgehendes, eine Phase der besonderen Kreativität. Hier befinde ich mich in der Gegenwart. Bin ich begeistert, dann bin ich glücklich, dann bin ich präsent und gebe ich mein Bestes. Enthusiasmus ist eine besonders ausgeprägte Form der Motivation, vor allem eine anhaltende.

Begeisterung bezeichnet einen Zustand des Organismus, der die Richtung und die Energiemenge des aktuellen Verhaltens beeinflusst. So spricht Wikipedia! Mit der Richtung des Verhaltens ist insbesondere die Ausrichtung auf Ziele gemeint. Energiemenge oder Energetisierung bezeichnet psychische Kräfte, die das Verhalten antreiben. Ein Synonym von Begeisterung ist »Verhaltensbereitschaft«.

Und damit wir uns richtig verstehen, ich meine nicht, vor lauter Begeisterung arbeiten bis zum Umfallen. Der Begriff ist ohne weitere Wertung. Es geht um die Beantwortung der Frage, wie wir zu unserem Ziel kommen. Also stellen wir die Frage noch einmal job-spezifisch:

Welchen Job würde ich gerne haben?

Streben wir das nicht alle an? *Den* Traumjob, der uns begeistert, für den wir gerne zur Arbeit gehen, an dem wir Spaß haben, mit dem wir uns mit unserem Tun identifizieren und bei dem wir rundum zufrieden sind? Hier funktioniert das Wort Zufriedenheit wieder, aber als Wirkung, nicht als Ursache. Und wenn dann auch noch das Geld stimmt, dann sind wir zufrieden.

Jetzt wissen wir, wo wir beginnen müssen bei der Suche.

Welcher Job würde mich begeistern?

Nun kennen wir die Frage, jetzt müssen wir Sie auch beantworten. Wie machen wir das?

Notieren Sie, welcher Job Sie begeistern würde, in welchem Umfeld Ihr Wirken »stattfinden« soll. Gehen Sie dabei völlig wertfrei vor und trennen Sie sich zunächst von Ihrer jetzigen Tätigkeit. Abstrahieren Sie und fangen Sie nicht gleich wieder an zu werten. »Das ist doch eh Quatsch, das geht doch gar nicht!«

Wir werden später aussieben und fokussieren, jetzt ist erst einmal kreatives Brainstorming angesagt. Und macht das nicht auch Spaß, mal zu träumen und sich zu fragen: Was ist denn eigentlich mein Traumjob? Was begeistert mich?

Jetpilot? Musiker? Koch? Kneipenwirt? Arzt? Therapeut?

Es gibt in Deutschland etwa 25 000 Berufe, genug Auswahl also, sollte man meinen. Jobforscher gehen davon aus, dass sich die Jobbeschreibungen und Tätigkeiten in den nächsten zehn Jahren bei mehr als der Hälfte aller Jobs sehr stark verändern werden. Es kommen sehr viele neue Berufe dazu; zum Beispiel gab es vor zehn Jahren noch keine »Search Engine Optimizer« (SEO) oder Merchandiser, Informations-Broker, Mediatoren, Energieberater oder Location Scouts.

Was habe ich denn für eine Auswahl?

Traum- und Trendberufe

Was ist ein Traumberuf? Nun, klären wir im Folgenden doch mal, was die Allgemeinheit als Traum- und Trendberufe bezeichnet.

WAS SIND TRAUMBERUFE?

Das ändert sich sehr mit dem Alter. Jungen träumen vom Heldentum, die Top-5 sind: Fußballspieler, Polizist, Pilot, Arzt, Banker.

Und Mädchen träumen vom Helfen: Tierärztin, Lehrerin, Krankenschwester, Tierpflegerin, Flugbegleiterin.

Damit sind alle Klischees gleichmäßig bedient. Dies ist zwar eine Anregung, hilft uns jedoch, denke ich, nicht wirklich weiter.

Welche Berufe haben das höchste Ansehen?

Betrachten wir jetzt einmal die Berufe, die das höchste Ansehen in Deutschland haben. Die angesehensten Berufe in unserer Gesellschaft sind:

- Ärzte
- Krankenpfleger
- Piloten
- Richter
- Professoren
- Pfarrer
- Wissenschaftler
- Unternehmer

Das schlechteste Image haben übrigens Politiker, Rechtsanwälte, einfache Beamte so wie Versicherungsvertreter. Auch das Ansehen von Bankangestellten ist nicht besonders hoch – ohne dass es dazu einer Finanzkrise bedurft hätte.

Angesehen heißt aber nicht gleich Traumberuf. Das ist auch sehr schwierig zu definieren, denn jeder lebt einen anderen Traum, und das ist auch gut so.

Was sind derzeit Trendberufe?

Was sind die Trendberufe, die aktuell in der Gunst am höchsten stehen?

- Im Bereich Management und Beratung sind es Event-Manager/in, Rechtsanwalt/Rechtsanwältin, Kommunika-

tionsdesign, Industriedesign und Unternehmensberater/in,
- im kreativen Bereich Fotograf/in, Mediengestalter/in, Webdesigner und Architekt/in, Marketing,
- im Gesundheitsbereich Arzt/Ärztin und Psychologe/Psychologin,
- im Dienstleistungsbereich Tierpfleger/in, Sozialarbeiter/in und Sekretär/in,
- im handwerklichen Bereich Tischler/in und Mechaniker/in,
- im naturwissenschaftlichen Bereich Archäologe/Archäologen, Historiker/in und Informatiker/in,
- im kaufmännischen Bereich Büro-, Industrie- und Werbekaufmann/-frau,
- Ingenieurberufe (Programmierer, Suchmaschinenoptimierer, Designer, Applikation, Entwickler),
- und Beamtenberufe (z. B. Richter/in, Lehrer/in).

Ich kann nicht beurteilen, ob Ihnen das weiterhilft. Eventuell gibt es Ihnen aber Anregungen. In jedem Fall zeigt es den Wandel an Jobanforderungen, neue Berufsbilder und die Vielfalt an sich verändernden Aufgaben.

»Wenn alle Menschen gleich wären, würde einer im Prinzip genügen«, schrieb der polnische Dichter Stanislaw Lec. Und er hat Recht. Traumberufe sind schwer zu definieren, weil sie jeweils von der individuellen Begeisterung und Leidenschaft abhängig sind. Und das ist im Zusammenhang mit der Traumjobsuche die wichtigste Botschaft. Es gibt keine Schablone, die über allem liegt, keinen Traumberuf, der für alle gleich ist. Es gibt keinen mehrheitlich wählbaren Top Job!

Deutschland sucht Germanys Next Top Job – das gibt es nicht. Zum Glück.

Verwechseln Sie also Traumjob nicht mit Träumerei. Pilot zu sein ist eine Träumerei, aber wollen Sie da vorne sitzen und für 350 Passagiere verantwortlich sein? Oder wollen Sie als Arzt die Verantwortung über Leben und Tod eines Menschen übernehmen?

Sie brauchen also keine Angst zu haben, dass Ihr Wunschjob eventuell nicht im Trend liegt. Die Wahrheit ist: Es gibt keinen. Was für den einen der Baggerfahrer, ist für den anderen der Animateur im Ferienclub.

Also her mit Ihren Träumen! Schreiben Sie jetzt alles auf:

- Wollen Sie gern unterwegs sein? Reisen?
- Wollen Sie kreativ tätig sein?
- Wollen Sie gerne etwas verkaufen?
- Wollen Sie Strategien entwickeln?
- Wollen Sie mit Ihren Händen handwerklich etwas schaffen?
- Wollen Sie Forschen oder Erfinden?
- Wollen Sie gerne Dienstleister sein? Beraten? Dienen? Im Service arbeiten?
- Wollen Sie Unternehmer sein?
- Wollen Sie mit Menschen oder Maschinen zu tun haben?
- Wollen Sie im Freien arbeiten?
- Wollen Sie im Ausland arbeiten?
- Haben Sie eine Lieblingsbranche?
- Und so vieles mehr ...!

Als Nächstes skizzieren Sie auf einer anderen Seite das Umfeld dazu, das Ihnen wichtig ist. Wo fühlen Sie sich wohl, wo macht es Ihnen am meisten Spaß? Welche Branche, welche Thematik, welche Produkte, welche Firmenkultur, welcher Arbeitsplatz, welche Dienstleistung?

Wie sieht das ideale Umfeld dazu aus, die ideale Firma? Sie werden schnell merken, der Job allein ist es nicht, sondern eine große Rolle spielt es, *wo* Sie diesen Job ausführen werden.

Unsere Suche nach dem richtigen Job ist vor allem die Suche nach der richtigen Firma.

Das ist eine ganz wichtige Erkenntnis!

Lesen Sie als Anregung Stellenanzeigen und lassen Sie sich dabei inspirieren, stöbern Sie im Internet, suchen Sie in Jobbörsen und studieren Sie dort die Jobs. Was gefällt Ihnen? Was passt zu Ihnen? Was kann Sie begeistern?

Idealisieren Sie, trennen Sie sich zunächst von allem und abstrahieren Sie, soweit wie es geht. Schauen Sie auf sich und entdecken Sie, was Sie wirklich wollen, was Sie begeistert.

Nehmen wir mal zwei zunächst verrückt klingende Beispiele:

1. Sie sind Koch und wollen jetzt Jetpilot werden!
   Sie machen es mir nicht leicht. Da haben Sie sich aber was vorgenommen! Der Weg dahin erscheint uns also offenkundig als unrealistisch. Ein Mondtraum. So ein Käse.

Aber Moment mal, geben Sie mir und sich eine Chance. Fragen Sie sich dann doch etwas konkreter: Warum möchte ich Jetpilot werden, was begeistert mich dabei?
Wenn Sie dann feststellen, es ist das Abenteuer Fliegen, dann können Sie andere Brücken schlagen. Sie könnten Koch werden bei einer Airline, bei einer Flug-Cateringfirma, Sie könnten Essenskonzepte entwickeln für Langstreckenflüge und Kult-Currywürste designen, sich bei allen flugnahen Unternehmen oder auch Zulieferern bewerben, dann sind Sie nah an »Ihrem« Thema. Oder vielleicht ist es nur das Fernweh, das Ihre Sehnsucht treibt, Sie möchten reisen, fremde Länder sehen, dann könnten Sie auch auf einem Passagierschiff, bei Schifffahrtsunternehmungen, im Tourismusbereich o. Ä. »kulinarisch« tätig werden.

2. Sie sind Software-Entwickler bei einer Software-Firma und träumen vom Beruf eines Mediziners!
Warum? Weil Sie die Medizin mehr interessiert als alles andere, Sie einen Bezug dazu haben, helfen und wissenschaftlich arbeiten wollen. Java programmieren, damit sich Logos um sich selbst drehen können, das machen Sie jetzt und das finden Sie öde.
Dann suchen Sie sich doch Firmen, die in medizinischen Fachbereichen tätig sind, oder auch Pharmaunternehmen. Die haben ebenfalls eine IT-Abteilung, in der Sie arbeiten können. Dann sind Sie nahe an Ihrem medizinischen Thema, haben den Spaß und die Nähe zu Ihrem Traumgebiet und können dort dennoch erst einmal in Ihrer Kern-

kompetenz als Softwareentwickler weiterarbeiten. Sind Sie erst einmal »drin« in der Firma, können Sie sich dort intern weiterentwickeln. Und wer weiß? Vielleicht landen Sie später einmal im Labor und programmieren die technischen Geräte. Oder Sie lassen sich dort umschulen und werden Pharmaberater.

Sie sehen, man kann zu fast jedem Arbeitsumfeld eine Brücke schlagen, ohne dass man seinen »Kernberuf« gleich aufgeben muss. Wenn Sie einen Beruf ausüben, der eine Querschnittfunktion bedeutet, dann haben Sie einen ganz großen Vorteil und können sich quasi jede Branche heraussuchen.

Mit Querschnittfunktion bezeichnet man Berufe, die in allen Firmen zentral vorhanden sind: Personalwesen, Finanzabteilung, Rechnungswesen, IT, Presse/PR, Kantine, Werksschutz, Gebäudesicherung, Rezeption usw.

Den meisten IT-Spezialisten zum Beispiel liegt nur der Gedanke nahe, zu einer IT-Firma zu gehen. Ja, warum denn nur? IT-Abteilungen gibt es doch überall, bei Banken, Pharma- und Biotechunternehmen, bei RTL, BMW, TUI, Allianz, Lufthansa, Hilton und vielen mehr.

Wenn man es nur zulässt, kann man um die Ecke denken und damit auch zum Ziel kommen. Und eine sehr gängige und empfehlenswerte Strategie ist dann: Erst mal »rein« in die Lieblingsbranche, dort etwas tun, was man kann, anknüpfen an seine Kernkompetenz und sich dann in diesem Unternehmen weiterentwickeln an die Stelle, an die man eigentlich möchte. Das ist der perfekte Weg, die perfekte Welle, auf der Sie dann reiten!

Sollte das Anknüpfen an das, was Sie gerade tun, schwierig sein, so bleibt immer noch der Weg umzuschulen. Man muss einen Pfad auch verlassen können, wenn man merkt, dass er keine Zukunft hat. Und wenn Sie zum Beispiel in eine »Querschnittfunktion« umschulen, dann stehen Ihnen alle Branchen offen.

Viele haben ihre Berufswahl aufgrund des Ratschlags ihrer Eltern gefällt oder weil Freunde das Gleiche tun. Später merkt man: Das war's nicht. Was für einen Job hab ich da nur gewählt? Ist mein Berufsweg jetzt vorgezeichnet? Komm ich aus dieser Ecke je wieder raus?

Aber ja! Sie müssen sogar. Denn das, was Sie derzeit tun, machen Sie keinesfalls mit voller Leidenschaft und damit auch nicht gut. Sind Sie Rechtsanwaltsgehilfin geworden und die Schriftsätze und Paragrafen gehen Ihnen nur noch auf die Nerven? Dann werden Sie in Ihrem Job auch nicht gut sein. Dann machen Sie nur so viel, wie Sie tun müssen. Oder lesen Sie nebenbei auch noch Fachliteratur und haben das BGB immer unter dem Kopfkissen?

Ist Ihr wirklicher Traum der Friseurberuf, dann wissen Sie, hier werden Sie Leidenschaft entwickeln, Trends und Modefrisuren erkennen und umsetzen, hier werden Sie aufblühen und sich auch gerne und ganz von alleine weiterbilden. Und das ist die Voraussetzung dafür, dass man in seinem Job auch gut ist und nicht nur mit gebremstem Schaum fährt. Dann warten Sie nicht lange, sondern leben Sie Ihren Traum!

Erst wann man älter wird, formen sich die Wünsche konkreter und einem wird bewusst, was man wirklich will im Leben – und man weiß auch besser, was man kann und was man nicht kann. Dann ist es auch Zeit, getroffene Entscheidungen zu korrigieren. Es ist nie zu spät!

Wenn Sie derzeit keinen Job haben, dann ist es umso besser. Denn jetzt haben Sie *Zeit*, sich mit der Frage zu beschäftigen: Wie sieht er aus, mein Traumjob?

Setzen Sie sich mit Ihrer Entscheidung keinesfalls unter Zeitdruck oder Zugzwang. Es ist kein Problem, wenn Sie arbeitslos sind. Sie sind in guter Gesellschaft. Viele Vorstandsbosse sind es derzeit auch. Arbeitslosigkeit ist schon lange kein Makel mehr. Falls Sie diese jedoch als Problem ansehen, dann geschieht das nur in Ihrem Kopf. Damit will ich Ihr Schicksal nicht runterspielen, natürlich fühlt man sich schlecht dabei, hat finanzielle Probleme und Existenzängste. Doch was ich sagen will, ist: Die Tatsache, dass Sie keinen Job haben, muss Sie nicht frustrieren, Sie müssen sich dafür nicht schämen.

Sie haben jetzt Zeit, das so zu ändern, dass Sie langfristig zufrieden sind. Und das ist doch ein schönes Ziel. Und wenn Sie meine Ratschläge befolgen, dann ist es nur noch eine Frage der Zeit, bis es »schnackelt«.

Es ist kein Problem!

Lassen Sie sich nicht unter Druck setzen, wenn Sie von Ihrem Bekanntenkreis gefragt werden, ob Sie schon einen neuen Job haben. Ich weiß, dieser moralische Psychodruck aus dem direkten Umfeld ist die größte Plage, und am liebsten möchte man sie alle wegbomben, wenn sie sagen: »Och, du hast immer noch nix? Das ist aber komisch. Ist dir nicht langweilig? Na, das wird schon, Kopf hoch.« Sehr schön. Sehr hilfreich! Danke, du Vollpfosten, genau das will ich jetzt hören.

Versuchen Sie es erst mit leichten Atemübungen, das entspannt. Dann erwidern Sie einfach, Sie befinden sich jetzt in der wichtigsten Phase Ihres Lebens, jetzt gilt's, und Sie nehmen sich die *Zeit*, nun alles richtig zu machen. So viel Zeit für eine so wichtige Sache werden Sie in dieser Form nie wieder haben, und Sie genießen es, Ihre Wahl in aller Ruhe treffen zu können. Ohne Druck!

Das sitzt dann in der Regel!

Sie suchen keinen »Job«, Sie suchen eine langfristig begeisternde Tätigkeit – vor allem auch die richtige Firma. Und das dauert eben. Geben Sie Ihren Bekannten dieses Buch zu lesen. Glänzen Sie mit Ihrer veränderten Einstellung zur Jobsuche.

Machen Sie sich keine Sorgen, dass sich diese Zeit in Ihrem Lebenslauf negativ auswirken könnte. Es ist kein Verbrechen, in Ruhe zu suchen, im Gegenteil, es ist eine Stärke, ein Zeichen von Besonnenheit, Gelassenheit und Zuversicht. Und das sind alles Tugenden, die jeder Arbeitgeber schätzt. Damit können Sie jetzt also richtig angeben.

Viel schlimmer wäre es, wenn Sie zu hastig eine (Fehl-)Entscheidung träfen. Denn dann hätten Sie wirklich ein Problem. Ich kenne viele hochrangige Manager, deren Ego durch ihre Arbeitslosigkeit so verletzt war, dass sie ganz schnell was Neues finden mussten, nur um sich nicht einzugestehen,

ohne Job zu sein. »Ich, arbeitslos? Das geht ja gar nicht.« Ist ja völlig uncool. Und ohne vorher zu überlegen, übernehmen sie dann den nächstbesten Job, nur um irgendetwas zu tun. Und das Hamsterrad beginnt sich wieder zu drehen. Machen Sie diesen Fehler nicht!

Wenn Ihnen eine andere Argumentation mehr liegt, dann bezeichnen Sie zum Beispiel diese Phase in Ihrem Lebenslauf als Sabbatical. Das ist schick und modern und klingt gut. Ommm!

Sie tanken jetzt. Und kreisen um Ihre Mitte.

Sie nehmen sich also eine selbstauferlegte Trainings- und Lernphase, um sich selbst zurückzuführen, um Abstand zu bekommen, neue Kräfte zu erlangen und zu mobilisieren. Eine schöpferische Auszeit ist etwas sehr Kreatives, und diese freie Zeit werden Sie in der Form nie wieder haben. Ihr Umfeld wird Sie darum beneiden! Wer hätte das nicht auch gerne mal. Pah! Also nutzen Sie die Zeit, statt sich selbst unter Druck zu setzen. Druck und Zugzwang sind die schlechtesten aller Ratgeber.

Oder sagen Sie einfach, Sie sind selbstständig. Sie wollen etwas ausprobieren. Sie sind jetzt Berater. Glückwunsch, Herr Kollege! Und das ist ja nicht falsch, Sie beraten sich derzeit ja gerade selbst.

Fassen wir das Bisherige nun wie folgt zusammen. Welche Fragen müssen Sie nun für sich beantworten und aufschreiben:

- Welcher Job begeistert mich?
- Wie sieht mein Traumjob aus?
- Wie sieht die ideale Firma, das ideale Umfeld dazu aus?
- Welche Brücke kann ich schlagen, um einen realistischen Ansatz für meine Jobsuche zu haben?
- Gibt es einen spannenden Trendberuf, der mich fasziniert? Welche Brücke kann ich dorthin schlagen?
- Gibt es Handlungsbedarf, mich völlig umzuorientieren?
- Wenn ja, wäre eine Querschnittfunktion in einem Unternehmen eine mich begeisternde Lösung?
- Die Suche nach meinem Traumjob definiere ich als wichtigste Phase in meinem Leben, als Zeit zum Faktensammeln, als Kreativpause, als Periode der Selbstfindung und Orientierung, als Sabbatical, als Test zur Selbstständigkeit oder um eine Umschulung vorzubereiten.

> *»Also lautet der Beschluss,*
> *dass der Mensch was ändern muss!«*
> WILIIELM BUSCH

Wo liegen die Risiken?

Sie haben nun Zeit, Sie haben jetzt Lust auf Veränderung bekommen, und Sie wissen, Sie wollen – nein – Sie müssen etwas tun. Nun beleuchten wir noch einmal kurz die Risiken, die sich bei der Suche nach dem Traumjob ergeben könnten.

Natürlich will jeder diese Risiken vorher wissen. Denn die Ungewissheit ist unser größter Feind bei jeder Veränderung. Also beleuchten wir auch dieses »worstcase scenario«, wie es so schön heißt, den Schlimmsten-anzunehmenden-Zustand – den Job-Super-GAU.

Nun, Sie verlieren natürlich zunächst einmal Ihre Komfortzone, Ihre sicher geglaubte Einnahmequelle, Ihren täglichen Trott. Angenommen also, Sie haben Ihren jetzigen Job geschmissen, aber nach ein paar Monaten stellt sich heraus: Der neue Job ist doch nicht das Wahre. Was dann?

Zunächst werden Sie das dem Schicksal oder mir um die Ohren hauen und hadern: »Ich stehe jetzt schon wieder ohne Job da, das ist nicht lustig!«

Darauf die Stimme aus dem Off: »Stimmt, aber trotzdem sieht es besser aus als vorher!«

Wieso besser? Welcher unverbesserliche Optimist sagt das denn?

Rein analytisch betrachtet, mit Blick auf Ihren Lebenslauf, ist es faktisch wirklich keine Katastrophe, denn Sie haben Mut bewiesen und aus eigener Kraft etwas Neues gewagt. Das ist positiver zu bewerten als die Ausgangslage vor dem Wechsel. Denn erinnern Sie sich, Sie waren bisher ein Aussitzer, ein Stubenhocker, ein Schattenparker, ein Turnbeutelvergesser, ein Null-Bock-auf-Veränderung Typ.

Ein Lebenslauf, der nicht »lebt«, ist keiner. Wäre in der alten, eingefahrenen Jobsituation ein beruflicher Schicksalsschlag gekommen, dann hätten Sie ein echtes Problem gehabt. Und hätte das Schicksal nicht zugeschlagen, dann hätten Sie die nächsten Jahre weiterhin etwas getan, was Ihnen überhaupt keinen Spaß macht. Ist dieser Preis nicht zu hoch?

Sie haben jetzt aber einen »Refresh« und »Reload« gemacht, und das hat Ihren Marktwert wesentlich erhöht, auch wenn Sie im neuen Job nach einigen Monaten wieder die Segel streichen mussten.

Schreiben Sie dieses Abenteuer also selbstbewusst in Ihre Vita, und beschreiben Sie auch Ihre Erfahrungen dabei. Sie werden erleben, diese Episode macht Sie interessanter als vorher. Sie haben jetzt etwas zu erzählen, Sie haben Ecken und Kanten, und auch wenn es erst einmal wenig tröstlich klingt: Sie sind attraktiver für den Arbeitsmarkt als vorher! Keiner will einen weichgespülten Karrieretyp, denn jeder Arbeitgeber weiß, lernen kann man nur aus Fehlern, also muss man sie auch gemacht haben. Sonst stehen sie einem noch bevor und dann ist man eine tickende Zeitbombe, die bisher immer nur auf der Butterseite gejobbt hat.

Sie blicken zurück auf neu gewonnene Erfahrungen, auch wenn das erst einmal für Sie so aussieht, als ob es voll in die Hose gegangen wäre. Ich weiß, das klingt profan und sehr nach »schönreden«, aber Sie haben tatsächlich einen anderen Blickwinkel bekommen, etwas gewagt, Sie haben neue Erfahrungen gemacht, in einer neuen Firma, einer neuen Kultur und wissen nun besser als vorher, was Ihnen liegt und was nicht. Dieser Wechsel hat Sie also nicht zurückgeworfen, sondern näher an Ihr Ziel gebracht.

Eine Niederlage ist es demnach nur in Ihrem Kopf. Sie sehen, es kommt auf den Blickwinkel an. Aus Sicht eines Karriereberaters sage ich Ihnen: Sie stehen jetzt besser da als vorher, auch wenn der erste Schuss nicht ins Schwarze getroffen hat.

Mit diesen neuen Erfahrungen geht die Suche nach Ihrem *Traumjob* weiter, notfalls helfen Ihnen Arbeitslosengeld, Überbrückungsgeld oder ein Nebenjob über einen finanziellen Engpass, aber: Ihr Marktwert ist gestiegen, nicht gesunken. Es wird für Sie leichter.

Sie sind nun auch für einen neuen Arbeitgeber schneller verfügbar, das schätzt jedes suchende Unternehmen. Denn jeder, der eine Vakanz hat, möchte sie schnell besetzen. Die meisten Kandidaten haben aber lange Kündigungszeiten, und so kann es Monate dauern, bis jemand eine Stelle auch antreten kann. Wenn Sie am nächsten Ersten beginnen können – dann haben Sie ein weiteres großes Plus.

Sie haben nun auch Zeit für Ihren nächsten Anlauf, wieder aktiv nach Ihrem *Traumjob* zu fahnden, und wenn Sie die Tipps aus diesem Buch benutzen, dann werden Sie Erfolg haben und aus eigener Kraft das Richtige finden. Ich möchte Ihnen also aufzeigen und Mut machen, dass selbst der Misserfolg beim ersten Wechsel besser ist, als nichts zu tun.

Verlockt Sie nicht doch die Möglichkeit, ein langfristig zufriedenes Leben zu führen mit einer dauerhaft positiven Veränderung?

Sehen Sie.

Machen wir nun auch ein »best case scenario«, indem wir uns ausmalen, welche positiven Auswirkungen ein neuer Job für Sie haben wird. Welche langfristigen Ziele Sie sich damit erfüllen können: Glück und Erfolg im Job, Ausgeglichenheit, mehr Geld, mehr Begeisterung, mehr Lebensqualität.

Wäre das nicht schön?

Wenn es also eine Gelegenheit gibt, dann sollte man sie doch nutzen, oder? Die Erfahrung zeigt, dass es nicht die Angst ist, die uns verharren lässt, sondern dass uns der Glaube fehlt, dass wir unseren Traumjob jemals finden werden. Wir sehen das Ganze als Illusion, die sich wohl kaum verwirklichen lässt.

Nein, es ist kein Wunschdenken und keine Utopie, sondern sogar sehr wahrscheinlich, dass irgendwo da draußen der *Traumjob* auf Sie wartet.

Gehen wir gemeinsam weiter auf unserem neuen Weg!

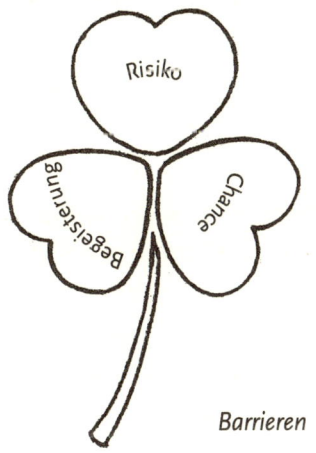

Barrieren

TEIL 3

Die Umsetzung

Die kreative Jobsuche – Wie finde ich denn nun meinen Traumjob?

Wie gehen wir jetzt vor, fragen Sie sich? Die Frage drehe ich aber zunächst einmal um und sage Ihnen, wie Sie Ihren Traumjob nicht finden werden: Sie finden ihn weder in der Zeitung noch in Stellenbörsen, nicht im Internet und auch nicht, indem Sie wie wild Bewerbungen verschicken.

Punkt. Boaah.

Das wären oder sind vermutlich doch genau die Dinge, die Sie jetzt getan hätten, oder? Stapelweise Zeitungen kaufen, in *monster.de, jobware.de, stellenmarkt.de, jobscout24.de* und und und gehen, surfen und suchen, bis die Heide wackelt. Und dann? Hau raus den Lebenslauf.

Falsch!

Ich will es nicht ausschließen, dass Sie über die oben genannten Wege zum Ziel kommen können. Nein. Ich würde Hunderte von Jobbörsen kompromittieren, mich dort unbeliebt machen; die gängigen, damit gut verdienenden Printmedien würden mich mobben, wegsprengen und vierteilen, und viele Personalberatungen, die vom Anzeigenumsatz leben, würden mich in der Luft zerreißen. Deshalb sage ich relativierend: Gut, es kann durchaus so funktionieren. Aber: Dies ist der Weg mit der geringsten Wahrscheinlichkeit, dass Sie mit dieser Methode Ihren Traumjob bekommen. Und damit wollen und dürfen wir uns nicht zufriedengeben. Ich habe dieses Buch nicht geschrieben, damit Jobsuche ein Zufallsprodukt oder Glücksspiel bleibt. Eben nicht.

Ich will Ihnen ja aufzeigen, dass man einen Job ganz zielgerichtet suchen und finden kann. Mit einer extrem hohen Erfolgsquote.

Stellenanzeigen in Tageszeitungen

Beleuchten wir das Szenario »Jobsuche über Stellenanzeigen« etwas genauer. Bei einer Stellenanzeige konkurriert man gegen viele andere Mitbewerber, teils Hunderte, die sich auf dieselbe Stelle stürzen. Das reduziert die eigenen Chancen allein schon aus mathematischen Gründen. Zudem hat das suchende Unternehmen eine große Auswahl an Bewerbungen, siebt diese sehr stark und ist dabei extrem kritisch. Kritisch, weil es bei jedem Kandidaten herausfiltern muss, was sein wahres Interesse an der ausgeschriebenen Position ist.

Wir haben bereits aufgezeigt, dass nur derjenige sich beruflich verändert, dessen Leidensdruck hoch genug ist. Das wissen natürlich auch die Personaler in den Firmen, weshalb sie versuchen herauszufinden, ob sich jemand bewerben *will* oder sich bewerben *muss*.

Ideal für ein suchendes Unternehmen ist eigentlich ein neuer Mitarbeiter aus der Zielgruppe: »Ich bin erfolgreich beschäftigt, sitze hier und mache einen guten Job.« Oder noch besser: »Ich arbeite derzeit bei der direkten Konkurrenz, sitze auch hier und bin erfolgreich.«

Nur eines muss klar sein, diese Wunschkandidaten werden sich nur in Ausnahmefällen auf eine Stellenanzeige bewerben. Denn wer beim Mitbewerber arbeitet, der fürchtet Indiskretion und wird seine Vita nicht einfach so zur Konkurrenz schicken. Denn das könnte sich in der Branche herumsprechen, oder jemand könnte die Bewerbung zu lesen bekommen, der sie besser nicht lesen sollte. Ich habe es selbst erlebt, dass ich bei den an der Rezeption einer Firma liegenden Bewerbungen die Absender mitlesen konnte. Und jeder andere konnte das auch.

Die Unternehmen behandeln die Bewerbungen mit wenig Diskretion, sondern offerieren nur allgemeine E-Mail-Adressen, an die man seine Unterlagen schicken soll: Senden Sie Ihre Unterlagen an *jobs@* – oder lassen Sie es bleiben! Ja, wer macht denn so etwas, wenn er nicht unbedingt muss? Oft ist noch nicht einmal ein Name als persönlicher Ansprechpartner erwähnt. Wie soll man da Vertrauen aufbauen?

Einen zweiten großer Fehler machen Unternehmen, wenn sie nur noch Bewerber akzeptieren, die sich durch eine langatmige Prozedur der Online-Bewerbung durchgetankt haben. Ja, was um Himmels willen soll das denn? Service-Wüste Deutschland im Bewerbermarkt! Ich finde es unzumutbar, wenn man 45 Minuten und länger vor einem Onlineformular sitzen muss und dazu einen Seelenstriptease erster Klasse vollziehen soll, weil die Firma dann eine Bewerbung leichter verarbeiten kann. Man will zeigen, wie fortschrittlich und innovativ man bei der Nutzung des Internets in Bezug auf Bewerbungsprozeduren ist, aber man demonstriert damit nur seine Engstirnigkeit. Wenn eine Firma wirklich die Besten haben will, dann muss man sich auch um sie bemühen. Basta! Dann muss man auch zulassen, dass ein Interessent sich nicht in ein vorgegebenes Raster zwängen will, sondern man sollte ihn wie einen Kunden behandeln und ihm Alternativen bei der Kontaktanbahnung aufzeigen.

Das ist doch genauso, als ob ich als potenzieller Kunde, der einen Fernseher kaufen will, am Eingang des multimedialen Supermarkts zunächst 30 Minuten lang ein Kundenformular im Internet auszufüllen hätte, damit ich den Laden überhaupt betreten darf. Das würde bedeuten, dass ich nur dann, wenn ich unbedingt etwas kaufen müsste, dieses Formular ausfüllen würde. Ich bin nicht auf der Welt, um es dem Supermarkt leicht und recht zu machen. Dann gehe ich eben dorthin, wo man keinen »online-check-in-striptease« von mir haben will. Sollen die sich ihr Formular doch sonst wohin schieben.

Einen »erfolgreich Beschäftigten« ohne erkennbare Not bekommen die Firmen auf diese Weise also sicher nicht an die Angel. Somit bewerben sich bei derartigen Zwangsprozeduren nur Kandidaten, deren Leidensdruck so groß ist, dass sie sich der umständlichen Routine stellen müssen. Die einzige Ausnahme hiervon sind natürlich Absolventen und Berufseinsteiger.

Generell spricht man hier von »stark wechselmotivierten Kandidaten«. Diese haben eben starken Druck auf der Jobblase, sind eventuell arbeitslos oder kurz davor, müssen sich aus privaten Gründen regional verändern, oder der Leidensdruck ist ins Unermessliche gestiegen. Es sind natürlich nicht immer nur »rein negative Beweggründe«, ich überzeichne, aber der/die Zuständige für die Bewerber-Vorauswahl weiß natürlich, dass es Gründe geben muss, wenn man sich öffentlich »anbietet«. Und diese Gründe will man natürlich herausfinden.

Wo ist die Wanze? Warum will *der* (*die*) sich verändern, da muss es doch ein Problem geben? Also wird so lange gesucht, bis man ein Indiz gefunden hat – wie ein Trüffelschwein, das sich diebisch freut, wenn es was gefunden hat. Das gehört ja zum Job eines Personalers. Er muss durchschauen, er muss finden. Er ist sozusagen der Oberchecker. Er deckt auf. Er hat's drauf! Sonst geht das ja auch gegen sein Berufsethos und die Personalerehre, wenn er nichts finden würde. Dann wäre das ganze Psychologie- oder BWL-Studium umsonst gewesen.

Der Bewerbungsprozess beim Suchen über Stellenanzeigen ist daher aus meiner Sicht antiquiert. Die Firma, die sucht, ist eigentlich nicht glücklich mit denjenigen, die sich bewerben, und die Bewerber sind es auch nicht. Blind meets Blind. Die Firmen suchen die Wanze und der Bewerber fühlt sich unter seiner Würde behandelt, weil er sich wie ein Stück Ware anbieten muss.

Wenn wir also zusammenfassen, dann heißt das: Den Firmen ist die Suche über Stellenanzeigen nicht sehr sympathisch. Wir werden später noch genauer feststellen, dass dies auch selten die erste Wahl ist, wenn man eine Vakanz zu besetzen hat. Ausnahmen gibt es natürlich. Anzeigenkampagnen produzieren viel Arbeit, und das Ergebnis hängt vom Zufall ab, denn ob der ideale Kandidat dabei ist, bleibt ungewiss.

Wir halten weiter fest: Eine Firma erreicht mit Anzeigen nicht die »erfolgreich Beschäftigten«, sondern nur die stark wechselmotivierten Kandidaten. Und ob da der Traumkandidat dabei ist, ist auch eher unwahrscheinlich und bleibt ein Fall für die Göttin Fortuna. Ob das professionelle und vor allem berechenbare Personalpolitik ist? Neue Mitarbeiter: »Ja, wenn ich Glück habe!« Na, ich weiß nicht so recht.

Ein weiterer negativer Effekt bei dieser Suchmethode ist, dass ein Unternehmen davon ausgehen kann, dass sich ein Jobsucher nicht nur auf ihre Stellenanzeige bewirbt, sondern pro Woche einige Lebensläufe »rausbläst«. Man muss also schnell sein, wenn wirklich mal ein »Guter« dabei ist. Nicht selten läuft eine Bewerbungsprozedur im Ausschlussverfahren, es bleibt am Ende ein Lieblingskandidat übrig. Der aber sagt dann einfach ab, obwohl man ihn doch so liebgewonnen hat, und schickt das Vertragsangebot dankend zurück, weil er inzwischen etwas Besseres gefunden hat. Nicht lustig. Und dann steht man als Sucher meist nicht nur bedröppelt da, sondern auch wieder bei null, da man allen anderen Kandidaten bereits abgesagt und sich nur auf den einen fokussiert hat. Und hat viel wertvolle Zeit verloren. Und Geld. Und Aufwand. Alles umsonst.

Dumm gelaufen – aber häufige Praxis.

 **Tipp:** Heben Sie sich Zeitungen mit Stellenanzeigen auf und rufen Sie nach einigen Wochen bei den inserierenden Firmen an, ob die Stelle noch frei ist. Sie werden sich wundern. Wir haben das immer wieder mal getestet und festgestellt, dass die Anzeige oft erfolglos war und die Stelle noch unbesetzt ist.

Dieses »Nachtelefonieren« ist gar nicht so schlecht, falls Sie in der Stellenausschreibung Ihre Traumfirma und Ihren Traumjob glauben gefunden zu haben. Denn es kann passieren, dass Sie nun als möglicher Kandidat erhöhte Aufmerksamkeit genießen, weil der Idealkandidat gerade abgesagt hat. Passiert oft.

Um aus Sicht eines suchenden Unternehmens einen »wirklich Guten«, also zum Beispiel eine Perle von der direkten Konkurrenz, zu einem Wechsel zu überzeugen, muss man viel mehr tun, als folgende Anzeige zu schalten:

»Wir sind so toll, bewerben Sie sich sofort unter *jobs@firma.de* oder fummeln Sie sich in mühseliger Heimarbeit in schlappen 45 Minuten durch unser Online-Bewerbungsformular. Passen Sie dabei nur bitte auf, dass Ihr Rechner nicht abstürzt, sonst fangen Sie wieder von vorne an, stellen Sie deshalb sicher, dass Sie auch den richtigen Browser verwenden, dass Sie alle Nachweise, Steuernummern, Sozialversicherungsnummer, Organspenderausweis zur Hand haben und frisch geduscht sind. Wenn Sie eine Frage falsch ausfüllen, dann müssen Sie auch wieder von vorne beginnen, also konzentrieren Sie sich jetzt bitte!«

So motiviert man niemanden aus dem Zielgebiet der direkten Mitbewerber. Im Gegenteil, die wissen nun, warum die Konkurrenz das größte Feindbild ist, und sind noch motivierter, dort zu bleiben, wo sie sind.

Jobwechsel ist ein »erklärungsbedürftiges Produkt«, hier muss man mit Argumenten überzeugen, mit Authentizität, und man muss für jeden die Kontaktanbahnung einfach und motivierend gestalten. All das passt nicht zur anzeigengestützten Suche, wie sie derzeit allgegenwärtig in den Medien ist.

Auch aus Sicht eines Jobsuchenden sind hier die Erfolgschancen eher gering, groß dafür ist aber die Aussicht auf wachsenden Frust. Der allergrößte Negativpunkt ist, dass man sich bei einer Bewerbung auf ein Inserat irgendwie immer erniedrigt und in der Defensive fühlt.

Das Fahnden nach hervorragenden neuen Mitarbeitern durch Stellenanzeigen in einschlägigen Tageszeitungen hat zu dürftigen und ernüchternden Ergebnissen geführt und uns gezeigt, dass es höchst unwahrscheinlich ist, auf diese Weise seinen Traumjob beziehungsweise seinen Traummitarbeiter zu finden.

Aber was ist mit dem Internet? Ist auch in diesem Fall das World Wide Web die Zukunft, das Glück auf Erden, der ultimative Cyberspace-Jackpot, so wie es überall propagiert wird?

Die Antwort wird Sie vermutlich überraschen ...

Internet-Jobbörsen

Wie sieht es nun aus, wenn ein Unternehmen in den einschlägigen Internet-Jobbörsen inseriert? Kommen dann die Sensationsmitarbeiter frei Haus?

Ich kann Ihnen sagen: Dann kommt erst mal richtig viel Arbeit frei Haus und auf die Personalabteilung zu. Die Bewerbungsresonanz wird in der Regel famos sein, vorausgesetzt, die Firma hat zufällig die richtige Stellenbörse erwischt, in der sich die potenzielle Zielgruppe tummelt. Eine Superresonanz wird es dann geben – in Bezug auf die Vielzahl an Lebensläufen, die nun minütlich reinbomben. Das Unternehmen wird ab der Stunde null geflutet mit Lebensläufen aus aller Welt. Wenn die Firma bisher unter Bewerbungs- und Kontaktarmut litt, hier kann sie nun Selbstbewusstsein tanken!

Bei genauerem Hinsehen, sobald die erste Euphoriewelle über die Vielzahl an Lebensläufen aus aller Welt dann verebbt ist, wird man feststellen, dass jedoch die Qualität der Bewerbungen nicht dem entspricht, was man sich erhofft hat.

Es ist eben sehr einfach, eine Bewerbung online rauszuschicken. Hau raus den Lebenslauf, ein Knopfdruck genügt. Und schon ist die Eingangsbox der Personalabteilung erfolgreich verstopft. Bewerbungs-SPAM heißt das inzwischen im Jargon der genervten Recruitingabteilungen.

Viele Kandidaten »tun es« also einfach so, ohne vorher genau zu lesen, ob die Stelle anforderungsmäßig überhaupt für sie passt. Push the button! Und so bewirbt sich jeder, weil es ja so easy ist. Aber auch hier gilt: Die meisten Bewerber sind Kandidaten mit starker Wechselmotivation. Sie hoffen entweder, dass der Personaler nicht so genau prüft, was er liest, oder dass man auch als Versicherungsmakler eine Chance hat, in der Biotech-Branche ganz groß rauszukommen. Warum denn auch nicht? Also, ich glaube, ich kann das! Und wenn nicht, dann war es immerhin einen Versuch wert!

Es sind jedoch auch Spaßvögel dabei, die sehen wollen, was passiert, oder die einfach nur ihren Marktwert testen wollen. Die Personalabteilungen können diese Art von Humor aber meist nicht so teilen. Die Bandbreite an Kandidaten, die sich online zu einer Bewerbung berufen fühlen, ist um ein Vielfaches größer als bei Stellenanzeigen in Printmedien, und das suchende Unternehmen kommt mit dem Erfassen und Absagen nicht nach. Damit kann es dann Heerscharen von Praktikanten und Studenten beschäftigen. Auch ein Weg zur Vollbeschäftigung.

Das Einzugsgebiet einer Online-Anzeige ist ja auch praktisch »unlimited«, auch in Südjemen gibt es dann jemanden, der sich berufen fühlt und motiviert die Bewerbung losschickt. Zudem steht die Anzeige über vier Wochen lang permanent zur weltweiten Ansicht, im Gegensatz zu einem Jobangebot in der Zeitung, bei dem man davon abhängig ist, wer an diesem Wochenende nun gerade *Süddeutsche* oder *FAZ* liest.

Die Jobbörsen selbst brüsten sich damit, dass das Internet die Zukunft der erfolgreichen Mitarbeiter- und Stellensuche sei. Hier und nur hier spiele die Jobmusik! Jede Firma finde die richtigen Mitarbeiter und jeder Jobsuchende seinen Job. Eine wahre Job-Web-Traumfabrik! Sagen sie.

Das Prekäre daran ist: Die Jobbörsenbetreiber haben – sagen wir es vorsichtig – nur bedingt eine Ahnung, wie die raue Wirklichkeit aussieht. Die befindet sich nämlich nicht im Netz, sondern ist dort, wo vor den gerade geschalteten Anzeigen mit den bunten, blinkenden, um sich selbst dreidimensional kreiselnden Logos ein bedröppelter Personaler sitzt, der nicht kreiselt, sondern sich fragt, wie es denn mit den Ergebnissen wirklich aussieht. Er würde gerne wissen, wie viele offene Stellen (ich mag dieses Wort nur bedingt ...) durch diese Jobbörse auch tatsächlich besetzt werden, damit er sehen kann, ob sich der ganze Aufwand auch lohnt und auszahlt. Nein, er will nicht wissen, wie viel »user clicks« man gezählt hat. Nein, auch nicht, wie viel Besucher »geviewt« haben, nicht, wie viel unterschiedliche IP-Adressen heute so durchs Netz gesurft und wie lange sie geblieben sind, auch nicht, wie viele Pageviews bei abnehmendem Mond oder wie viel »klicks per shining-daynight« die Statistik bereichern.

Jetzt doch mal konkret gefragt: Wie viele Stellen werden denn tatsächlich auf diese Weise besetzt? Wissen das die Logo-Kreiseler? Nicht so sehr. Und es ist ihnen eigentlich auch egal. Es muss ihnen auch egal sein, denn die Zahlen, die sie dann hören, würden ihnen nicht gefallen.

Jobbörsen zählen nicht die erfolgreichen Einstellungen – wie soll das auch gehen? Sie messen nur Klicks, erfassen IP-Adressen, Reichweiten und die Anzahl und den Strom von Bewegungen, Besuchern und Bewerbungen. Im Statistikliefern sind sie Weltmeister, sie erfassen Besucherströme, Tendenzen, Hochrechnungen, Besucherverhalten, nur sagen diese Daten nicht das aus, was man wissen will.

Was am Ende »dabei rauskommt«, das wissen sie nicht oder nur sehr bedingt. Dazu müsste man einen »alle-happy« Erfolgsbutton einbauen: Klick – wenn Einstellung, Klick – wenn Probezeit bestanden, Klick – wenn Firma glücklich, Klick – wenn Kandidat glücklich, Klick – wenn alle zufrieden.

Die Jobbörsen bekommen aber keine derartige Rückmeldung. Nach vier oder acht Wochen ist die Anzeige ausgelaufen. Danke, das war's, Geld erhalten. Die Zahlen in Bezug auf daraus resultierende Einstellungen sind erschreckend, wir machen dazu regelmäßig Umfragen bei den Unternehmen: Im Schnitt der über 200 Jobbörsen werden nicht einmal fünf Prozent aller Jobs über Internet-Stellenanzeigen zufriedenstellend besetzt. Eine desillusionierende Zahl.

Das hängt allerdings nicht nur mit dem Geschäftsmodell zusammen, sondern auch damit, dass nicht jede Stellenausschreibung für eine Internetanzeige geeignet ist. Es gibt Personengruppen, die sind sehr »www-affin«, anderen dagegen ist das Internet zu indiskret oder sie sind zu stolz und wollen von Headhuntern gebeten werden.

Das alles verrät die Jobbörse aber nicht so gerne. So treffen Firmen eben auch oft die falsche Wahl.

Wir werden später in diesem Buch noch sehen, dass im Internet Geschäftsmodelle und Plattformen existieren, die für einen Jobsucher wesentlich hilfreicher und auch aussagekräftiger sind.

Für Firmen gibt es bessere Möglichkeiten, das Internet sinnvoll für ihre Personalsuche einzusetzen, als nichtssagende Anzeigen in den Monsterbörsen zu schalten.

Auch das werden wir später noch zum Thema machen.

Wo sind die Jobs?

Es ist also eine verrückte Welt. Die Firmen finden über Anzeigen nicht die Mitarbeiter, die sie wollen, und die Jobsucher nicht den Traumjob, nach dem sie suchen.

Ja, was denn nun? Der Reihe nach.

Das vorläufige Zwischenergebnis aus unserer Sicht als Jobsucher lautet: Anzeigenbewerbungen zu verschicken bedeutet nur große Erwartungshaltung, viel Konkurrenz, tiefes Misstrauen der Firmen, subjektive Bewertungen, geringe Erfolgsaussichten. Der Frust ist vorprogrammiert. Spätestens nach der zehnten Absage beginnt sich auch der Dickfelligste zu fragen: Ist denn die Suche nach Jobs in Zeitungen und Internet-Stellenbörsen überhaupt der richtige Ansatz?

Falls Sie mal eine Wohnung gesucht haben, dann kennen Sie das: Steht die Wohnung in der Zeitung, ist meist ein Haken dabei. Zu teuer, Lage schlecht, versteckte Mängel. Die guten Objekte gehen »unter der Hand« weg und werden erst gar nicht inseriert.

Auch hier will ich nicht pauschalisieren, nicht alle Jobs in der Zeitung haben einen Haken, aber nur zehn Prozent aller offenen Jobs kommen überhaupt in die Medien. Wir nennen das den »*öffentlichen Arbeitsmarkt*«. Wenn Sie nachrechnen, dann stellen Sie fest, dass da noch 90 Prozent fehlen. Die wirklich guten Jobs

Wo sind die Jobs?

stehen also nicht in der Zeitung und auch nicht in den Online-Jobbörsen. Ja, wo sind sie dann? Wo sind diese magischen 90 Prozent?

Ich will es Ihnen verraten. Wesentlich größer und damit für uns nun das künftige Objekt der Begierde ist der sogenannte »*verdeckte Arbeitsmarkt*«. Das heißt, Stellen werden offenkundig in großem Stil erfolgreich besetzt, ohne dass die Öffentlichkeit davon etwas mitbekommt. Ziemlich gemein!

Der vorrangige Weg der Personalsuche geht nämlich in erster Linie über Referenzen, Empfehlungen, über Headhunter, über Referral-Programme und direkte Kontakte zwischen potenziellem Kandidaten und suchendem Unternehmen.

So ist das also! *Netzwerken* heißt das Zauberwort. Machen Sie sich damit vertraut, es wird ab sofort Ihr neuer Sport werden. Der verdeckte Arbeitsmarkt repräsentiert die weitaus größte Anzahl aller Vakanzen, über diesen Weg werden mit Abstand die meisten Jobs erfolgreich besetzt.

Und der Kreis schließt sich. Über diesen Arbeitsmarkt komme ich als Firma an die »erfolgreich Beschäftigten« ran, also an die Personen, die ich ohnehin am liebsten einstellen möchte, eventuell muss ich selbst auch noch ein wenig Überzeugungsarbeit dabei leisten. Das macht den einstellungswilligen Geschäftsführer dann gleich noch wuschiger, das motiviert ihn erst recht! Wir werden später ausgiebig beleuchten, wie dieser Effekt des »Jagen-Wollens« unsere Chancen erhöht, wenn wir unserem potenziellen neuen Arbeitgeber die Wurst hinhalten, statt unseren Lebenslauf.

Das Netzwerken reduziert auch den administrativen Aufwand für ein suchendes Unternehmen, denn das ganze Gedöns mit

Anzeigentexten und -schalten, Empfangsbestätigungen verschicken, Datenbank erfassen, Absagen schreiben, vielen sinnlosen Bewerbungsinterviews führen und vielem mehr entfällt.

Minimaler Aufwand! Noch ein Plus! Viele Fliegen mit einer Klappe! So läuft's. Jetzt wissen Sie es.

Die Bewerber, die nur über den konventionellen, öffentlichen Arbeitsmarkt in den Medien ihren Job suchen, bekommen von all dem nichts mit.

Sie haben also jetzt die Wahl: den zehnprozentigen Anteil anzuvisieren, um den sich die ganze Herde kloppt – oder sich dort zu tummeln, wo Sie fast konkurrenzlos 90 Prozent aller Möglichkeiten abgraben können!

Beantwortet sich die Frage von allein? Ich denke schon. Ich habe es Ihnen auch einfach gemacht.

Die Kunst ist es nun, an diesem lecker Tortenstück teilzuhaben.

Aber zuvor wollen wir klären, wie dieses krasse Missverhältnis zwischen verdecktem und öffentlichem Arbeitsmarkt überhaupt zustande kommt.

Wie suchen Unternehmen wirklich?

Beleuchten wir dazu genauer das übliche Vorgehen einer Firma, wenn sie einen neuen Mitarbeiter sucht. Nun, die erste Erkenntnis ist: Es gibt in der Regel eine gewisse Reihenfolge.

Wird ein neuer Mitarbeiter gesucht, dann fragt der Verantwortliche zunächst sein eigenes Orakel, sein Netzwerk, seine engsten Vertrauten, ob diese »jemanden kennen«, den sie empfehlen können. Das sind Kollegen, Mitarbeiter, die Personalabteilung, das Management, eventuell aber auch Partner, Freunde, Bekannte. Das ist ein naheliegender und logischer Schritt, ich denke, das würden wir alle auch tun, oder? Durch eine Empfehlung aus berufenem und vertrautem Munde entsteht eine positive Referenz von einer Person. Auf diesem Weg eine Stelle zu besetzen ist die sicherste und erfolgreichste Suchmethode.

Sie hält auch den Aufwand des Suchenden in Grenzen, er muss weder Geld für Anzeigen, Headhunter oder andere teure Suchprozesse ausgeben, noch hat er einen großen Administrationsaufwand.

Die Wahrscheinlichkeit, über eine Empfehlung aus dem eigenen vertrauten Netzwerk einen Treffer zu landen, ist sehr groß, die Erfolgsquote ist hoch und mit überschaubaren Kosten und geringem Zeitaufwand verbunden. Die Personalabteilung weiß durch die Empfehlung bereits, die Person ist gut, man muss sie jetzt nur noch überzeugen und für die eigene Firma und den Job gewinnen. Und das macht den Personalern zu allem Überfluss auch noch Spaß, denn sie werden zu Jägern und sollen jagen! Ein Urinstinkt ist geweckt.

Denn Jagen ist ein großer Anreiz, dieses Spiel steckt in uns allen drin. Wir wollen jagen. Es macht einfach Spaß, einen potenziellen Kandidaten zu gewinnen, der sich noch ziert und der erst überzeugt werden will. Wenn ich etwas nicht kriegen kann, dann will ich es erst recht. Um jeden Preis. Dann will ich nur noch eines: die Beute. Wenn diese hingegen fertig zubereitet vor der Haustür liegt, dann ist er weg, der Jagdtrieb.

Falls Sie sich also zu sehr anbiedern und es Ihrem »Gegenspieler« zu leichtmachen, dann wird der sich immer überlegen fühlen und Sie automatisch in die Defensive drängen. Er oben, Sie unten. Er entscheidet – Sie nicken! Merken Sie, wie vergleichbar diese Konstellation mit einer anzeigengestützten Suche ist? Eine Firma sucht, sie ist quasi die Überlegene. Sie bewerben sich, Sie sind ein Bittsteller und stehen vor der Tür der Personalabteilung: »Ich bin jetzt da und wäre dann so weit, bitte nimm mich!«

Das ist also ein denkbar schlechter Start in den Traumjob. Sie müssen es schaffen, das Interesse der Personaler auf sich zu lenken und dürfen es dem anderen unter keinen Umständen zu leichtmachen. Sie müssen sich zieren und taktieren und ihm das Gefühl geben, so weit sind wir noch lange nicht, Freundchen, auch du musst mich überzeugen! Auch du musst dich anstrengen!

Viele Firmen haben inzwischen ein internes »Referral Programm« ins Leben gerufen, mit dem Mitarbeiter mit einer Prämie belohnt werden, sobald sie eine Person für eine Stelle empfehlen und diese dann auch eingestellt wird. Eine sehr schlaue Fortführung des Empfehlungsgedankens. Das funktioniert in der Praxis sehr gut, ist für die Firmen treffsicher, und der Dankesbonus an den Mitarbeiter geht in Ordnung. Das »Referral Konzept« der Firmen ist eine Form der Mitarbeitersuche, die sich ebenfalls ausschließlich im verdeckten Arbeitsmarkt abspielt.

Nach diesem Empfehlungsprinzip agieren auch Personalberater. Sie suchen gezielt in ihrem Netzwerk und in ihren Kontakten nach Kandidaten und kontaktieren diese dann direkt, um sie von einem Wechsel zu überzeugen. Zielgruppe sind auch hier wieder die erfolgreich Beschäftigten – und nicht die intensiv Jobsuchenden. Man wendet sich also an Personen, die in ihrer Firma den vielzitierten »guten Job machen«, und versucht dann, sie für einen Wechsel zu gewinnen und zu begeistern. Das ist der schwierigste Part, denn hier zeigt sich das Können eines guten Personalberaters. Er muss in der Lage sein, Wechselstimmung beim Kandidaten zu erzeugen, aber nicht um jeden Preis, sondern nur dann, wenn er aus den Gesprächen mit dem Kandidaten das sichere Gefühl entwickelt hat, ein Wechsel mache für diesen Sinn und seine Persönlichkeit und Fähigkeiten sind für die Position geeignet. Ich finde daher für meinen Berufsstand das Wort Karriereberater viel besser und treffender als den Begriff »Headhunter«.

Viele Personalberater überlassen den wichtigen ersten Kontakt mit Kandidaten Studenten oder Praktikanten. Das halte ich für eine sehr ungenügende, ja respektlose Form der Kontaktaufnahme, denn der Angesprochene erwartet doch mit Recht, dass der Anrufende sein Handwerk versteht und für ihn auch kompetent ist. Nichts gegen Praktikanten, sie sind eine wertvolle Unterstützung, aber dieser erste Kontakt mit einem Kandidaten entscheidet über den Fortgang des Dialoges und darüber, ob man gegenseitig Vertrauen entwickelt und der Angerufene die Vorschläge des Personalberaters auch ernst nehmen kann. Ruft nun eine Hilfskraft statt des Beraters selbst an, dann ist es schnell vorbei mit der Euphorie über die angebotene »Chance Ihres Lebens«. Der so Angesprochene fühlt sich instrumentalisiert und verzichtet dankend auf weitere Ausführungen. Sie sehen, ein guter Berater zu sein ist gar nicht so einfach ...

Wenn ein Einstellungswilliger nun all seine eigenen Kontakte und die ins Vertrauen gezogenen Mitarbeiter ergebnislos »abgeklappert« hat und den Job nicht aus eigenen informellen Wegen durch Empfehlungen besetzen kann, dann wird in der Regel als nächste Stufe ein Headhunter beauftragt. Jetzt übernimmt sozusagen das »Sonderkommando Mitarbeitersuche«. Nicht immer, aber immer öfter. Natürlich macht ein Personalberater nicht bei jeder Position Sinn, aber längst nicht mehr ist »Köpfejagen« nur eine Sache, um Führungskräfte zu finden.

Der Personalberater erhält einen Auftrag mit klaren Vorgaben und sucht dann gezielt die Perlen im Arbeitsmarkt, spricht sie an und überzeugt sie zu einem Wechsel. Immer noch finden die Suchaktivitäten »unter Ausschluss der Öffentlichkeit« statt. Im verdeckten Arbeitsmarkt.

Wenn alles nichts hilft, dann wird das letzte Register gezogen. Sie ahnen es schon. Was bleibt als letzte Suchmethode übrig? Wenn einem gar nix mehr einfällt? Richtig. Die Stellenanzeige. Der letzte Weg.

Die Resterampe.

Anzeigen werden also erst dann geschaltet, wenn »alles andere« erfolglos war.

Wenn wir nun unsere Gedanken sortieren, dann kommen wir zu einer ganz wichtigen Erkenntnis:

> *Firmen suchen völlig anders nach neuen Mitarbeitern als Jobsucher nach einem neuen Job!*

Zwischen den Verfahren »Firma sucht Mitarbeiter« und »Mitarbeiter sucht Job« klafft eine Riesenlücke! Klassischer Fall von Fehlkommunikation.

Es ist doch so:

- Ein Jobsucher konzentriert seine Suche vorrangig auf das Studieren von Stellenanzeigen.
- Die Firmen beginnen ihre Suche im verdeckten Arbeitsmarkt, indem sie »Netzwerke«, Referrals nutzen oder Personalberater beauftragen.
- Jobsucher agieren demnach im »öffentlichen Arbeitsmarkt«, die Firmen dagegen vorrangig im »verdeckten Jobmarkt«.

Während also die Firmen über »ihren Weg« in der Regel an ihr Ziel kommen, schauen die Traumjobsucher in die Röhre. Zudem machen sie bei der Jobsuche auch noch alles falsch. Sie biedern sich an, statt sich interessant zu machen. Sie unterschreiben, ohne kritisch zu hinterfragen. Sie nehmen, was sie kriegen können, und lassen sich von Plattitüden blenden. Sie suchen nach Jobs, statt nach der richtigen Firma. Wollen Sie noch mehr hören?

Das kann ja alles nicht gutgehen. Genau dieses Missverhältnis werden wir jetzt ändern. Ab jetzt suchen wir dort, wo auch wirklich die Tomaten wachsen.

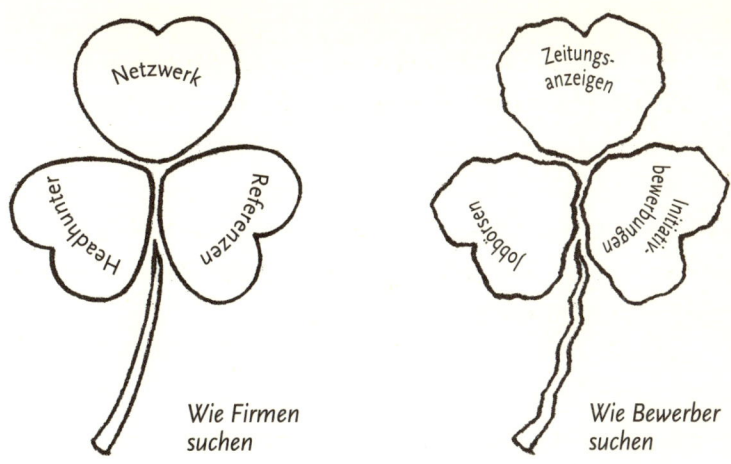

Wie Firmen suchen

Wie Bewerber suchen

Der Pape-Königsweg: die richtige Einstellung – die richtige Methodik – die passenden Werkzeuge

Hinter den bisher gewonnenen Erkenntnissen verbirgt sich folgerichtig die neue Herangehensweise, unsere Suchstrategie, der Pape-Königsweg, damit wir unser Projekt *Traumjob* erfolgreich umsetzen können! Was ist »so kreativ« und neu an diesem Weg? Warum ist er viel erfolgreicher als die bisher gezeigten Vorgehensweisen?

Nun, ich denke, wir haben bereits eine ganze Menge Fakten gesammelt und viele neue Erkenntnisse gewonnen:

- Wir wissen, dass die konventionelle Jobsuche am Thema vorbeigeht, dass Firmen anders suchen, als wir bisher angenommen haben.

- Wir haben zum ersten Mal ein klares Bild, wie unser Traumjob aussieht.
- Wir haben uns von unseren Verhinderern »befreit«, unsere Komfortzone verlassen und uns Zeit für die Suche genommen!
- Wir haben Chancen und Risiken abgewogen und wissen, dass es besser ist, einen neuen Job zu suchen, als den alten weiter auszusitzen.
- Wir haben erkannt, dass die Risiken größer werden, wenn wir nichts tun.
- Wir wissen, dass die Chancen, unseren Traumjob zu finden, viel größer sind, als wir vermutet haben.
- Wir haben ein klares Ziel!

Aus all dem folgt: Empfohlen zu werden und zu »Netzwerken« zu gehören, hat die größten Erfolgsaussichten. Sie müssen es also schaffen, sich ins Gespräch bei den richtigen Personen und Entscheidungsträgern zu bringen, ohne aufdringlich zu werden. Sie müssen Ihr Netzwerk erweitern, auch Personalberater für sich nutzen und subtil, aber dennoch energisch auf sich aufmerksam machen.

> *Wichtig ist nicht, wer Sie sind,*
> *sondern, was andere über Sie wissen!*

Sie müssen daher die Botschaften über sich sowohl inhaltlich als auch methodisch gezielt aussenden, so dass man auf Sie aufmerksam werden *muss*. Und zwar genau dort, wo Sie es wollen! Das ist das Geheimnis! *Personal Branding* heißt das neue Wort dazu, die Technik, sich als »Marke« im Arbeitsmarkt einen positiven Ruf zu erwerben – ohne sich dabei als Suchender zu outen.

Sie müssen bei allem, was Sie in Richtung Ihrer Zielfirmen tun, immer den Jagdinstinkt wecken und dürfen sich niemals anbiedern. Sie müssen kritisch bleiben!

Damit Sie die Suche erfolgreich umsetzen können, müssen Sie Folgendes beachten:

- Die Einstellung: *Ich* nehme mir Zeit für die Suche, *ich* wähle aus.
- Die Werkzeuge: der perfekte Lebenslauf, das eigene Netzwerk, das Internet, Personal Branding.
- Das Training: Sie müssen immer üben, bevor Sie loslegen. Alle entscheidenden Phasen in Ihrer Jobsuche wollen gut vorbereitet und trainiert sein. Sie dürfen nichts dem Zufall überlassen. Vorbereitung ist 90 Prozent des Erfolges.

Die nächsten Schritte:

- Sie müssen zunächst weiter danach forschen, was Sie können und was Sie wollen. Sie müssen genau wissen, welche Tätigkeit und welche Firma zu Ihnen passt.
- Dann wird die Stoßrichtung festgelegt: Welche Firmen passen in Bezug auf die Unternehmenskultur und viele andere Faktoren am besten zu Ihnen? Was sind Ihre wirklichen Traumfirmen? Und woran erkennen Sie das?

- Nun gehen Sie die »Traumjobsuche« an und überlegen sich eine Strategie, wie Sie sich bei der Firma Ihrer Wahl positionieren und zum Ziel kommen.

Weniger ist mehr!

Ich erlebe es oft, dass Jobsuchende in blinden Aktionismus verfallen, wenn sie damit beginnen, aktiv zu werden. Ist der Leidensdruck erst einmal hoch genug, dann machen sie alles gleichzeitig, schlagen wild um sich und drücken jedem ihren Lebenslauf in die Hand, der nicht bei drei auf dem Baum ist. Das ist natürlich superfalsch. Denn wenn alle Welt weiß, dass man einen Job sucht, setzt man sich selbst unter Zugzwang und versaut sich so in kürzester Zeit seinen Marktwert, ohne nachzudenken, dass weniger eventuell mehr ist.

Gerade das »Lebenslaufverteilen« ist eigentlich ein absolutes »NoGo« und völlig unsinnig für das, was wir vorhaben. In England und USA ist das zwar die normale Praxis, dort sind die Firmen darauf vorbereitet, dass man sich nach anderen Jobs umsieht, und es bedeutet für sie kein Problem. Die Loyalität zum Arbeitgeber ist in diesen Ländern nicht sehr ausgeprägt und der Kündigungsschutz ist dürftig und nicht vergleichbar mit dem in Deutschland. Niemand nimmt es einem dort übel, wenn man permanent aktiv und auf der Walz ist, im Gegenteil, es gehört einfach dazu, denn Konkurrenz belebt das Geschäft und es ist für jeden in Ordnung. Arbeitgeber, streng dich an, sonst bin ich weg! Business as usual.

In Deutschland kommt das mit dem »Lebenslauf-Herumfuchteln« hingegen nicht so gut an. Während die Amerikaner nur das Positive sehen, das sich ergeben kann, wenn sie ihre Unterlagen gleichmäßig auf dem Globus verstreuen, so denken dagegen wir Deutschen nur an das Schlimme, das dabei geschehen kann. Wir sind viel vorsichtiger. Und bevor wir etwas tun, was unseren Job gefährden könnte, tun wir lieber nichts. Jeder Arbeitgeber würde es uns auch übelnehmen, wenn wir auf Nachbars Wiese blinzeln, denn damit würden wir kein Konkurrenzdenken schüren, sondern Missmut, und wir würden uns äußerst unbeliebt machen, sobald das bekanntwerden würde. Wer verlässt sich schon gerne auf jemanden, der in Gedanken bereits halb weg ist? Man verbaut sich damit eventuell die Karrierechancen in seiner Firma. Es spricht sich »unter Personalern« schnell herum, wenn Lebensläufe inflationär im Umkreis sind, und man ist schneller auf dem Abstellgleis, als einem lieb ist. Und wenn man erst einmal als Suchender »abgestempelt« ist, dann wird es schwierig.

So zumindest verhalten wir uns, so lange wir einen festen Job haben. Sind wir hingegen auf der Walz, dann geht es genau anders herum. Dann wird gescheppert! Let's get loud! Nun ist es vorbei mit der Vorsicht, jetzt wird nicht mehr überlegt, sondern die persönlichen Daten werden verteilt wie eine Pusteblume. Kreuz und quer und überallhin. Ohne nachzudenken, ob das eine gute Idee ist. Und ich sage Ihnen: Es ist keine gute Idee.

Lassen Sie das! Bitte. Sie richten ein Schlachtfeld an, und wie wollen Sie sich interessant machen, wenn Sie überall im Arbeitsmarkt bereits Ihre Duftnoten verstreut haben?

Weniger ist also mehr, und ganz wichtig für Ihre Suche ist es nun, dass Sie möglichst leise agieren, so subtil, wie es geht, und psssst: Keinem verraten, was Sie vorhaben.

Also: Schluss mit dem Sommerschlussverkauf Ihrer Daten. Sie gehen ab jetzt auf ganz leisen Sohlen.

Blind- und Initiativbewerbungen – Müller nervt

Ganz schlimm sind in diesem Zusammenhang Blind- und Initiativbewerbungen. Die machen überhaupt keinen Sinn, denn diese landen in der Mehrzahl auf irgendwelchen Schreibtischen der Personalabteilung. Wenn kein konkreter Bezug bei einer Bewerbung vorhanden oder erkennbar ist, dann stört sie nur. Und was macht man mit Dingen, die stören? Richtig. Man schiebt sie weg, lässt sie verstauben und irgendwann, wenn gerade Zeit ist, wird eine lapidare Absage verschickt. Als Initiativbewerber sind Sie in diesem Moment nur ein Fremdkörper, der lästig ist. Sie sind im Eisenhower-Quadrant D gelandet: nicht wichtig und nicht dringend.

Das Ganze wird dann zu allem Überfluss noch in der Firmendatenbank gespeichert (falls es eine gibt): Müller. Absage. Pfeife. Braucht kein Mensch. Nervt.

Wenn es dann später einen guten Grund für Ihre Bewerbung gäbe, sind Sie bereits als Lusche archiviert, und dann wird es schwer, aus dieser Ecke wieder rauszukommen. Denn Sie sind von vornherein »raus aus der Nummer«, weil Sie in der Pfeifen-Schublade einsortiert sind. Nur ganz selten haben renommierte Firmen ein professionelles System, in das sie solche Initiativbewerbungen »zur späteren Verwendung« ablegen. Denn Bewerber sind »Frischfleisch«, die sich *jetzt* verändern wollen oder müssen. In ein paar Monaten ist das in der Regel nicht mehr aktuell, denn dann haben sie bereits einen neuen Job und es wäre schade um die ganze Arbeit. Daher lohnt sich der Aufbau eines solchen Datenbanksystems für die Firmen nicht.

Vorsicht also mit dem unaufgeforderten Verteilen Ihrer Vita, das sollten Sie unbedingt unterlassen; es interessiert nämlich niemanden. Der zweite große Nachteil für Sie ist, dass Sie nach einer Absage, die auf Ihre Initiativbewerbung hin erfolgt ist, denken werden, diese Firma sei nichts für Sie, die will Sie nicht.

Auch das ist eine krasse Fehlinterpretation, das Ei haben Sie sich selbst gelegt. Sie werden diese Firma unweigerlich aus Ihrer Zielliste streichen, beleidigt sein und dort sicher nicht mehr aktiv werden. Dabei könnte das Unternehmen durchaus für Sie interessant sein: Sie haben nur zum falschen Zeitpunkt das Falsche getan, Sie dürfen diese Firma für Ihren Fehler nicht verantwortlich machen. Das sagt aber über einen grundsätzlichen »Fit« zwischen Ihnen und dem Unternehmen, das Sie gerade so unsanft und unsensibel abserviert hat, nichts aus.

Ein Qualifikationscheck (Job – Bewerbung – Passt/Passt nicht) kann immer nur durchgeführt werden, wenn man weiß, auf was man Bezug nimmt. Die Personalabteilungen sind daher auf Bewerbungen, die nicht unmittelbar auf eine

Position passen, in der Regel nicht eingerichtet. Die meisten »Human Resources«-Abteilungen sind oft ziemlich isoliert von langfristiger Personalplanung, daher ist es mangels besseren Wissens gar nicht möglich, »visionär« mit einer Bewerbung umzugehen.

Die Kampftruppe »Human Resources« stellt also ein, wenn es eine freie Position gibt. Dafür gibt es dann einen »Recruitingbereich«.

Natürlich gibt es auch lobenswerte Ausnahmen. Ich wünschte mir weitaus mehr visionäre Personalabteilungen, die Macht und Einfluss im Unternehmen haben und schon im Frühstadium in alle Personalaktivitäten und Planungen eingebunden werden. Es liegt nicht an den meist hochmotivierten Personalern, sondern an der Unternehmenspolitik, die das nicht zulässt und »Human Resources« nur als Randgruppe führt, die zu funktionieren hat, wenn Bedarf besteht.

Aber so ist es zu erklären, dass namhafte, börsennotierte Unternehmen in der Zeitung noch ganzseitig nach Personal gesucht haben, während das Management schon Personalabbau an der Börse propagiert hat.

Personalplanung ist generell ein schwieriges Thema, denn sie hängt von der konjunkturellen und wirtschaftlichen Situation des Unternehmens ab. Selbst wenn man visionäre Pläne macht, wie viele Personen man wann wofür einstellen wird – geht es finanziell bergab, dann ist alles schnell vergessen und der Personalplan ist der Erste, der auf die Streichliste kommt. Daher lohnt es sich auch nicht, passende und aufwendige Instrumente, wie Bewerber-Datenbanken oder gar ganze Abteilungen dafür zu etablieren, denn es kommt sowieso anders.

Der Job des Personalplaners ist daher kein Traumberuf, sondern ein Schleuderstuhl, der bei der ersten Krise gezündet wird.

Die Erkenntnis für Sie: Unterlassen Sie es unbedingt, sich ohne konkreten Anlass und vorhandenen Bezug bei einem Unternehmen schriftlich zu bewerben! Sie sorgen nur dafür, dass Sie eine Absage erhalten, die Sie für die Zukunft dort blockiert. Und Sie unterliegen dem Trugschluss, dass diese Firma generell für Sie ungeeignet ist.

»Was guckst du?«

Das Wichtigste beim Entwickeln einer kreativen Suchstrategie ist zunächst, ein Ziel zu haben: »Wer das Ziel nicht kennt, wird den Weg nicht finden.« (Christian Morgenstern)

Klar, Herr Morgenstern. Danke für den Tipp! Bevor wir also loslegen, müssen wir natürlich wissen, was genau unser Ziel ist. Sonst klappt's nicht mit dem Traumjob. »Einfach mal gucken«, so machen es wohl die meisten. Sie schauen nach Jobs, finden die eine oder andere Stellenbeschreibung »spannend«, bewerben sich, und wenn sie Glück haben, werden sie eingestellt. Dann wurschteln sie ein paar Wochen im neuen Job und merken irgendwann: »Moment mal. Wo bin ich eigentlich? Was ist das für ein Saftladen hier? Das ist irgendwie gar nicht das, was ich mir vorgestellt habe!«

Tja, dumm gelaufen. Nur leider ist es nicht wie beim Warenkauf, das Rücktrittsrecht ist hier doch sehr eingeschränkt anwendbar. Die häufigste Ursache für Unzufriedenheit im Job ist, dass Vorstellung und Realität weit auseinanderklaffen. Das aber hätte man vermeiden können, wenn man vorher etwas kritischer gewesen wäre. Hätte, könnte, müsste, sollte ... Ich weiß, der liebe Konjunktiv hilft da jetzt wenig, aber wir betreiben ja gerade Ursachenforschung, warum so viele Menschen in ihrem Job unzufrieden sind. Und wir haben diese Frage bereits am Anfang des Buches gestellt. Und die Antwort lautet:

Fast immer merkt man erst im Nachhinein, ob Job und Firma wirklich zu einem passen oder nicht.

Ich selbst begann meine Karriere in einem namhaften Konzern in Deutschland, der Name tut nichts zur Sache. »Da kann doch nichts schiefgehen, super Konzern, super Image!«, habe ich mir selbst völlig euphorisiert zugeschrien und mich gefreut, als ich den unterschriebenen Vertrag in der Hand hielt.

Nach ein paar Monaten wurde ich schon etwas unsicherer. Ich habe mich dennoch weiter motiviert in mein Schicksal gefügt, »das wird schon« gegrummelt, und es hat ganze drei Jahre gedauert, bis ich dann zu meinem Vorgesetzten gegangen bin und ihn gefragt habe: »So, Chef, ich bin jetzt drei Jahre hier, möchte gerne mehr tun, mehr leisten, aber auch mehr Geld verdienen und mich zügig weiterentwickeln. Jetzt geht's los! Ich bin dabei! Was können wir nun tun ...?«

Die Antwort kam prompt: »*Nichts!* Hier bei uns müssen Sie Zeit haben. Und Geduld. Sie sind ja nicht der Einzige hier, da warten noch viele vor Ihnen, und die haben ältere Rechte. Schnell geht hier gar nichts. So haben wir das ja noch nie gemacht! Ja, wo sind wir denn!«

Okay. Das hat gesessen. So ist das also. Drei Jahre hat es gedauert, bis ich gemerkt habe, dass ich hier eigentlich von Anfang an in der falschen Firma war. Die Firmenkultur deckte sich nicht mit meiner Mentalität, nicht mit meiner Kultur, nicht mit dem, was ich kann und was ich will. Ich wollte schnell Dinge bewegen, vorantreiben, mich entwickeln, Entscheidungen eigenverantwortlich selbst fällen. Nichts von dem habe ich dort vorgefunden, und eigentlich wäre das von Anfang an klar gewesen, hätte ich nur vorher sorgfältiger recherchiert.

Nun, ich war ja selbst schuld, ich habe mich vorher nicht ausreichend (wenn ich ehrlich sein soll, überhaupt nicht) über das Unternehmen informiert, sondern nur die Jobbeschreibung toll gefunden. Die hat damals vermutlich ein Praktikant getextet. Gute Arbeit! Und das war meine Entscheidungsgrundlage. Peinlich.

Das war meine erste berufliche Lektion; man lernt eben nur aus negativen, schmerzhaften Erfahrungen. Heute versuche ich, als Kernbotschaft in meinen Karrieresitzungen folgenden Satz als elementare Erkenntnis weiterzugeben:

> »*Karriere macht man nicht im Job,*
> *sondern in der richtigen Firma!*«

Das ist das Wichtigste, was Sie bei der Suche nach Ihrem *Traumjob* berücksichtigen müssen! Bevor Sie nach der Stellenbeschreibung schielen, sehen Sie sich zunächst die Firma an. Ganz genau. Noch genauer. Gehen Sie dicht ran. Noch dichter. Und dann prüfen Sie gut, bevor Sie sich binden. Wie im wirklichen Leben. Prüfen Sie, indem Sie Mitarbeiter fragen, die dort arbeiten oder dort gearbeitet haben. Recherchieren Sie im Internet, lesen Sie und lernen Sie.

Es gibt heute unendlich viele Möglichkeiten, sich im Vorfeld schlau und schlauer zu machen. Warum um Himmels willen sind wir nur so unkritisch, wenn es um die Wahl unseres neuen Arbeitgebers geht? Verlassen Sie sich dabei nie auf das, was die Firmen über sich selbst schreiben, das ist alles Marketing-Quark. Das darf keine Entscheidungsgrundlage für Sie sein. Niemals.

Um also nun unsere Eingangsfrage genauso markig zu beantworten: »Was guckst du?«

»Guckst du Firma!«

Die ideale Firma

Immer wieder erscheinen Statistiken, welche Firmen bei einem Ranking von Schul- und Hochschulabsolventen auf den vordersten Rängen Platz finden. In der Regel sind es Firmen mit einem starken »Brand«, die viel in ihren Markennamen investieren, und Unternehmen, die viel Geld für »Employer Branding« ausgeben. In allen Branchen ist es ähnlich:

Es sind immer die Marktführer, Innovationsleader oder die Markenhelden: Adidas, Porsche, Coca-Cola, BMW, LVMH, Siemens, Bosch, Deutsche Bank, Apple, Google, Lufthansa ... Die Weltmarken platzieren sich stets an vorderster Front.

Man erkennt an den Hitlisten der beliebtesten Arbeitgeber, wie unkritisch die Meinungsbildung erfolgt, denn die Begeisterung bezieht sich auf den Namen, nicht auf die tatsächliche Unternehmenskultur.

Finde ich BMW-Autos toll, so will ich auch dort arbeiten. Bei Siemens kann ja nichts schiefgehen und der Arbeitsplatz ist sicher. So wie die Rente.

Was ist nun die richtige Firma für mich? Wie finde ich das für mich heraus? Mit markigen Sprüchen tut sich ja jede Firma leicht. Jeder ist irgendwo der Marktführer, ist »Leader«, ist Top, ist einfach der helle Wahnsinn.

»Wir sind die Besten, die Einzigen, die Größten und die Erfolgreichsten!«

Na also! Das ist doch mal eine kernige Aussage, ein Pfund, damit kann man nun wirklich was anfangen!

Typisches Jägerlatein aus dem üblichen Vokabular einer Stellenanzeige. Man überschlägt sich mit Superlativen. Aber wie heißt es so schön: »Glaube keiner Statistik, wenn du sie nicht selbst gefälscht hast!« Genauso einfach ist es eben, über sich selbst im Überschwang zu berichten. Und Marktführer ist man immer, man muss nur vorher überlegen, welche Statistik man gerade anführt.

Leider tun sich die Firmen sehr schwer, ehrliche Antworten auf die wirklich brennenden Fragen eines potenziellen neuen Mitarbeiters zu geben. Insbesondere interessieren uns doch bei der Jobauswahl die weichen Fakten, die Hintergrund- und Insiderinformationen. Den wahren Charakter des Unternehmens zu wissen, das ist es doch, was wir herausfinden wollen. Die weichen Faktoren lassen sich aber leider nicht so einfach definieren, und als Firma will man auch nicht wirklich immer gerne darüber reden. Aber genau diese Faktoren sind es, die einen neuen Mitarbeiter abwägen lassen und die er als Entscheidungsgrundlage braucht, um beurteilen zu können, ob der Job für ihn passt oder nicht.

Welche Firma wird aber gerne zugeben, dass sie ein Hierarchiemonster ist, dass sie langsame Entscheidungswege hat und dass an ihrer Spitze ein unfähiger Manager sitzt?

Wirklich interessant zu wissen wäre also zum Beispiel:

- Wie ist die Kultur des Unternehmens?
- Wie geht man miteinander um?
- Wie groß ist die Fluktuationsrate?
- Wie ist das Arbeitsklima?
- Wie sind die Entscheidungswege?
- Welchen Stellenwert hat der Mitarbeiter?
- Wie entwickelt man Mitarbeiter weiter?
- Wie wird die Firma geführt, wie wird entschieden, wer entscheidet?
- Ist das Klima autoritär oder team-/konsensorientiert?
- Welche Ziele verfolgt das Unternehmen?
- Gibt es viele Hierarchie-Ebenen?
- Was tut man für die Mitarbeiter?
- Wie kümmert man sich um mich?
- Wird meine Meinung gehört und ernst genommen?

- Wie kalkulierbar sind Entscheidungen?
- Was hat die Firma langfristig vor?
- Wie gesund ist das Unternehmen?
- Wie zufrieden sind die Mitarbeiter mit ihrem Arbeitgeber?

Meist machen sich die Firmen nicht die Mühe, sich als Arbeitgeber authentisch zu definieren, obwohl sie Millionen an Euro dafür ausgeben, um ihr Image und ihre Produkte zu pushen. Aber Aussagen oder gar Werbung für ein Image als attraktiver Arbeitgeber? Meist Fehlanzeige.

Auch die Webseiten der Unternehmen geben in dieser Hinsicht meist wenig her. Und wenn, dann sind es wieder nur Worthülsen auf den sogenannten »Karriereseiten«.

Einerseits will man von Bewerbern so viel wie möglich an Fakten erhalten, sie werden durch die Psychomühle gedreht, in Assessment Centern ausgequetscht, mit Tiefeninterviews an die Wand genagelt, damit man auch wirklich alles über sie erfährt. Und was sagt man über sich, damit sich auch der Bewerber ein genaues Bild machen kann? Ein lautes und entschiedenes: Wir sind der Marktführer! Und sei froh, wenn du hier arbeiten darfst.

»Employer Branding«

Es gibt eine noch junge Bewegung im Unternehmensmarketing, die sich »Employer Branding« nennt und deren Aufgabe es ist, eine Firma als Arbeitgeber wie ein Produkt zu beschreiben und zu bewerben. Im Gegensatz zu den USA ist »Employer Branding« bei uns kaum vorhanden. Einige Unternehmen in Deutschland haben zwar inzwischen erkannt, wie wichtig ein gutes Image als interessanter und guter Arbeitgeber ist, aber sie sind noch in der Minderheit. Dabei wäre es gerade für unseren Mittelstand enorm wichtig, sich werbeträchtig als hervorragender und gesunder Arbeitgeber zu positionieren, um den »War of Talents« gegen die großen Marken gewinnen zu können.

Jeder Werber weiß: Das wichtigste Gut im Wettbewerb ist die Marke, also behandle sie gut und gehe vorsichtig mit ihr um. Markenaufbau kostet sehr viel Geld, und die Firmen stecken Unsummen in ihren Image-Aufbau. Aber sich als attraktiver Arbeitgeber zu präsentieren – das ist oft Fehlanzeige.

Wie gefährlich es ist, das Arbeitgeberimage zu unterschätzen, sieht man immer dann, wenn es Entlassungen gibt und das Unternehmen so ungewollt in die Schlagzeilen kommt. Schnell ist es dann vorbei mit dem guten Ruf. Schade um die vielen Millionen, die man vorher für die Werbung und das Image als Saubermannfirma ausgegeben hat. Alles im Eimer, in kürzester Zeit. Die Presse schlachtet das unnachgiebig aus.

Ein weiterer Imagekiller ist es, wenn ein weithin bekanntes Unternehmen, das Produkte für Endverbraucher anbietet, fahrlässig mit seinen Bewerbern und Bewerbungen umgeht. Nehmen wir mal als Beispiel ein Telecom-Unternehmen, das Mobilfunkverträge anbietet.

Bewirbt sich jemand bei dieser Firma voller Herzblut und mit großen Hoffnungen, und erhält man dann eine lapidare Absage ohne schlüssige Begründung, ohne eine verständliche Erklärung und ohne Wertschätzung, dann ist man verständlicherweise sehr enttäuscht und auch sauer. Was das Unternehmen dabei unterschätzt ist, dass dieser Bewerber sicher keinen Handyvertrag bei dieser Firma mehr abschließen wird, denn der Stachel sitzt tief und Rache ist Blutwurst. Jede Bewerbung, die von einem Unternehmen nicht richtig wertgeschätzt wird, bedeutet im Endeffekt auch einen verlorenen Kunden. Dumm gelaufen.

Ein weiteres, fahrlässiges Verhalten einer Firma ist es, wenn sie kein authentisches Bild nach außen kommuniziert, sondern sich so darstellt, wie sie gerne wäre. Webseiten sind ein typisches und prägendes Aushängeschild für das Image, aber leider wird der Webauftritt oft nur dazu genutzt und damit eigentlich missbraucht, um Illusionen zu verkaufen statt Authentizität. Etwa wenn ein altmodisches, hierarchisches Unternehmen ein falsches Bild nach außen transportiert, indem es sich fetzig und peppig präsentiert. Dadurch werden die falschen Mitarbeiter angezogen. Das führt später zur gegenseitigen Desillusionierung und somit zu einem teuren Irrtum für beide Seiten.

Man peppt sich auf, stellt sich auf den Firmenwebseiten völlig anders dar, als man ist, und nix isses mit WYSIWYG (what you see is what you get) – es ist dann nämlich WYRIFNWYG – what you read is f... not what you get.

Also passen Sie auf bei Ihrer Recherche, dass Sie die wirkliche Kultur und den wahren Charakter des Unternehmens einfangen und sich nicht blenden lassen. Sonst gibt es für beide Seiten ein böses Erwachen. Machen Sie Ihre Hausaufgaben, wenn es die Unternehmen schon nicht tun.

Wie macht man das am besten?

Fangen Sie zunächst an, völlig wertfrei eine Zielfirmenliste für sich zu erstellen. Wo würden Sie gerne arbeiten, welche Unternehmen haben für Sie einen besonderen Reiz? Was passt zu Ihrem Traumjob?

Der Marktführer

Eine erste Empfehlung: Nehmen Sie nicht automatisch den Marktführer. Dort ist Ihre Wertschöpfung oft nicht so groß wie man meint: »If You Can't Make It Here, You Can't Make It Anywhere!«

Hat schon Frank Sinatra geschmettert. Und der musste es ja wissen, zumindest wenn er nüchtern war. Heißt: Wenn Sie es hier nicht schaffen, dann auch nirgendwo anders. Der Erfolg ist bei diesen Firmen eingeplant, man erwartet nichts anderes. Schließlich ist man ja Marktführer. Ihr persönlicher Beitrag wird sich also immer relativieren. Ja, ist doch klar, bei MicroX, da muss es ja funktionieren. Aber wehe, wenn nicht, dann sind Sie doppelt der Depp.

Sie haben dort also nicht immer so viele Möglichkeiten, sich wirklich als Individuum mit Ihren Fähigkeiten und Ihrem Beitrag zu positionieren.

Einfacher ist daher oft bei einem »Follower«, einem Verfolger und ernstzunehmenden Konkurrenten des Marktführers, auf der Skala die Nummer 2–5 im Markt. Also ein Jäger, der den Marktführer einzuholen versucht. Hier sind Sie in einer besseren Situation, hier ist man kreativer und wacher, hier gibt es mehr Platz für Ideen, und die individuelle Arbeitsleistung hat einen höheren Stellenwert. Sie können hier »mehr bewegen« und werden auch stärker wahrgenommen.

Die Nummer 225 im Markt sollte es aber auch nicht sein, denn ein prägnanter und renommierter »Brand« als Marke sollte als Kerbe in Ihrem Karrierecolt eingeritzt sein. Damit meine ich, die Firma sollte schon allgemein bekannt sein, damit man auch als Außenstehender in Ihrem Lebenslauf beurteilen und nachvollziehen kann, wo Sie gearbeitet haben.

Machen Sie nach dieser Methode eine Liste mit mindestens 40 Unternehmen. Überlegen Sie sich dabei, ob Sie lieber in einem großen Konzern arbeiten möchten, sich also in einer großen Organisation mit vielen Hierarchie-Ebenen und vielen Entscheidungsträgern wohlfühlen. Man muss der Typ dafür sein, ein begrenztes, klar definiertes Aufgabengebiet mögen, und man muss sich in einer großen Struktur behaupten und auf sich aufmerksam machen können. Es reicht hier nicht, einen guten Job zu machen, man muss alles, also sich und seine Erfolge, immer auch kommunizieren. Sonst verschwindet man im Nirwana und ist der Erste, auf den man zeigt, wenn etwas nicht läuft.

Der Mittelstand

Sind Sie eher der Typ für den Mittelstand? Hier haben Sie in der Regel mehr Freiraum, größere Kompetenzen und können sich in einer kleineren, fast schon familiären Organisation wohlfühlen.

Aber denken Sie daran, meist thront über einem mittelständigen Unternehmen ein Obermotz, der Inhaber, oft exzentrisch, autokratisch, aber vor allem eins: Er ist der Bestimmer. Er hat alles aufgebaut, weiß alles besser und tut sich schwer, Verantwortung abzugeben. Er will die Fäden in der Hand behalten. Alles ist auf ihn ausgerichtet. Er ist zwar völlig überlastet, aber dennoch genießt er es und kann nicht loslassen. Mit ihm müssen Sie es also »können«. Wenn nicht, vergessen Sie es gleich wieder.

Die Lanze für den Mittelstand möchte ich gerne brechen. Denn er bietet als potenzieller Arbeitsmarkt für unseren *Traumjob* einen enormen Fundus. Der Mittelstand in Deutschland umfasst nach quantitativer aktueller Definition*:

- rund 99,7 Prozent aller umsatzsteuerpflichtigen Unternehmen, in denen knapp
- 65,9 Prozent aller sozialversicherungspflichtigen Beschäftigten angestellt sind,
- rund 38,3 Prozent aller Umsätze erwirtschaftet werden sowie
- rund 83,0 Prozent aller Auszubildenden ausgebildet werden.

Diese Zielgruppe sollte für Sie also wirklich intensiv in Betracht gezogen werden, Deutschland ist in erster Linie ein Mittelstandsland! Und hier steckt für Sie ein riesiges Potenzial!

* Quelle: Institut für Mittelstandsforschung Bonn

Start up

Wie wäre es alternativ mit einem Start-up-Unternehmen? Man kommt als Mitarbeiter an Bord kurz nach einer Unternehmensgründung und alles ist noch »neu«. Das kann sehr reizvoll sein. Aufbau total »from scratch«, also wirklich aus dem Nichts, von null an. Und Sie mittendrin! Kann seinen Reiz haben, aber auch hier muss man der Typ dafür sein – darf sich nicht zu schade dafür sein, auch mal den Meetingkaffee zu brühen oder das Briefpapier zu bestellen.

Ich habe bei meiner Übersicht ein wenig überzeichnet, denn nicht alle Firmen ticken nach dem gleichen Muster, aber Sie erkennen die Vielfalt der Möglichkeiten und wie wichtig es ist, sich mit den Randbedingungen und der Kultur des Unternehmens intensiv auseinanderzusetzen. Und damit, ob Sie selbst zu so einer Firma passen und die Arbeit dort Ihnen Spaß machen kann.

Amerikanisch? Japanisch? Koreanisch? Deutsch?

Denken Sie auch über die Ursprungsnationalität Ihres Zielunternehmens nach. Soll es ein amerikanisches Unternehmen sein? Dann sollten Sie wissen, hier zählt es, sich und seine Ideen gut »verkaufen« zu können. Haben Sie eine gute Idee, dann werden Sie schnell alles dafür tun dürfen und den Freiraum bekommen, aber Sie müssen auch wissen, dass Sie ab nun auch Ihr eigener Unternehmer im Unternehmen sind. Ist Ihre Idee erfolgreich, dann sind Sie der Held, wenn nicht, dann sind Sie sehr einsam. Die Uhren ticken schnell bei den amerikanischen Firmen, das hängt meist auch damit zusammen, dass sie US-börsennotiert sind und daher schnelle Erfolge Pflicht sind. Es geht schnell rauf, aber auch genauso schnell runter, denn wenn etwas nicht gut läuft, dann muss man spektakulär und öffentlichkeitswirksam reagieren, auch das fordert die Börse. Das Ergebnis ist dann manchmal »hire and fire«. »Hire« in guten Zeiten und »fire«, wenn es abwärts geht. Natürlich agieren nicht alle US-Firmen so, viele von ihnen betreiben wesentlich entspanntere und verlässlichere Personalpolitik; ich kann und will hier nur Ihr Bewusstsein schärfen, also recherchieren Sie sorgfältig.

Bei manchen amerikanischen Unternehmen fallen alle Entscheidungen im Mutterland und die lokale Organisation ist nur ausführendes Organ. Andere überlassen die Macht durchaus dezentral den Niederlassungen im Ausland.

Soll es eventuell ein japanisches Unternehmen sein? Koreanisch? Chinesisch? Dann sollten Sie wissen, das das Gros der asiatischen Firmen eine sehr komplexe, für uns fremde Struktur hat und man sich als Mitarbeiter erst einen Namen, »ein Gesicht« machen muss. Die Uhren gehen langsamer, die Entscheidungswege sind schwerfälliger und für uns Europäer oft undurchsichtig. Ein Japaner entscheidet nie, es ist immer ein Team. Wenn Sie eine Frage stellen, erhalten Sie erst einmal zehn Fragen zurück, die Sie beantworten müssen. Geduld, Beharrlichkeit und Durchsetzungsstärke sind Tugenden, die Sie in asiatischen Firmen unbedingt besitzen müssen.

Sie sehen, der Teufel steckt im Detail, jede Firma tickt anders, und Sie tun gut daran, sorgfältig zu hinterfragen, bevor Sie sich entscheiden.

Welcher Typ sind Sie?

Um gezielt nach der für Sie richtigen Firmenkultur suchen zu können, müssen Sie zuerst herausfinden, welcher Persönlichkeitstyp Sie sind. Erst wenn Sie das wissen, können Sie gezielt nach der für Sie richtigen Firma suchen. Wenn Sie nicht sicher sind, dann fragen Sie vertraute Personen und lassen Sie sich von ihnen ein »Fremdbild« von sich zeichnen. Wie nehmen Ihre Freunde Sie wahr, die Menschen, die Ihnen wichtig sind und die beurteilen können, wie sie »ticken«? Machen Sie ein Spiel daraus, es ist wichtig genug, auch von sich selbst ein authentisches Bild zu haben. Denn nicht immer stimmen Selbstbild und Fremdbild überein, und es macht wenig Sinn, sich selbst zu belügen. Sie brauchen hier fremde Hilfe, leisten Sie sich dieses Feedback.

Eine Analyse hat viele Vorteile: Zunächst stärkt sie Ihr Selbstvertrauen. Selbstzweifel und irrationale Ängste haben ihre Wurzeln oft in einer fehlenden oder unrealistischen Selbsteinschätzung. Wir trauen uns häufig gar nicht zu, uns auf eine interessante Stelle zu bewerben, weil wir glauben, nicht genug zu können.

Eine möglichst objektive Analyse vor allem Ihrer Stärken bringt hier mitunter sehr motivierende und inspirierende Erkenntnisse, und Sie gewinnen damit auch neues Selbstvertrauen, denn wenn Sie sich und Ihre Fähigkeiten kennen, wissen Sie auch, was Sie sich zutrauen können.

Folgende Fragen müssen Sie sich und Ihren Vertrauenspersonen stellen:

- Sind Sie die Person für die großen Hierarchien oder eher für das familiäre Umfeld?
- Sind Sie ein Macher oder eher ein Umsetzer/Ausführer?
- Können Sie sich selbst gut verkaufen?
- Sind Sie emphatisch, können Sie sich gut auf andere Menschen einstellen?
- Sind Sie offen für Neues?
- Sind Sie experimentierfreudig?
- Haben Sie eine hohe Frustrationsschwelle oder sind Sie schnell demotiviert?
- Brauchen Sie ein geregeltes Umfeld?
- Sind Sie ein Ideenproduzent?
- Setzen Sie Ihre Ideen auch um?
- Können Sie gut mit schwierigen Vorgesetzten umgehen?
- Sind Sie stressresistent?
- Sind Sie ein guter Dienstleister?
- Brauchen Sie jemanden, der sie führt, oder sind Sie der Führer?
- Gehen Sie dann mit dem Kopf durch die Wand oder sind Sie der diplomatische Typ?
- Sind Sie wandelbar, flexibel, ändern Sie gerne Ihre Blickrichtung?

- Bringt Sie Veränderung schnell aus der Bahn?
- Sind Sie ein guter Teamplayer oder arbeiten Sie lieber allein?
- Sind Sie geduldig oder eher ein Heißsporn?
- Können Sie Ihre Ideen gut verkaufen und damit andere hinter sich bringen?
- Sind Sie kritikfähig?
- Sind Sie ein Taktierer oder gehen Sie immer den direkten Weg?
- Sind Sie eher der Vordenker oder mehr der Umsetzer?
- Sind Sie detailverliebt oder sehen Sie lieber das große Ganze?

Hier ist nun eine Liste von positiven Eigenschaften, die Sie in Ihre Überlegungen und Analyse mit einbeziehen können:

Liste positiver Eigenschaften	Trifft voll zu	Trifft teils zu	Trifft nicht zu
an sich selbst glaubend	☐	☐	☐
analytisch	☐	☐	☐
andere zum Lachen bringend	☐	☐	☐
anpassungsfähig	☐	☐	☐
aufgeschlossen	☐	☐	☐
aufmerksam	☐	☐	☐
ausdauernd	☐	☐	☐
ausdrucksstark	☐	☐	☐
ausgeglichen	☐	☐	☐
begeisterungsfähig	☐	☐	☐
belastbar	☐	☐	☐

Liste positiver Eigenschaften	Trifft voll zu	Trifft teils zu	Trifft nicht zu
charismatisch	☐	☐	☐
Dinge zu Ende bringend	☐	☐	☐
effektiv	☐	☐	☐
ehrgeizig	☐	☐	☐
ehrlich	☐	☐	☐
eigenverantwortlich	☐	☐	☐
empathisch – fähig, sich in andere einzufühlen und sich auf sie einzustellen	☐	☐	☐
engagiert	☐	☐	☐
entscheidungsstark	☐	☐	☐
entschlossen	☐	☐	☐
erfolgsintelligent	☐	☐	☐
erfindungsreich	☐	☐	☐
ergebnisorientiert	☐	☐	☐
Fähigkeit, andere zu motivieren	☐	☐	☐
Fähigkeit, den Überblick zu behalten	☐	☐	☐
Fähigkeit, Dinge zu erklären	☐	☐	☐
Fähigkeit, mit Kindern umgehen zu können	☐	☐	☐
Fähigkeit, mit komplexen Situationen fertigzuwerden	☐	☐	☐
Fähigkeit, Unklarheiten und Mehrdeutigkeiten auseinanderzuhalten	☐	☐	☐
flexibel	☐	☐	☐
fokussiert	☐	☐	☐
geduldig	☐	☐	☐
gerechtigkeitsstrebend	☐	☐	☐
grafisches Verständnis	☐	☐	☐

Liste positiver Eigenschaften	Trifft voll zu	Trifft teils zu	Trifft nicht zu
gute Sprachgefühl	☐	☐	☐
gutes technisches Verständnis	☐	☐	☐
handwerklich geschickt	☐	☐	☐
hilfsbereit	☐	☐	☐
initiativ	☐	☐	☐
kommunikationsstark	☐	☐	☐
kompromissbereit	☐	☐	☐
kontaktfreudig	☐	☐	☐
konzentrationsfähig	☐	☐	☐
konzeptionell denkend	☐	☐	☐
koordinationsstark	☐	☐	☐
körperlich kräftig	☐	☐	☐
kreativ	☐	☐	☐
kritikfähig	☐	☐	☐
künstlerisch ausdrucksfähig	☐	☐	☐
lernfähig	☐	☐	☐
lernwillig	☐	☐	☐
maßvoll	☐	☐	☐
mathematisches Verständnis, Umgang mit Zahlen	☐	☐	☐
Menschen aufbauend und tröstend	☐	☐	☐
motorisch geschickt	☐	☐	☐
musikalisch	☐	☐	☐
mutig	☐	☐	☐
optimistisch	☐	☐	☐
organisationstalentiert	☐	☐	☐
planungsstark	☐	☐	☐
präsentationsstark	☐	☐	☐

Liste positiver Eigenschaften	Trifft voll zu	Trifft teils zu	Trifft nicht zu
praktisch denkend	☐	☐	☐
problemlösungsorientiert	☐	☐	☐
räumliche Vorstellungskraft	☐	☐	☐
realitätsnah	☐	☐	☐
schnell auffassend	☐	☐	☐
selbstreflektierend	☐	☐	☐
selbstbewusst	☐	☐	☐
selbstdiszipliniert	☐	☐	☐
sich überwinden könnend	☐	☐	☐
spezielles Fachwissen (in welchem Bereich genau?)	☐	☐	☐
spontan	☐	☐	☐
stressresistent	☐	☐	☐
tatkräftig, anpackend	☐	☐	☐
teamfähig	☐	☐	☐
tolerant	☐	☐	☐
überzeugungsstark	☐	☐	☐
unabhängig	☐	☐	☐
veränderungsbereit	☐	☐	☐
verantwortungsbewusst	☐	☐	☐
Verkraften von Misserfolgen	☐	☐	☐
verhandlungsgeschickt	☐	☐	☐
verkaufsgeschickt	☐	☐	☐
verständnisvoll	☐	☐	☐
vielseitig	☐	☐	☐
wortgewandt	☐	☐	☐
zielstrebig	☐	☐	☐
zuhörend	☐	☐	☐
zuverlässig	☐	☐	☐

Bewerten Sie Ihre Eigenschaften selbst und lassen Sie dann andere sie bewerten. Vergeben Sie Punkte von 1 (trifft voll zu), 2 (teilweise zutreffend) bis 3 (trifft nicht zu oder ist nicht relevant).

Vergleichen Sie dann und beginnen Sie zu sortieren. Wo sind Sie Top-Scorer? Was war Ihnen bewusst, was weniger, was überhaupt nicht? Woran können Sie arbeiten?

Ergänzen Sie noch ein paar spezifische Fragen, die Ihnen wichtig zu sein scheinen. Es ist eine tolle Möglichkeit, sich selbst zu reflektieren, Sie werden eine Menge über sich lernen und auch Neues entdecken. Daher ist es auch so wichtig, vertraute Personen hinzuzuziehen. Diese werden Ihnen sagen, wo Sie Stärken haben, die Sie vermutlich an sich selbst noch nicht entdeckt haben.

Eine derartige Analyse bietet einen hervorragenden Ausgangspunkt, um an sich selbst zu arbeiten – wer sich mit seinen Stärken beschäftigt, der erkennt auch, wo die eigenen Schwachpunkte und Defizite liegen. Und dieses Wissen können Sie dafür nutzen, um zu entscheiden, was Sie bei sich verbessern wollen, ob Sie sich zum Beispiel weiterbilden wollen oder wo Sie externe Hilfe benötigen, um sicherer an Ihr Ziel zu gelangen.

Typisieren Sie sich auf diese Weise, und überlegen Sie dann, wie Ihr ideales Umfeld dazu aussehen muss, damit Sie sich dort entfalten und Ihre Ziele erreichen können. Falls es Sie interessiert, es gibt Analysen und Untersuchungen, welche Eigenschaften die Menschen haben, die in ihrem Beruf am erfolgreichsten sind.

Die wichtigsten Eigenschaften erfolgreicher Menschen sind:

- sich selbst motivieren zu können und eine starke Selbstkontrolle zu haben,
- durchhaltefähig und beharrlich zu sein,
- seine eigenen Fähigkeiten optimal einsetzen zu können,
- seine Ideen auch in die Tat umzusetzen,
- eine klare Ergebnisorientierung zu haben,
- beharrlich zu bleiben, die Vorgaben zum Abschluss zu bringen,
- Initiative zu übernehmen, zu handeln, umzusetzen, statt aufzuschieben,
- Niederlagen verarbeiten zu können, immer kritikfähig zu sein,
- sich immer verbessern zu wollen,
- in seiner Leistungsfähigkeit unabhängig von anderen zu sein,
- eigene Defizite überwinden zu können,
- eigene Balance zu finden zwischen Unter- und Überforderung,
- das Ziel nie aus dem Auge zu verlieren,
- Optimismus und der Glaube, seine Ziele auch erreichen zu können,
- analytisch, kreativ und praktisch denkend zu sein.

Nehmen Sie diese Statistik nicht allzu ernst, falls Sie sich bei den Aufzählungen nicht überall wiederfinden. Es soll Sie nur anregen, eventuell an der einen oder anderen »Thematik« an sich zu arbeiten oder auch zu erkennen: Das bin ich nicht und werde ich nie sein.

Wer all die Dinge, die hier gelistet sind, erfüllt, kann vor lauter Kraft sowieso nicht laufen und kommt damit durch keine Tür. Es geht definitiv auch ohne diese Ansammlung des perfekten Mitarbeiter-Kollegen-Gutmenschen. Trösten Sie sich damit, dass es nicht viele Zeitgenossen gibt, die alle diese vermeintlich positiven Punkte in sich vereinen.

Ich kenne zum Beispiel nur wenige Manager, die wirklich kritikfähig sind – das nur am Rande.

Tipp: Eine weitere gute Methode, um sich selbst so objektiv wie möglich zu reflektieren, ist es, ein paar einschneidende Geschichten aus Ihrem Leben zu nehmen, bei denen Sie besonders gefordert waren. Überlegen Sie ganz genau und schreiben Sie auf, wie Sie damals gehandelt haben. Welche Eigenschaften sind da bei Ihnen besonders hervorgetreten? Wie haben Sie reagiert, welche Talente und Erfahrungen von Ihnen haben Ihnen hier besonders geholfen? Notieren Sie sowohl die positiven als auch die negativen Eigenschaften und Erkenntnisse daraus.

Wie wir schon beleuchtet haben, sagen die Eigenschaften selbst noch nicht alles aus. Es kommt auf das Gesamtgefüge an, in das Sie persönlich als Individuum mit allen Stärken und Schwächen reinpassen müssen. .

Natürlich können Sie jetzt aber einige Dinge ausschließen. Wenn Sie in Ihrem Selbstbild feststellen, dass Sie kein guter »Verkäufer« sind und weder Ihre Ideen noch Produkte, noch sich selbst »an den Mann bringen« können – dann sollten Sie

Ihre Zukunft nicht als Frontschwein im Verkauf sehen, und Sie sollten auch amerikanische Unternehmen meiden, denn diese fordern ein gehöriges Maß an Selbstinszenierungstalent.

Falls Sie erkannt haben, dass Sie gewisse Vorgaben brauchen und eine gute Nummer 2 oder 3, aber keine Nummer 1 sind, dann wäre zum Beispiel ein Start-up-Unternehmen nicht das richtige Umfeld für Sie, denn hier würden Sie permanent im Rampenlicht und unter Dauerstrom stehen. Suchen Sie sich stattdessen lieber ein gut strukturiertes Unternehmen, einen großen Konzern, in dem Sie sich vielfältig entwickeln können. Sind Sie erst einmal »drin« in so einer Firma, dann können Sie sich durch interne Stellenausschreibungen langsam an die Stelle vortasten, in der Sie sich am wohlsten fühlen.

Sind Sie aber die Rampensau und brauchen Sie jetzt die ganz große Herausforderung, dann suchen Sie eine Firma, in der Sie mitgestalten und mitwirken können: Agenturen, Beratungsfirmen, kleinere erfolgreiche Mittelständler oder Betriebe. Hier wird Ihr persönlicher Beitrag nicht nur bemerkt, sondern ist auch erwünscht. Sie werden vielschichtige Erfahrungen sammeln und maximalen Spaß an Ihrer Aufgabe und der Unternehmenskultur haben.

Lösen Sie sich von jeglichem Wunschdenken, wie Sie gerne wären, sondern bauen Sie nur auf Fakten. Falls Sie bisher ausschließlich in großen Strukturen gearbeitet haben, dann sollten Sie nicht Ihr eigenes Versuchskaninchen werden und zu einer kleinen Firma wechseln. Basieren Sie Ihre Entscheidung nur auf das, was Sie zweifelsfrei über sich wissen. Seien Sie selbstkritisch, und machen Sie sich nichts vor!

Fertigen Sie nun von Ihrer idealen Firma eine Skizze an, wie diese in Ihren Augen aufgestellt sein muss. Visualisieren hilft in so einem Fall immer, ein Bild sagt mehr als tausend Worte. Was ist wichtig, was ist variabel? Was erwarten Sie von den Menschen, die dort mit Ihnen arbeiten? Machen Sie auch Angaben über Unternehmensgröße, Umfeld, Reporting-Struktur, klein, groß, international, regional, asiatisch, amerikanisch, typisch deutsch.

Stellen Sie dann einen Fragenkatalog zusammen, der unbedingt in Ihrer Firmen-Recherche beantwortet werden muss, bevor Sie ein Unternehmen in Ihre Zielfirmenliste eintragen können.

Nehmen Sie sich die Zeit dafür. Ich weiß, es klingt alles sehr aufwendig, aber wann haben Sie schon Zeit gehabt, sich mit sich selbst so intensiv zu beschäftigen und herauszufinden, wo Ihre Stärken und Defizite liegen und wo Dinge sind, an denen Sie bei sich arbeiten können?

 **Tipp:** Gehen Sie auf *www.traumjobnow.de* – hier haben wir einige Werkzeuge zur Entscheidungsfindung für Sie zusammengestellt.

Die Analyse Ihres Selbstbildes wird zu einschneidenden Erlebnissen führen. Sie lernen dabei drei Dinge:

1. Sie erfahren mehr über sich selbst.
2. Sie erfahren, wie Ihr ideales Unternehmen aussehen muss, und lernen – vorher, während der Gespräche und wenn die finale Entscheidung ansteht –, die richtigen Fragen zu stellen.
3. Sie merken, dass Sie es lenken können, damit aus dieser Entscheidung eine gute Entscheidung wird.

Das sind die wichtigsten Erkenntnisse für das, was nun kommt. Nehmen Sie dieses Selbstbewusstsein mit, und tragen Sie es in jedes Bewerbungsgespräch, das Sie von nun an führen.

Fragen und hinterfragen Sie. Es geht um Ihre Zukunft, es ist Ihr neuer Job. Sie haben jetzt Ihre Zielfirmen, Sie wissen, wie Sie selbst »ticken«.

Nun kommt der nächste Schritt. Sie müssen diese beiden Dinge zusammen bringen. Dafür brauchen Sie eines: Input.

Welchen? Und wo bekommen Sie denn den jetzt am besten her?

Der Jobflüsterer – Ihr »Persönliches Netzwerk«

Jetzt ist es an der Zeit, sich mit dem wichtigsten Instrument unserer kreativen Jobsuche zu beschäftigen: mit Ihrem *Persönlichen Netzwerk*. Wir nennen es ab jetzt auch Ihr PN!

Die Bedeutung des »Netzwerkens« haben wir ja schon grundsätzlich beleuchtet, denn über Referenzen, Empfehlungen, Headhunter und Informanten werden die meisten Jobs in der Industrie besetzt. Egal in welchem Gewerbe. Über das Netzwerken entsteht Ihr direkter Draht in das Unternehmen, ohne Umweg, ohne Konkurrenz. Es ist also an der Zeit, dass auch Sie Ihre Armeen jetzt in Stellung bringen.

Ihr PN wird Sie nun bei allen weiteren Aktionen begleiten und Sie tatkräftig unterstützen. Es wird Referenzen über die Unternehmen sammeln, es wird berichten, ob Ihre mutmaßliche Traumfirma auch hält, was sie verspricht, es wird der Wegweiser sein zu den Entscheidungsträgern und den zu besetzenden Jobs. Es ist die direkte Hotline ins Unternehmen. Was für ein geniales Gebilde!

Die Lösung ist so nah und war vorher auch nicht wirklich fern. Nur lag sie bisher ungenutzt herum. Ein klarer Fall von unterschätzter, unterlassener Hilfeleistung. Der Weg zum Traumjob liegt praktisch vor Ihrer Haustür, in Ihrem eigenen Vorgarten.

Sie müssen Ihr PN jetzt nur zusammenstellen, es sinnvoll erweitern und dann zielgerichtet für Ihre Interessen einsetzen.

Das Geheimnis liegt aber auch in der Pflege. So ein Netzwerk ist ein sehr empfindliches Gebilde. Sie müssen es hegen und pflegen, betutteln, verwöhnen, in Watte packen. Es ist Ihr neues Haustier, behandeln Sie es gut! Ein gutes Netzwerk zu haben heißt, selbst ein guter Netzwerker zu sein.

Von nichts kommt nichts, auch ein PN will spüren, dass Sie es ernst meinen. Und es nimmt viel Zeit in Anspruch, aber die haben Sie ja jetzt eingeplant. Fangen Sie also ganz vorsichtig an, Ihre Kontakte »aufzuwärmen«. Überfordern Sie dabei niemand. Lassen Sie Ihr neues PN nicht misstrauisch werden, es will sehen, dass Sie ehrliche Absichten haben.

Das klingt jetzt alles ein wenig lustig, aber ich meine es sehr ernst. Sie müssen die Personen in Ihrem PN wirklich sehr behutsam reanimieren, denn ich gehe davon aus, dass Sie zu vielen von ihnen – wenn überhaupt – einen nur sehr oberflächlichen Kontakt haben. Wenn Sie jetzt mit der Tür ins Haus fallen und Ihre Bedürfnisse gleich in den Vordergrund stellen, dann ist das nicht der richtige Weg. Alles im Leben besteht aus »Geben und Nehmen«, oder auf Neudeutsch: »Win-Win«. »It is all about give and take«, trifft es auch. »Dar y recibir«, wenn es Ihnen Spanisch vorkommt. Oder falls Ihnen Lateinisch lieber ist: »Do ut des.« Man kann eine Menge falsch machen. Der häufigste Fehler ist: Man überfordert gleich am Anfang dieses grandiose Gebilde und geht zu forsch und unsensibel an das Thema heran.

»Kannst du mir bei meiner Jobsuche helfen, kennst du jemanden, der gerade eine Stelle zu besetzen hat?«

– ist *nicht* die richtige Herangehensweise!

Zunächst einmal suchen Sie ja auch nicht irgendeinen dahergelaufenen Job, inzwischen sind Sie ja viel differenzierter und anspruchsvoller. Sie sitzen am Lenkrad und wissen genau, was Sie wollen. Viel schlimmer aber: Sie überfahren mit so einer Frage Ihr PN mit Ihrer Not. Damit ist klar, Sie wollen nur eines: Hilfe. Das ist nicht Win-Win, das hat mit Geben und Nehmen nun rein gar nichts zu tun, das ist eher Malteser-Hilfsdienst. Und damit können Sie vielleicht über die Mitleidsschiene etwas erreichen, aber das steht Ihnen nicht gut und ist inzwischen doch weit unter Ihrem Niveau.

Zudem erzeugt es eine unangenehme Drucksituation für den anderen, er fühlt sich zwar irgendwie genötigt zu helfen, aber so richtig dahinter steht er nicht. So verbrennt man nur seine Kontakte.

»Kannst du vielleicht meinen Lebenslauf in der Personalabteilung abgeben?«

Um Himmels willen! Schlimmer geht's nimmer. Dreimal falsch. Erstens stört der Lebenslauf in der Personalabteilung in der Regel nur, zweitens sollte man niemanden nötigen, etwas »für einen zu tun«. Und drittens ist es kein guter Einstieg in sein Traumunternehmen. Protektion kommt erst mal nicht gut an.

Warum sollte man Ihnen auch helfen?

Sind wir mal ehrlich und Freund hin oder her, keiner will der Verantwortliche gewesen sein, wenn aus dem eigenen Engagement nachher ein Flop wird. Wie steht man dann da? Daher lässt man lieber die Finger weg, man will sich doch selbst nicht in eine unangenehme Situation manövrieren. Das »Bring mich bitte ins Spiel« ist also nur ein peinlicher Versuch, der niemandem hilft. Er funktioniert eventuell noch in Sizilien, unter dem Motto: Eine Hand wäscht die andere. Im seriösen Geschäftsleben ist dafür kein Platz. Sie müssen immer bedenken: Woran denkt jeder zuerst? Richtig: an sich. Und als Nächstes: an sich. Und als Drittes: an sich. Sie haben es! Das bedeutet, jemand hilft Ihnen nur, wenn er selbst etwas davon hat. Almosen gibt es im Berufsleben nicht. Und auch kein ehrliches Mitleid.

Wenn der andere also davon überzeugt ist, Sie sind der Knaller auf Erden, dann wird er sich gerne mit Ihnen brüsten, dann kann er den Erfolg absahnen und er ist der Held. Das funktioniert, aber dazu muss er erst mal wissen, dass Sie wirklich die Sensation auf dem Planeten sind. Und pures Zureden reicht hier nicht aus. Da könnte ja jeder kommen! Sie müssen Ihren Mitspieler also immer erst überzeugen, dass Sie wirklich gut sind.

Besser ist daher, Sie machen das etwas mehr im Untergrund und setzen Akzente, kleine, aber feine Duftnoten.

Zwei Anregungen und Beispiele, wie es funktionieren kann:

1. Sie wissen, Ihr PN-Kontakt arbeitet bei einer Ihrer Zielfirmen. Sehr gut. Fragen Sie ihn nun, nachdem Sie ein wenig belanglos mit ihm geplaudert haben, ob es ein Referral-Programm in seiner Firma gibt. Wenn Sie Glück haben, dann bekommt Ihr Netzwerk-Mitspieler sofort Dollarzeichen in die Augen, denn das ist jetzt ein echter Motivationsschub für ihn, Sie nun tatkräftig zu unterstützen. Er wird Ihnen ganz sicher helfen, denn er erhält ja eventuell später Geld dafür. Win-win. Ich hatte schon erwähnt, dass es in vielen Firmen ein Referral-Programm gibt. Das ist eine Art Vermittlungsgutschein auf höherem Niveau. Ein Mitarbeiter bekommt vom Unternehmen eine Provision, wenn er jemanden empfiehlt, der dann auch eingestellt wird. Jedenfalls können Sie sich so seiner Mithilfe sicher sein.
2. Sie bitten nicht darum, dass Ihre Zielperson Ihnen aktiv hilft, Sie fragen sie lediglich, ob Sie sich auf sie beziehen dürfen, wenn Sie später Kontakt zu einem Entscheidungsträger in der Firma aufnehmen. Sagen Sie: »Ich möchte dich gerne als Referenz nutzen und sagen, wir hätten miteinander gesprochen und du hast sehr von deinem Arbeitgeber geschwärmt. Und das hat mich sehr animiert und veranlasst, jetzt Kontakt aufzunehmen.«

Jetzt haben Sie für Ihren Erstkontakt bei Ihrer Zielfirma einen exzellenten Aufhänger.

Damit muss Ihr PN nicht aktiv werden, denn Sie haben ihm signalisiert, dass Sie die Arbeit machen werden. Kaum einer wird das abschlagen. Zumal er gut dasteht, weil Sie seinen Vorgesetzten gegenüber erwähnen, wie werbeträchtig und wie positiv dieser Mitarbeiter über seine Firma spricht. Damit fühlen sich alle geschmeichelt und gebauchpinselt, einen besseren Gesprächseinstieg bei Ihrer Traumfirma kann man kaum haben.

Wir werden nun also zunächst Ihr PN zusammenstellen, denn es ist die unentbehrliche Plattform für Sie, um die Informationen zu erhalten, die Sie für die Bewertung und die Suche nach der richtigen Firma benötigen.

Unser Ziel ist es, alle relevanten Informationen zu bekommen, die Sie brauchen, um sich ein Urteil über das Unternehmen bilden zu können und um zu erfahren, wer die wichtigsten Entscheidungsträger, Ansprechpartner sind und wie das System »Personaleinstellung« dort funktioniert. Fakten sammeln, so viel wie möglich, heißt jetzt die Aufgabe.

Bringen Sie Ihre Armee in Stellung

Sie haben kein Netzwerk? Sie sind PN-freie Zone?
Sie werden sich wundern.
Nehmen Sie zu allererst Ihre Visitenkartenbox und machen Sie »Kassensturz«. Falls Sie so etwas nicht besitzen, dann schreiben Sie alle Personen auf, die Sie irgendwie kennen und kennengelernt haben. Schauen Sie in Ihr Handy, wen Sie dort alles gespeichert haben. Gehen Sie in Ihr Outlook- oder Mail-Programm, und schauen Sie nach, von wem Sie in den letzten zwölf Monaten persönliche E-Mails erhalten haben.
Alles kommt auf den Tisch:

- Kollegen
- Ex-Kollegen
- Schulfreunde, Lehrer, Professoren
- Ex-Vorgesetzte
- Kunden
- Ex-Kunden
- Partner
- Personen, die Ihnen E-Mails, Weihnachtskarten und Geburtstagsgrüße geschickt haben
- Ihre Business-Netzwerkkontakte, zum Beispiel bei XING, Plaxo, LinkedIn. Wer ist dort mit Ihnen vernetzt?
- Die Kontakte aus den »Social Netzwerken« (alleine in Deutschland gibt es über hundert davon), zum Beispiel Facebook, Lokalisten, StudiVZ, Stayfriends, mySpace, wer-kennt-wen u. v. m.
- Freunde

- Bekannte
- Verwandte, Familie
- Vereinskollegen, Bekannte von Sport, Spiel und Hobby (Golf, Tennis, Tauchclub, Kleingarten, Briefmarken- und Modelleisenbahnsammlerclub, Töpferkurs, Lambada-Tanzgruppe, Fitnessclub, überall, wo Sie aktiv sind)

Tipp: Empfehlungen zu Netzwerken finden Sie auf meiner Seite: *http://www.pape.de/kandi/netzwerke.htm*l

Das Netzwerk strategisch erweitern

Wenn das nicht reicht, dann erweitern Sie Ihr Netzwerk. Das sollten Sie in jedem Fall tun, um für Sie strategisch besonders wichtige Kontakte zu bekommen.

Gehen Sie auf Fachmessen, dorthin, wo sich die Branche trifft, in der Sie gerne aktiv werden möchten. Schauen Sie sich die Messestände an, das gibt Ihnen einen ersten Eindruck, wie die Firma sich präsentiert, sprechen Sie dort Personen an. Fragen Sie, wie es ihnen gefällt bei ihrem Arbeitgeber. Die Personen werden möglicherweise verblüfft sein, aber sicher gerne Auskunft geben. Eventuell können Sie eine Visitenkarte »abstauben«.

Besuchen Sie auch Kongresse und verfahren Sie dort ähnlich. Gehen Sie auf Hausmessen, viele Firmen bieten Tage der offenen Tür an.

Besuchen Sie spezielle Bewerber- und Kandidatenmessen, Karrieretage. Aber erst einmal nur zum Sammeln von Informationen und von Informanten. Outen Sie sich noch nicht, es sein denn, Sie finden dort etwas wirklich Spektakuläres, das Sie sofort fesselt. Dann können Sie schon vor Ort Kontakt aufnehmen. Aber unter Vorbehalt, lassen Sie sich noch nicht anmerken, dass Sie intensiv auf Jobsuche sind. Denken Sie daran, die Firma muss Sie überzeugen, nicht umgekehrt. Zieren Sie sich ganz bewusst.

Recherchieren Sie in »Google«, ob Ihre Traumfirma beziehungsweise Mitarbeiter davon, Vorlesungen halten, Vorträge oder Sonstiges. Nutzen Sie dazu auch Personen-Suchmaschinen. Besuchen Sie die Veranstaltung, wenn es möglich ist, und versuchen Sie, zu dem Redner Kontakt aufzunehmen. Schwärmen Sie von seiner Präsentation, und lassen Sie sich seine Visitenkarte geben.

Auf diese Weise können Sie jetzt vorsichtig und umsichtig direkt Kontakte knüpfen und Ihr Netzwerk erweitern. Das ist nun Ihre Armee. Schauen Sie sich Ihre Helden genau an. Hier liegt Ihr Schatz. Und ab jetzt sind Sie kein Jobsucher mehr, sondern Sie sind ein Profiler.

Sie sammeln Indizien, tragen Fakten zusammen, recherchieren und treffen dann Ihre Entscheidung. Sie fertigen ein exaktes Bild Ihres *Traumjobs* an.

Das Fahndungsfoto ist erstellt!

Ab jetzt sind Sie Special Agent Profiler!

Profilen und Netzwerken am Beispiel des Web 2.0

Wie wir mit den persönlichen Kontakten verfahren, haben wir im vorangegangenen Kapitel besprochen, jetzt geht es um das Kontakteknüpfen, -erweitern und das »Netzwerken« im World Wide Web, dem Internet. Den wenigsten ist bewusst, was für ein mächtiges Instrument es für die Jobsuche darstellt.

Neben den persönlichen Kontakten ist es nun *das* Informationsmedium für Sie. Es liefert eine Flut an Informationen und Meinungen, Hilfestellungen und Wegweisern, damit Sie zuverlässig und systematisch an Ihr Ziel kommen können. So gut wie keine Ihrer Fragen bleibt dort unbeantwortet.

Das Geheimnis ist nur: Wo finden Sie die Informationen, wen müssen Sie fragen, um die erwünschten Antworten zu bekommen?

Das Internet mit seinen unendlichen Möglichkeiten ist für unseren Zweck eine gigantische Allzweckwaffe, und durch das Web 2.0 mit seinen ganzen interaktiven Möglichkeiten das wertvollste und innovativste Instrument, das wir uns zur Meinungsbildung überhaupt vorstellen können.

Auch wer bisher noch nicht viel mit Computern und dem Internet zu tun hatte, wird sicher schon irgendwo etwas von Web 2.0 gehört oder gelesen haben, denn als Schlagwort hat der Begriff es nicht nur in Fachzeitschriften gebracht. Er steht für die Veränderung der Internetkultur hin zu mehr Beteiligung der Nutzer an der Gestaltung von Inhalten, zu mehr Vernetzung, zu neuen Kommunikations- und Arbeitsformen.

Das Web 1.0 bezeichnet die »Urform« des Internets, das eine Informationsplattform für jeden war. Es war und ist auch natürlich weiterhin ein reines Nachschlagewerk, eine Einbahnstraße für den Informationsfluss: Webseiten werden erstellt und bieten Informationen an. Vom Ersteller zum Nutzer. Nicht umgekehrt.

Web 2.0 ist die nächste Stufe, denn die Technologie hat sich weiterentwickelt. Jetzt ist aus dem Internet eine »Mitmach-Plattform« geworden, die es ermöglicht, dass nicht nur die Webseitenbetreiber Informationen ins Netz stellen, sondern auch die Benutzer selbst. Das beste Beispiel ist Wikipedia, ein Lexikon, das von dem Wissen der Benutzer lebt und sich permanent dadurch selbst weiterentwickelt. Bei Wikipedia kann jeder Inhalte erstellen und wird zum Mitmachen aufgefordert. Jeder kann bestimmen, was geschrieben wird, was hineinkommt, was es wert ist zu beschreiben und was nicht. Wikipedia ist ein gigantisches, quasi selbst lernendes und sich selbst entwickelndes und regulierendes Gebilde.

Aus einer Einbahnstraße ist eine mehrspurige Super-Autobahn in alle Richtungen geworden, und damit hat das Internet eine neue Dimension erhalten. Foren haben Einzug gehalten in die Internet-Welt, in denen diskutiert und Wissen ausgetauscht wird, Presseplattformen, bei denen die Artikel und News von den Benutzern geschrieben werden und nicht von Pressediensten.

Das jüngste Baby heißt Twitter, hier kann jeder unter dem Motto »What are you doing« online und lesbar für jeden beschreiben, was er gerade tut und was ihn momentan bewegt – gleichviel, ob die Welt diese Information auch wirklich braucht. Ob der Präsident der Vereinigten Staaten oder Brad Pitt oder der Bäckerlehrling von nebenan, jeder kann schreiben, was er gerade tut, und der gesamte Globus nimmt Anteil daran.

Flickr als Fotobörse für jedermann, youTube für Filme, Clips und Videos, Weblogs für beliebige Texte, Meinungen und Kommentare, alles sind Erfindungen, die erst das web 2.0 möglich gemacht hat.

Und die nächste Stufe ist schon geplant, das Web 3.0, man nennt es das »semantische Web«. Die Fülle an Informationen im Netz steigt so stark an, das man unweigerlich den Überblick verlieren muss. Daher entwickelt man gerade Methoden und Programmiersprachen, um mit den Suchbegriffen der Benutzer logischer, intuitiver und effektiver umgehen zu können. Die Web-Computer sollen intelligenter werden und »mitdenken«, was der Benutzer in dem Moment wirklich will oder sucht.

Kommen wir nun zur praktischen Anwendung des Web für unsere Zwecke. Das Web 2.0 hat auch das persönliche Netzwerken mit- und untereinander revolutioniert. Alle Gleichgesinnten haben jetzt eigene Plattformen, auf denen sie sich zusammenschließen und austauschen. Eine Ansammlung von Benutzern mit gleichen Interessen sozusagen, die sich untereinander vernetzen.

Schüler haben SchülerVZ, Studenten haben StudiVZ, wer sich sozial vernetzen will benutzt zunehmend Facebook, wer alte Schulfreunde sucht, der geht auf Stayfriends usw.

Für Geschäftsleute gibt es XING, LinkedIn, Plaxo und viele andere Netzwerke. Wie nutzen wir diese Plattformen nun für unsere Ziele und Zwecke?

Die Business-Plattformen am Beispiel XING

Nehmen wir ein Beispiel, damit die Technik des Recherchierens in sozialen Netzwerken und die weiteren Schritte klarwerden. Wie nun nachfolgend beschrieben, können Sie dann in anderen Plattformen genauso vorgehen.

XING (*www.xing.de*) ist der Marktführer der Business-Plattformen in Deutschland, sozusagen ein soziales Netz für Geschäftsleute. Begonnen als OpenBC, also »offener Business Club«, hat es sich gemausert, und inzwischen nutzen dort über sieben Millionen Geschäftsleute und Berufstätige dieses globale Business-Netzwerk in 16 Sprachen für Geschäft, Beruf und Karriere.

Sie sollten sich jetzt dort, als ersten Schachzug, anmelden und »Premium Mitglied« werden; die paar Euro im Monat sind gut investiert. Eine Basismitgliedschaft ist zwar kostenlos, aber Sie können dann nicht wirklich viel mit dem Netzwerk anfangen. Melden Sie sich also an, und füllen Sie Ihr Profil aus. Dann sehen auch andere, was und wer Sie sind und was Sie beruflich und privat machen.

Schreiben Sie aber keinesfalls, dass Sie Jobsucher sind. Zählen Sie Ihre Qualifikationen auf, Ihre Erfahrungen, Ihre Kenntnisse. Ihr Profil ist dann wie eine eigene kleine Webseite, auf der Sie sich selbst indirekt »verkaufen«. Das Profil ist auch für Nicht-XING-Mitglieder später sichtbar, seien Sie sich dessen bewusst. Viele Headhunter nutzen XING sehr gerne und ausgiebig, um dort in den Profilen der Mitglieder zu recherchieren. Ihr Text sollte daher voll sein mit den »Suchwörtern«, sogenannten »Keywords«, unter denen man Sie finden kann und auch soll. Also schreiben Sie alle Ihre fachlichen Qualifikationen, Kenntnisse und Erfahrungen in Ihr Profil. Eventuell werden Sie ja dadurch von einer Personalberatung kontaktiert. Sie können sich also hervorragend präsentieren, ohne sich als Suchender zu outen. Das ist ein wichtiges Ziel Ihrer Mitgliedschaft. Sie machen auf sich aufmerksam, das ist »Personal Branding« in Reinstform.

Manche Ratgeber empfehlen, eine eigene Webseite im Internet zu führen, die den persönlichen Lebenslauf enthält. Davon halte ich nun gar nichts, denn hier weisen Sie viel zu vordergründig darauf hin, dass Sie einen Job suchen, und jeder Arbeitgeber fühlt sich dann auch nur als »Durchgangsstation«. Wie lange wird man bleiben? Ich bekomme manchmal nur einen Link von einem Bewerber geschickt zu »seiner Seite«, auf die er ganz stolz ist, aber was soll ich damit anfangen? Was soll mir das sagen?

Eine zweite Möglichkeit von XING ist es dann, nachdem Sie Ihr Profil erstellt haben, sich den vielfältigen Diskussionsgruppen anzuschließen. Suchen Sie Themen, die zu Ihnen und vor allem zu Ihrem Traumjob-Szenario passen. Diskutieren Sie fleißig mit, auch so bekommen Sie Kontakte zu Ihrem Zielumfeld und machen sich so populär. Denken Sie daran, »every news is good news«, also alles, was Sie schreiben und beitragen, ist gut für Ihre Popularität und Akzeptanz in der

Gruppe. Helfen Sie der Gruppe mit Beiträgen und Erfahrungen, und man wird Ihnen helfen.

Sie werden aber auch schnell merken, eine bessere Recherche-Möglichkeit gibt es nicht. Die Mitglieder sind ja ganz bewusst dort gemeldet, weil sie in erster Linie »kontakten« wollen. Tun Sie Ihnen also auch den Gefallen. Sie sind unter gleichgesinnten »Netzwerkern«. Sie brauchen dabei keine Hemmungen zu haben.

Sie können gleich loslegen und nach Ihren Zielfirmen suchen, indem Sie bei dem Punkt Personensuche nach der aktuellen oder vorherigen Firma Ausschau halten. Sie bekommen dann direkt die Mitarbeiter, schön sortiert und aufgereiht. Diese können Sie nun ansprechen und zum Beispiel fragen, wie zufrieden sie mit ihrer jetzigen Firma sind.

Fangen Sie an zu plaudern und zu fragen. Aber eines ist ganz wichtig: Nerven Sie die Menschen nicht zu sehr mit Ihren Bedürfnissen, das interessiert erst mal niemanden. Geben Sie ihnen nicht das Gefühl, Sie wollen sie nur benutzen und sie müssten Ihnen jetzt unbedingt bei der Jobsuche helfen. Tun Sie das keinesfalls, das ist beim Erstkontakt zu früh und schreckt ab. Es ist aufdringlich, und niemand mag es, genötigt zu werden.

Aber jeder wird gerne um seine Meinung und um seinen Rat gefragt! Wenn Sie höflich fragen, werden Sie staunen, wie viele Infos Sie sammeln werden. Jeder Mensch redet gerne, das sollten Sie nutzen, vorausgesetzt, er fühlt sich wohl im Gespräch mit Ihnen und nicht benutzt oder instrumentalisiert.

Also werden Sie nicht gleich zu aufdringlich, bleiben Sie diplomatisch! Sagen Sie nicht: »Können Sie eventuell was für mich tun?«, sonst machen Sie sich schnell unbeliebt und erreichen das Gegenteil von dem, was Sie wollten. Der Angesprochene macht dann zu. Aber wenn Sie sich nach seiner Meinung über das Unternehmen X erkundigen, dann wird er gerne mit Ihnen plaudern und sich geschmeichelt fühlen, weil Sie seinen Rat hören wollen.

Natürlich dürfen Sie erwähnen, warum Sie das alles fragen und warum Sie das wissen wollen. Dass Sie sich mit der Firma gerade beschäftigen, sie interessant finden und wissen wollen, ob die Kultur wirklich so gut ist – das dürfen Sie preisgeben. Ganz wichtig: Bleiben Sie unaufdringlich dabei!

Wenn es gut läuft in dem Gespräch, dann machen Sie den nächsten Schachzug.

Vielleicht nicht gleich beim ersten Mal, aber beim nächsten »Kontakten« fragen Sie, ob das Unternehmen grundsätzlich einstellt und wer denn die wichtigsten Entscheidungsträger in der Firma sind. Auch diese Namen werden Ihnen sicher gerne genannt werden, und schon haben Sie alles, was Sie brauchen. Wenn Sie die Person bereits besser kennen, fragen Sie sie, ob Sie ihren Namen als Referenz benutzen dürfen. Dann haben Sie Super-Bingo!

Tipp: Eine andere, sehr wertvolle Form, nach Ihrem Traumjob und Ihrer Traumfirma zu fahnden, ist es, wenn Sie in XING die Suchfunktionen invers nutzen. Fahnden Sie auf der Suche nach Personen nach Ihren eigenen Kenntnissen und speziellen Know-how-Themen und -Fähigkeiten – und Sie finden die Personen, die die gleichen Kenntnisse haben. So weit, so gut. Und nun? Was sagt uns das dann? Genau! Schauen Sie sich an, wo diese Personen arbeiten, denn in dieser Firma braucht man genau Ihr Know how. Dort haben Sie einen hohen Marktwert. Dort könnten Sie gut passen.

Falls Sie sich noch anonym bewegen wollen, können Sie auch einen zweiten Account erstellen, bei dem Sie noch nicht viel über sich preisgeben. So können Sie anonymer »surfen«, ohne sich gleich bloßzustellen.

Foren und Blogs

Andere wichtige Informationsquellen für Sie sind Foren und Blogs. Foren sind fachbezogene Diskussionsplattformen, auf denen man sich über spezielle Fachgebiete oder gemeinsame Interessen austauscht. Sie sind in der Regel themenbezogen, es gibt sie zu wirklich allen Bereichen. Und überall werden Sie informiert. Eine geniale Sache für Ihre Zwecke. Und wenn Sie eine Frage haben, können Sie sich in dem betreffenden Forum anmelden und Ihre Fragen stellen. Sie bleiben anonym und werden ungeschminkte Wahrheiten erfahren.

Nehmen wir auch hier ein praktisches Beispiel. Sie würden gerne bei einer bestimmten Automobilfirma im Verkauf arbeiten. Das ist Ihr Traumjob. Wenn Sie in die »Google«-Suche jetzt eingeben »Automarke + Verkauf«, dann werden Sie Foren finden, in denen sich Mitarbeiter von »Automarke X« äußern und ihre Meinung zu nahezu allen Themen abgeben. Was verdient ein Verkäufer dort? Wie ist die Arbeitszeit geregelt, wie ist das Arbeitsklima usw. Es ist ein Paradies für Sie als Profiler.

Zu jedem Unternehmen und zu jedem Job gibt es immer jemanden, der seine Meinung im Web dazu äußert und seine Erfahrungen preisgibt.

Genauso verhält es sich mit den sogenannten »Blogs«. Das sind Tagebücher im Web, und man glaubt gar nicht, wie viele Menschen es gibt, die ihre Ansichten und Meinungen ins Netz schreiben und ein für jedermann offenes Tagebuch führen. Meinungsexhibitionisten, die über ihr Leben, ihre Erfahrungen und darüber, was sie gerade tun, hemmungslos berichten. Also nur zu, trauen Sie sich. Sie werden sich wundern, was Sie alles erfahren.

Personensuchmaschinen –
schon von Web-Reputation gehört?

Ein weiteres geeignetes Instrument für unsere Recherchearbeit im Internet sind »Personensuchmaschinen«. Jawohl! Neues Internet-Kunstwort. So komisch es klingt: Maschine sucht Person. Diese Webseiten starten seit 2008 so richtig durch und gehören zu den Gewinnern im Internet.

Geben Sie einfach den Namen einer Person ein, und Sie erfahren dann, was das Web über sie »weiß«. Machen Sie sich einmal den Spaß, und probieren Sie es mit Ihrem Namen aus. Sie werden sich wundern, was so alles über Sie gefunden wird, falls Sie im Internet aktiv sind. Wird nichts gefunden, kann man das sehen, wie man will. Einige Freaks behaupten, wenn das Internet nichts über Sie findet, dann sollten Sie mal Ihren Puls fühlen, denn eigentlich existieren Sie gar nicht. So weit will ich aber nicht gehen.

Auf diese Weise können Sie sich jedenfalls nach bestimmten Personen oder Namen erkundigen, nach Menschen, die Sie gerne kontaktieren wollen und über die Sie zunächst etwas mehr erfahren möchten.

Das ist die gute Nachricht. Es gibt aber noch eine zweite Seite dieser Medaille. Auf die möchte ich nun noch etwas genauer eingehen.

Das Internet weiß inzwischen vieles – um nicht zu sagen *alles*. Und es vergisst nicht. Es weiß also auch alles über Sie, beziehungsweise findet alles über Sie, was im weiten Netz an Informationen vorhanden ist. Damit gibt es ein Gesamtbild über Sie ab, das nicht immer so vorteilhaft und von Ihnen gewünscht ist.

Man nennt dieses Bild die »Web-Reputation«, also den Ruf, den Sie im Internet haben. Oder das, was man anhand der Informationen über Sie findet und sich zusammenreimt. Den Ruf gibt es inzwischen quasi »auf dem Silbertablett« und es ist zu einem nicht zu unterschätzenden Instrument gerade für gewiefte Personalverantwortliche und Headhunter geworden.

Vorsicht also, wenn Sie bereits im Internet in privaten Foren aktiv sind und dort zum Beispiel lustige Fotos von sich veröffentlicht haben. Oder seltsame Kommentare abgeben.

Die Suchmaschinen finden alles und stellen es dem Sucher komfortabel zusammen.

123people.com und *Yasni.de* sind derzeit die prominentesten Vertreter dieses Services. Auf diesen Plattformen können Sie mit deren Hilfe Ihren Ruf sogar richtiggehend »managen«. Diese Suchmaschinen durchforsten das Web nach Ihrem Namen und finden Texte, Bilder oder sonstige Daten, egal ob Medienberichte, Netzwerk-Profile oder Forenbeiträge. Sie können das sogar selbst zusammenstellen, wenn Sie stolz darauf sind. Sie erstellen dort ein Profil über sich und fügen die Suchergebnisse hinzu. Dann können Freunde oder Menschen, die Sie kennen, diese Suchergebnisse bewerten und kommentieren.

Ob das nun wirklich das Gelbe vom Ei ist, sei mal dahingestellt. In jedem Fall sollten Sie es wissen, denn wenn Sie sich als seriöser Kandidat »verkaufen« wollen und private Fotos zeigen Sie in eindeutiger Promille-Position an einer Strandbar – und Sie kommentieren das Ganze noch mit einem ausdrucksvollen: »Arbeit – *nie wieder*!« –, ob das dann so gut ist für Ihre Web-Reputation und Ihre Jobsuche?

Es ist also wichtig, dass Ihr Engagement im Internet sehr gezielt und nach Ihren aktuellen Bedürfnissen ausgerichtet ist. Vermeiden Sie also unbedingt, Ihr – falls vorhanden – ausschweifendes Privatleben im Internet darzustellen, alle daran teilhaben lassen zu wollen und auch noch zweideutig zu bebildern!

Die wichtigsten Sammlerstücke

Sie sind jetzt mittendrin in Ihrer Recherche Und Sie merken, dass Ihnen das sogar Spaß macht. Sie waren noch nie so gut informiert und aktiv, und auch Ihr PN nimmt Formen an. Wenn Sie Ihre Zielfirmen gefunden haben, dann geht es als Nächstes darum, die Personen in diesen Firmen ausfindig zu machen, die dort für Sie von Bedeutung sind.

Sie sollten wissen, dass die meisten Entscheidungen über neue Mitarbeiter in den Fachabteilungen und im Management gefällt werden. Weniger in den Personalabteilungen, auch wenn das jetzt vermutlich Ihre naheliegendsten Ansprechpartner wären.

Personaler sind meist die Ausführer einer Suche, aber nicht die wahren Entscheider über einen neuen Job oder dessen Besetzung. Oft wissen die Personalabteilungen noch gar nicht, dass eine neue Stelle geplant ist, weil im Management gerade darüber nachgedacht wird. Das ist die beste aller Voraussetzungen für Sie, um dort zuzuschlagen. Danach sollten Sie auch fahnden, denn hier gibt es überhaupt noch keine Konkurrenz für Sie. Wenn man dort auf Ihre Person anspringt, dann haben Sie das Feld für sich allein. Sie können also auch nach Jobs suchen, die es noch gar nicht gibt. Klingt komisch, ist aber so. Sie sind dann der erste und einzige Kandidat. Eine Firma muss keinen Aufwand in die Suche stecken, Sie haben also einen entscheidenden Vorteil. Wenn Sie dann noch kurzfristig verfügbar sind und diese Stelle schnell antreten könnten, dann ist das ein zusätzliches starkes Argument für Sie. Seien Sie sich also bewusst, dass ein Unternehmen nicht immer Jobs ausgeschrieben haben muss, um für Sie ein potenzieller Arbeitgeber zu sein. Sie können und sollten trotzdem Kontakt aufnehmen, denn der Job entsteht eventuell gerade oder wird im Verlauf der Gespräche mit Ihnen erst geboren. Auch das ist in der Praxis möglich.

Es kann auch sein, dass eine Umbesetzung ansteht oder eine Person ersetzt werden soll. Das geschieht in der Regel meist lautlos. Es ist also sehr selten, dass eine Firma keine Fluktuation und keinen Personalbedarf hat, es gibt immer irgendwo Jobs – unabhängig von der Konjunktur. Ist sie oben, dann wird expandiert, ist sie unten, dann wird Personal ausgetauscht.

Ihr Ziel muss demnach sein, die wirklichen Entscheidungsträger herauszufinden und diese dann gezielt zu kontaktieren. Das erläutern wir später noch genauer, aber Sie sehen, jetzt sind Sie schon mittendrin, im Herzen der Firma angelangt, dort, wo die Musik spielt, wo die Entscheidungen fallen. Fragen Sie Ihr PN, wie die Entscheidungswege sind bei Einstellungen und wer in der Regel die Macher dabei sind.

Fragen, auf die Sie Antworten von Ihrem Netzwerk benötigen:

- Wer ist der Geschäftsführer, Vorstand, Inhaber, der technische Leiter, der CFO, der Personalchef?
- Wie ist die Firma organisiert?
- Wie ist das Arbeitsklima?
- Wer sind im Unternehmen die Entscheider, die starken Leute?

- Wie sind generell die Entscheidungswege bei Personaleinstellungen?
- Welche Wertigkeit hat die Personalabteilung?
- Werden derzeit Stellen besetzt? Wenn ja, wo? Wer sind in den Fachabteilungen die Verantwortlichen?
- Gibt es Anzeichen für offene Stellen, wo wird vermutlich expandiert und aufgebaut?
- Werden bestehende Mitarbeiter gerade ausgetauscht?
- Nutzt man Headhunter für die Personalsuchen, wenn ja, welche?
- Werden immer alle Stellen auf der Website ausgeschrieben?
- Darf ich mich auf meine Kontaktperson beziehen, wenn ich mich mit dem Unternehmen in Verbindung setze?

Personalberater als Teil Ihres Netzwerks

Immerhin ist Personalberater oder Headhunter ein angesehener Beruf. Jawohl. Ich erlebe es immer wieder – kaum habe ich erwähnt, was ich beruflich tue –, dass mein Gesprächspartner ein Flimmern in seine Augen bekommt. Es ist dieses erwartungsfrohe Pupillenrattern: »Der Typ könnte mir hilfreich sein.« Unweigerlich hellt sich die Mine des Gegenübers auf, und ehe man sich versieht, hat man den Lebenslauf des Gesprächspartners unter den Arm gesteckt bekommen. Oder die berufliche Lebensgeschichte in der 30-minütigen Kurzform. Es ist ähnlich wie bei einem Arzt, der sich unvorsichtigerweise auf einer Party als weißer Halbgott geoutet hat und dem jetzt sofort aufgetischt wird, wo es seinem Gesprächspartner gerade wehtut.

Auch Anwälte können in das gleiche Lied mit einstimmen und sich über die Fälle freuen, die sie beim Party-Smalltalk zwischen Hackbällchen und Halbgefrorenem lösen sollen. Da es uns Personalberatern ähnlich ergeht, vermeide ich in der Regel mein berufliches Coming-out bei solchen Anlässen.

Personalberater ist kein klassischer Ausbildungsberuf, den man typisch und formal erlernt, und es gibt leider auch keine nachvollziehbare Ausbildung oder Zertifizierungsgrundlage, nach der man die Qualität und Seriosität der Arbeit dieser Berufsgruppe faktisch beurteilen kann. Auch eine Mitgliedschaft in Gremien wie dem BDU (Bund deutscher Unternehmensberater) ist kein orientierungswürdiges Qualitätssiegel, obwohl dieser das gerne so hätte. Jeder, der zahlungskräftig ist und ein wenig auf den Busch klopft, kann mit ein paar einfachen Kniffen Mitglied im BDU werden. Und eine Mitgliedschaft in einem Verein sagt noch lange nichts über die Qualifikation des jeweiligen Mitglieds aus.

Somit ranken sich viele Mythen darum, wer denn die besten Headhunter im Lande sind. Und einige Webseitenbetreiber und Anbieter im Internet verdienen richtig Geld damit, die geheimnisvollen Listen der »wirklich wichtigen Headhunter« zum Kauf anzubieten. Die ultimative Chartshow der Personalberater!

Hier kursiert sehr viel Material, das meist kompletter Unfug ist, denn die wenigsten, die solche Listen veröffentlichen, wissen, was sie da genau aufzählen. Brancheninsider sind sie jedenfalls nicht, denn wer möchte schon die eigene Konkurrenz starkreden? Meist ist es nur ein wildes Adressensammeln. Das wäre in etwa so, als ob man alle Ärzte, die man im Internet gefunden hat, untereinander aufgereiht und eine schicke Excel-Liste daraus gemacht und diese dann vollmundig als Insider-Know-how vermarktet hätte: Hier ist die ultimative Topliste aller Schönheitschirurgen! Schönheitschirurg darf sich nämlich jeder Arzt nennen, der eine Approbation hat. Es ist zwar nicht grundsätzlich falsch, aber trotzdem kompletter Unsinn. Nette Geschäftsidee!

Trauen Sie also diesen Listen nur sehr bedingt und vor allem, zahlen Sie kein Geld dafür. In diesem Fall ist selber recherchieren besser, zielsicherer und auch billiger. Wie Sie dabei vorgehen sollen, beleuchten wir noch. Und um Gottes willen, schicken Sie bitte niemals, also wirklich niemals allen Headhuntern auf Ihrer Chartshow-Liste Ihren Lebenslauf. Quasi als nette Serien-Mail. Ich bekomme täglich ungefähr zwei davon. Und freu mich immer riesig über die Zuwendung ...

Die Liste der wichtigen Headhunter

Ich habe Ihnen als Orientierungsgrundlage auf meiner Website eine Liste derjenigen Personalberater zusammengestellt, die in meinen Augen seriös agieren.

Sie finden sie hier:

→ *http://www.pape.de/headhunter.html*

Wir werden nun für die Traumjob-Suche unser PN erweitern und einen zweiten wichtigen Bereich hinzunehmen und dadurch die Treffsicherheit weiter erhöhen. Headhunter kann man sich äußerst effektiv für seine Zwecke zunutze machen.

Immerhin haben wir gelernt, dass sie einen sehr großen Einfluss haben, wenn Positionen in Unternehmen zu besetzen sind. Ich werde nun darauf eingehen, wie mein Berufsstand agiert, damit Sie sich ein Bild machen können, wie man sinnvoll vorgeht, um seine Interessen dort umzusetzen.

Wie arbeiten Personalberater?

Immer dann, wenn die Suche eines Unternehmens nach Personal nicht zum gewünschten Erfolg geführt hat, kommt in der Regel ein Personalberater ins Spiel. Er ist ein »externer Personalsucher« und hat sich auf bestimmte Methoden der Kandidatenfindung spezialisiert. Jeder Consultant hat hierbei sein eigenes Rezept. Der Headhunter von Welt spricht übrigens bei einem Auftrag von einem Suchmandat und er hat auch keine Kunden, sondern Klienten. Haben wir das schon einmal geklärt.

Personalberater sind ein wichtiges Glied im Arbeitsmarkt. Je nach Branche werden über 70 Prozent aller Führungspositionen über sie besetzt, aber in stark zunehmendem Maße auch Fachpositionen. Sogar Berufseinsteiger und Studienabsolventen werden von darauf spezialisierten Beratern vermittelt.

Grundsätzlich unterscheidet man zwischen »passiver« und »aktiver« Suche. Mit »passiver« Suche bezeichnet man anzeigengestützte Suchformen, weil das Ergebnis nicht direkt beeinflusst werden kann. Man textet und gestaltet eine Anzeige für eine Zeitung oder Stellenbörse im Internet, das war es dann aber auch schon mit dem aktiven und kreativen Teil. Man kann nun eigentlich nur warten und ist abhängig davon, was an Bewerbungen »reinkommt«. Das kann, muss aber nicht zum Ziel führen.

Es gibt Personalberatungen, die sich auf diese passive Suche spezialisiert haben, also mit Stellenanzeigen in Zeitungen oder im Internet arbeiten und auf diesem Weg den Erfolg und die zukünftigen Mitarbeiter für ihre Kunden suchen. Das sind die Beratungsfirmen, die Sie auch vermutlich aus »Film, Funk und Fernsehen«, eher aber aus den Wochenendausgaben der Tageszeitungen kennen. Denn deren Popularität kommt aus ihrer Präsenz in den Medien und vor allem aus dem Anzeigenteil namhafter Zeitungen. Diese Beratungsfirmen verbreiten dort die »Ruuuf-an!«-Mentalität und dekorieren ihre Anzeigen (»Wir suchen im Auftrag unseres Mandanten …«) mit lustigen Telefonhörern.

Wer beauftragt nun Berater, die auf die Suche über Stellenanzeigen spezialisiert sind?

Meistens sind es mittelständige Unternehmen, die zum Beispiel keinen klangvollen »Namen« im Arbeitsmarkt haben und sich daher über eine anonyme Anzeigenschaltung durch eine Beratungsfirma, in der vollmundig für »einen namhaften Player« Personal gesucht wird, eher Erfolg erhoffen. It is all about illusion. Denn wer über einen klangvollen »Brand« verfügt, der zeigt ihn auch gerne und demonstriert mit einer selbst geschalteten Anzeige der Konkurrenz, dass man wächst und es einem gutgeht.

Andere Auftraggeber sind Unternehmen, die keine Arbeit mit der Abwicklung einer Stellenanzeige haben wollen oder die nicht über eine eigene Personalabteilung verfügen, die den hohen administrativen Aufwand für die Abwicklung übernehmen kann.

Ein weiterer Grund ist, wenn die Suche anonym bleiben soll, weil die Stelle noch besetzt ist und die Person, die den Job derzeit innehat, noch nichts von ihrem Glück weiß.

Die Beratungen, die sich auf »Anzeigen schalten« spezialisiert haben, sind also die, deren Namen man schon einmal gehört hat und die man damit als »Headhunter« bezeichnen würde. Das sehen jedoch die »wahren« Koryphäen der Personalberaterzunft völlig anders. Sie wenden sich beim Erwähnen der Namen dieser »lieben Kollegen« nur irritiert ab und wollen damit keinesfalls in Verbindung gebracht werden.

Die »wahren« Personalberatungen distanzieren sich von dieser aus ihrer Sicht primitiven Suchmethode (»Anzeigen schalten – wo ist da die Kunst?«) und sehen sich als die eigentlichen Vertreter ihrer elitären Gattung. Nur sie spielen in der Champions-League, die anderen in der Kreisklasse. Sie haben für die »Anzeigenbuden« nur Spott und Hohn übrig.

Ich rede von den »Executive Search Consultants«, die sich als Crème double der Berater verstehen und leichtfüßig über das Jobparkett tänzelnd diese aktive Form der Personalsuche als die einzig wahre vertreten. Das hat damit zu tun, dass bei einer anzeigengestützten Suche nicht der bestmögliche Kandidat für eine Position gefunden wird, sondern nur derjenige, der am Wochenende zufällig die *FAZ* oder *Süddeutsche* gelesen hat. Ein wenig haben sie ja damit auch Recht, wie wir ja bereits wissen. Und ich sollte nicht so polemisch schreiben, denn ich bin ja auch ein Vertreter dieser Gattung. Wobei wir als Beratung je nach Aufgabenstellung, Position und vorhandenem Budget individuell entscheiden und alle Suchmethoden – ob »Executive Search«, Anzeigenschaltung oder andere Varianten – im Repertoire haben.

Diese puristischen Berater sind kaum bekannt, weil sie eigentlich gar nicht in der Öffentlichkeit agieren.

Was versteht man nun unter dieser Suchmethode, die auch »Direct Search« oder auf Deutsch einfach »Direktsuche« genannt wird?

Der »Executive-Search«-Berater sucht seine Kandidaten völlig anders als sein herkömmlicher Kollege. Er betreibt die Methode der direkten Ansprache von geeigneten Personen. Die Bezeichnung »Executive Search« kommt aus den USA und stammt daher, dass man früher dort die Firmenbosse auf diese Art und Weise gesucht hat. Das erste und älteste Unternehmen mit dieser Methodik war die 1926 gegründete »Thorndike Deland Associates« in New York, das 2001 unter dem Namen »Thorndike Deland Executive Placement Bureau« seinen Betrieb einstellen musste.

Inzwischen hat sich diese anfangs rein elitäre Suche für Top-Führungskräfte stark ausgeweitet, schon längst werden nicht nur Top-Manager so gesucht. Selbst Ingenieure, Assistentinnen, Köche, Filialleiter, Fachpersonal – viele Berufsgruppen sind inzwischen im Visier dieser Suchform. Sie ist sehr populär geworden, vor allem, weil sie, wenn auch teuer, doch sehr zuverlässig ist. Und die Qualität der Kandidaten überzeugt. Auf dem deutschen Markt sind »Executive Search«-Unternehmen seit Ende der 1960er Jahre präsent.

Übrigens: Eine Abgrenzung der »Executive Search«-Berater zu den »Headhuntern« ist schwierig und auch nicht eindeutig definiert. Im Volksmund ist der Begriff des »Kopfjägers« für alle Personalberater gültig, da die Unterschiede zwischen ihnen nicht so bekannt sind. Einen anzeigengestützten Sucher würde man ansonsten sicher nicht als Kopfjäger bezeichnen. Ich persönlich finde den Begriff »Headhunter« bedingt schön, habe mich aber inzwischen daran gewöhnt.

Man kann sich seinen Spitznamen eben nicht immer aussuchen, aber besser als »Bum-Bum-Boris« oder »Laber-Loddar« ist es allemal.

Wie läuft eine Direktsuche ab?

Der Berater vereinbart zuallererst mit seinem Klienten ein festes Honorar, wobei hier zu erwähnen ist, dass dies keine »Erfolgsprämie« ist. Wir distanzieren uns sehr vehement von den sogenannten »Personalvermittlern«. Letztere werden in der Regel erfolgsabhängig vergütet und können eher unter dem Begriff eines Lebenslaufmaklers einsortiert werden. Eine völlig anders agierende Spezies also, auf die wir noch eingehen werden und die für unsere Zwecke ungeeignet ist. Viele Zeitarbeitsfirmen haben diese Vorgehensweise im Repertoire und nennen sich auch Personaldienstleister. Verwirrend, also aufgepasst!

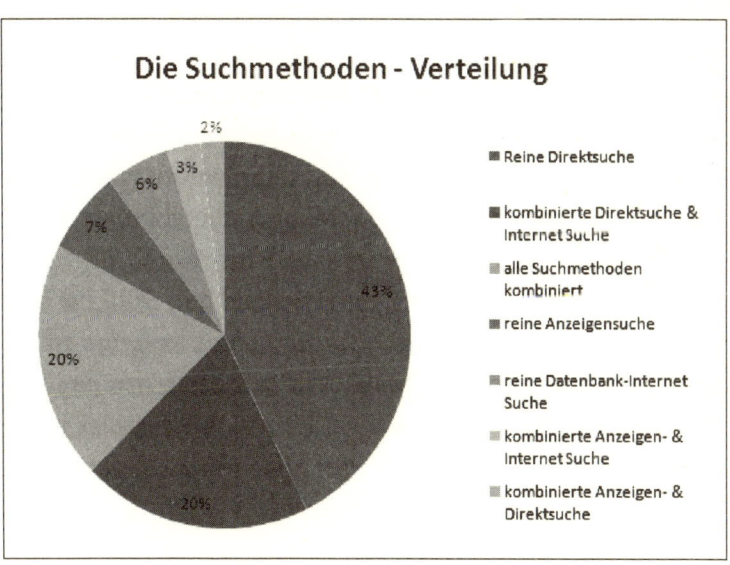

Die unterschiedlichen Suchmethoden der Headhunter   (Quelle: BDU-Jahresbericht 2009)

Zurück zum Thema. Der Erfolg bei der Fahndung nach dem richtigen Mitarbeiter wird im »Direct Search« immer vorausgesetzt, die Bezahlung erfolgt nach Projektfortschritt oder nach einem festgelegten zeitlichen Ablauf, in der Regel in drei Stufen. Ein Drittel bei Projektbeginn, ein Drittel bei Vorstellung der ersten Kandidaten und das letzte Drittel bei Projektende. Man beauftragt den Personalberater in diesem Sinne wie einen Rechtsanwalt, den man als Unterstützung in einem juristischen Fall zurate zieht. Ein Anwalt erhält sein Geld auch für seine geleistete Arbeit, nicht nur, wenn er den Prozess gewinnt.

Die Honorierung erfolgt also für eine sehr aufwendige Dienstleistung (Dienstleistungsvertrag) und ist nicht gekoppelt an das Ergebnis (den Besetzungserfolg). Bei guten und seriösen Personalberatungen liegt der Erfolg auch bei stattlichen 80–90 Prozent und mehr, das heißt 80–90 Prozent aller getätigten Suchen werden mit einem Kandidaten, der einen Arbeitsvertrag unterzeichnet, abgeschlossen.

Renommierte Beratungen übernehmen üblicherweise noch eine Garantie für den Klienten und suchen kostenlos nach einem Ersatz, falls der erste Kandidat die Probezeit nicht besteht oder von sich aus kündigt.

Es gibt leider auch Beratungen, die weit weniger als die Hälfte ihrer Projekte erfolgreich zu Ende bringen. Gründe dafür gibt es viele, denn es existieren keine festen Regeln, jeder Berater hat sein eigenes Rezept und nicht jedes ist gut. Manche Berater kennen den Markt nicht, in dem sie sich selbst vollmundig als Spezialisten bezeichnen, andere sind nicht in der Lage, einen Kandidaten von einer Veränderung zu überzeugen.

Natürlich sind die Klienten dann verärgert, wenn sie keinen idealen Kandidaten präsentiert bekommen, für diese Tatsache aber viel Geld zu bezahlen haben. Leider stellen auch einige der großen internationalen Beratungen häufig nach einigen Wochen ihre Suche ein, weil sie nun »durch sind« und leider nichts gefunden haben. Und der Klient glaubt auch noch, wenn »die nichts finden«, dann wird das schon seine Richtigkeit haben – was natürlich in der Schlussfolgerung kompletter Unfug ist. Der Kunde darf doch erwarten, dass ein Berater gefälligst so lange sucht, bis die vakante Position besetzt ist. Bei vielen Beratungen mit großem Kostenapparat lohnt sich dies aber nicht und so hören sie dann einfach irgendwann auf. Der Kunde erhält als Belohnung einen dicken Abschlussbericht, in dem die Gründe für die ergebnislose Suche ausführlich dargelegt sind. Zusammen mit der Abschlussrechnung. Herrlich!

Sie sehen schon, es gibt große Unterschiede in der Qualität der Beraterarbeit und in der Art der Umsetzung. Wie im richtigen Leben eben auch. Jeder kann den Beruf des Personalberaters ausüben und tut das mehr oder weniger gut.

Gehen wir nun aber vom Idealfall aus und unterstellen das Beste.

Der Personalberater erhält einen Suchauftrag mit der Zielvorgabe für den »idealen Kandidaten«. Wie soll er aussehen, wo soll er herkommen, welche Eigenschaften muss er haben und was muss er mitbringen? Das alles wird im Vorfeld definiert, der Klient bastelt sich wie im Modellbau seinen Wunschmitarbeiter. Und dann legt der Headhunter endlich los und sucht.

Anforderungen, Kenntnisse, Fähigkeiten, Erfahrungen, alles wird vom Berater am Anfang seiner Suche zunächst genauestens schriftlich definiert und festgehalten. Daraus erstellt er eine Jobbeschreibung und eine »Zielfirmenliste«, die vorgibt, aus welchen Unternehmen die ideale Person kommen soll. Diese Liste ist die Basis für die Suche, das bevorzugte Jagdrevier des Beraters, hier wird er sich nun auf die Pirsch begeben.

Sind alle Vorgaben mit dem Klienten abgestimmt, tritt zunächst der »Identer« oder »Researcher« in Aktion, die wichtige zweite Person im Team. Diese »Spürnasen« im Hintergrund sind die Detektive der Branche und ein äußerst gefragter Berufsstand, denn sie verschaffen sich einen Überblick über die relevanten Unternehmen und spionieren aus, wo »die besten Kandidaten« im Fahndungsgebiet sind.

Ein geübter Researcher zeichnet in wenigen Stunden seine »Akte investigativ«, ein Abbild jeder gewünschten Abteilung mit Namen der Mitarbeiter, Telefonnummern, Qualifikation, Alter und vielem mehr. Wie er das macht ist wohlgehütetes Know-how, und jeder dieser »Detektive« hat seine eigenen Methoden.

Mehr und mehr versuchen Firmen, sich vor diesen ungeliebten Spürnasen zu schützen, indem sie zum Beispiel strenge Telefonregeln für alle Mitarbeiter aufstellen. Headhunter-Abschirm-Dienstregeln quasi. Keine Informationen bei zwielichtigen Anrufen, komischen Aussagen oder dummen oder verdächtigen Fragen! Mein Mund ist ein Strich!

Ich muss sie, liebe Headhunter-abgeschirmte Firma, an dieser Stelle leider enttäuschen. Das bringt nichts. Gar nichts.

Nur ein Schmunzeln auf das Gesicht des Profilers. Jeder Researcher wird erst recht an seiner Berufsehre gepackt. Und er wird fündig werden. Garantiert.

Die Frage bleibt auch, was ist wichtiger? Eventuell einen möglichen Kunden zu verärgern, der vielleicht gerade die falsche Frage stellt und ziemlich bedröppelt als Headhunter beschimpft wird, der sich zum Teufel scheren soll – oder einen potenziellen Researcher bei der Arbeit zu ertappen?

In Zeiten des Internets ist das ohnehin ein hoffnungsloses Unterfangen, und schon lange nicht mehr ist das Telefon das alleinige Recherchewerkzeug. Diesen Kampf verliert also jedes Unternehmen; in meinem Empfinden sollte man seine Energie auch eher dahin lenken, die Mitarbeiter zufriedenzustellen. Denn einen glücklichen und – wir wissen ja nun – begeisterten Mitarbeiter kann man nicht abwerben, und das ist der beste Schutz.

Eigene Datenbanken, Branchenkenntnisse, Empfehlungen, Referenzen, das Internet und das sogenannte »Sourcing« unterstützen die Arbeit des Researchers, der eng mit dem Berater zusammenarbeitet. »Sourcing« ist eine besondere Form der Empfehlung: Aus bestimmten Quellen werden gezielt Informationen abgefragt, wer wo einen guten Job macht. Oft ist der Berater auch sein eigener Researcher und alles in einer Person. Es gibt in der Branche viele »Einzelkämpfer« und Lonely Cowboys.

Der Personalberater erhält dann die Details über die so herausgefundenen potenziellen Kandidaten und führt ein erstes Kontaktgespräch am Telefon und vereinbart mit den interessanteren Personen Interview-Termine. Dann stellt er seinem

Klienten seine besten Kandidaten vor und läuft in dieser Endlosschleife so lange, bis die Position besetzt ist.

Der seriöse Personalberater muss zuallererst eine Vertrauensperson des Unternehmens sein. Ohne Insiderkenntnisse über die Entscheidungsträger, Firmenkultur, Organisation und geschäftliche Situation könnte er keine passenden Mitarbeiter suchen und finden. Und er könnte auch keinen angesprochenen Kandidaten seriös beraten, ob der Wechsel zu dieser Firma Sinn macht. Ein guter Berater agiert also in »beiden Welten« und nimmt die Meinung des Klienten genauso wichtig wie das berufliche Schicksal und die Karriereziele des Kandidaten. Nicht immer passt ein von mir angesprochener Kandidat zu der Position, was ich ihm ehrlicherweise auch mitteile. Meist halten wir dann gemeinsam fest, dass wir in Kontakt bleiben und das Thema Jobwechsel wieder aufnehmen, sobald etwas Passendes vorliegt. So kann man auch »netzwerken«, das hilft beiden Seiten.

Der Berater arbeitet also zwischen Klient und Kandidat und beurteilt, ob dieser »Perfect Fit« gegeben ist. Dann und nur dann schlägt er eine Person für eine Vakanz vor.

Um den immer unübersichtlicher werdenden Markt der Fach- und Führungskräfte besser zu beherrschen, nimmt die Spezialisierung innerhalb der Beratungsgesellschaften zu. Allerdings nur pro forma, denn immer noch sind es weiterhin hauptsächlich Generalisten, die sich als Spezialisten tarnen.

Auf internationaler Ebene bilden die Spezialisten grenzübergreifende »Practice Groups«, die sich dann bei der Suche über Eigenarten einer Branche oder auch potenzielle Daten austauschen. So mancher mag sich fragen, warum er noch nicht ins Visier eines Personalberaters geraten ist, und sich mit dem Gedanken tragen, dem nachzuhelfen. Wie aussichtsreich ist es, selbst den Kontakt zu Beratungsgesellschaften zu suchen?

Nun, aussichtsreicher, als gemeinhin vermutet wird! Wichtig ist allerdings, dass der Jobsuchende vorher seine Hausaufgaben gemacht hat. Er muss vor allem in das »Portfolio« des Beraters passen, das heißt, in seine Branchenausrichtung und typischen Jobs, die er besetzt. Generell gilt: Die Personalberater nutzen immer auch persönliche Kontakte, um auf potenzielle Bewerber aufmerksam zu werden.

Wenn Sie mit offenen Karten spielen, von sich einiges erzählen und der Personalberater nicht das Gefühl hat, nur Informationslieferant zu sein, können Sie Dinge erfahren, die für einen erfolgreichen Karrierestart bei einem der Auftraggeber des Beraters extrem förderlich sind.

Allerdings sollten auch Sie genau untersuchen, wie kompetent der Headhunter wirklich ist. Ich hatte erwähnt, dass es Personalberater gibt, die Ihnen mehr schaden als nutzen können.

Dazu zählen insbesondere die Berater, die »auf Erfolg« arbeiten. Sie recherchieren, wo gerade gesucht wird, und bieten dort Kandidaten oft ungefragt an. Wenn dann einer dieser Kandidaten eingestellt wird, ist ein Honorar fällig. Nun, das Prinzip ist recht simpel und erfordert keine besonderen Kenntnisse; Risiken und große Kosten hat der Berater ebenfalls nicht. Problematisch ist das Ganze eher für Sie als Kandidaten. Wenn Sie in die Mühle eines solchen Beraters kommen, dann müssen Sie ab diesem Zeitpunkt damit rechnen, überall in den Personalabteilungen populär zu werden und dort buchstäblich Karriere zu machen als Jobsuch-Promi.

Wollen Sie das? Sagen Sie jetzt bloß nicht, ja. Sonst fangen Sie bitte am Anfang des Buches wieder an zu lesen. Ich denke, das ist keine gute Idee, und rate Ihnen hiermit noch einmal formal und dringend (!) von derartigen Beratern ab.

Auch Personalvermittler arbeiten ähnlich. Sie akzeptieren Vermittlungsgutscheine und tun praktisch alles, um Sie erfolgreich zu »platzieren«. Nur weg von der Straße, und schon fließt das Geld. Pump the money. Personalvermittler erhalten im Erfolgsfall eine Prämie, egal ob der Job für Sie geeignet ist oder nicht. Sie sind daher für Ihre Zwecke ebenfalls ungeeignet, weil sie Sie bedingungslos vermarkten werden – und genau das wollen wir ja vermeiden. Es soll doch niemand mitbekommen, dass Sie eigentlich intensiv suchen.

Personalvermittler bringen Sie aber überall »ins Spiel«, weil sie mit Ihnen ja Geld verdienen wollen. Damit besteht die große Gefahr, dass Sie überall »über den Ticker laufen«. Und das reduziert Ihre Chancen und schädigt Ihr Image. Also Finger weg!

Ich will hier die Tätigkeit von Personalvermittlern nicht grundlegend an den Pranger stellen, bitte verstehen Sie mich richtig. Es gibt viele Personen und Einzelschicksale, für die sie gute Dienste leisten.

Sie sehen, es gibt eine Vielzahl von Dienstleistungen, die von Personalberatern ausgeübt werden. Nicht alle sind aber für unsere Zwecke geeignet. Fassen wir das zusammen:

Art	Kennzeichen	Eignung für unser Ziel
Beratungen, die nur anzeigengestützt suchen	Platzieren Anzeigen in den Wochenendausgaben der Tageszeitungen und Jobbörsen.	*Nein!* Haben wenig Kundenbindung, sind keine echten Karriereberater für Sie, wissen wenig über Ihren Auftraggeber. Sind meist nur Briefkasten.
Personalvermittler	Agieren erfolgsorientiert. Durchforsten Stellengesuche, arbeiten mit Initiativbewerbungen. Akzeptieren Vermittlungsgutscheine. Inserieren in kostenfreien Stellenbörsen.	*Nein!* Haben oft keine oder nur wenig Kundenbindung, makeln Ihren Lebenslauf, bieten Sie überall an.
Berater, die erfolgsorientiert arbeiten	Durchforsten Stellengesuche und arbeiten mit Initiativbewerbungen. Suchen dann nach Stellenausschreibungen. Haben oft wenig Kenntnisse über Position und Kunden. Inserieren in kostenfreien Stellenbörsen.	*Nein!* Haben keine Kundenbindung, makeln Ihren Lebenslauf, bieten Sie überall an, wo Vakanzen ausgeschrieben sind.

Art	Kennzeichen	Eignung für unser Ziel
Sogenannte »Boutiquen«, also Allround-Beratungen. Bieten mehrere Suchformen an, sind Lösunganbieter für Personalsuchen; oft mit enger Kundenbindung.	Haben in der Regel gute Kenntnisse über den Kunden und feste Suchmandate, können die Testfragen meist mit Ja beantworten. Haben oft Branchenschwerpunkte. Findet man leicht im Internet.	Ja!
Reine »Executive-Search«-Beratungen	Arbeiten mit festen Suchmandaten, findet man nur als Insider, agieren sehr diskret. Oft sehr konservativer Umgang mit Kandidaten.	Ja!

Mit gezielten Fragen an den Berater macht man nicht nur einen guten Eindruck, sondern kann diesem auch geschickt auf den Zahn fühlen.

Besonders hilfreich sind eigentlich nur selbstrecherchierte Listen von kompetenten Headhuntern, die Ihnen eine seriöse Basis für Ihre gezielten nächsten Schritte schaffen. Verlassen Sie sich also mehr auf das, was Sie selbst herausfinden.

Wie recherchieren Sie selbst?

Schauen Sie in »Google« unter den Begriffen, die für Sie relevant sind, und dort vor allem nach Beratern, die einen eindeutigen Branchenfokus oder Jobschwerpunkt haben. Es gibt Beratungen, die sind auf bestimmte Jobgruppen fokussiert, wie Vertrieb, Marketing, Ingenieurwesen, Personalwesen, andere agieren branchenbezogen und haben ihre Schwerpunkte im medizinischen Bereich, in der Technik, IT, Telekommunikation, Versicherungswesen, Hotellerie oder Baugewerbe.

Das Internet ist für diese Recherche das ideale Medium. Finden Sie heraus, wie die Beratung arbeitet, mit welchen Suchmethoden man agiert, und filtern Sie nur die heraus, die mit festen Suchmandaten und einer engen Kundenbindung aufwarten können.

Tipp: Erkundigen Sie sich ruhig bei den Firmen selbst, welche Berater sie empfehlen können. Fragen Sie in Ihrem Netzwerk, wer schon gute Erfahrungen mit einer Beratung gemacht hat und wer wen empfehlen kann. Suchen Sie in Jobforen nach Indizien seriöser Beratungen. Wer zeigt sich engagiert, innovativ, kreativ, bietet zum Beispiel Karriereberatung an und zeigt, dass er sich um die Belange von Bewerbern und Kandidaten kümmert.

Treten Sie dann mit den Beratern in Kontakt (wie, das ist Thema des nächsten Kapitels). Folgende Fragen muss ein guter Berater mit Ja beantworten:

- Ist er wirklich fest beauftragt von seinem Mandanten mit der Suche?
- Hat er einen Alleinauftrag, agiert er also exklusiv und als einziger Berater in diesem Fall für seinen Klienten?
- Wie gut kennt er seinen Auftraggeber? Kann er dessen Firmenkultur beschreiben, kennt er die wichtigsten Ansprechpartner, die Entscheidungswege, das Firmenklima?
- Weiß er über den vakanten Job und die Aufgaben Bescheid? Gibt es eine detaillierte Jobbeschreibung und eine klare Sicht über den idealen Kandidaten?
- Ist er Insider, intimer Kenner der Branche, kann er Sie wirklich kompetent beraten? Hat er Branchenkompetenz?
- Spielt er mit offenen Karten und ist er für Sie auch ein ernstzunehmender Gesprächspartner im Sinne eines Karriereberaters?
- Können Sie Vertrauen zu ihm aufbauen, oder haben Sie das Gefühl, er will Ihnen nur einen Job »verkaufen«?

Für Ihr Image und das hohe Ziel, den Jagdinstinkt einer Firma zu wecken, ist es wichtig, dass diese Fragen uneingeschränkt mit Ja beantwortet werden und Sie Vertrauen zu Ihrem Berater aufbauen können.

Ansonsten droht Ihnen der Super-GAU. Da wollen Sie sich smart bei Ihrer Traumfirma ins Spiel bringen und die Erkenntnisse dieses Buches anwenden, und dann winkt man dort genervt ab, weil Ihr Lebenslauf schon dreimal von diversen Personalvermittlern vorgelegt worden ist.

Was für eine Blamage!

Wie macht man Berater auf sich aufmerksam?

Wir wissen nun, Kontakt zu Personalberatern ist überaus nützlich, doch wie kommt man eigentlich »ran« an den Headhunterspeck? Nun, auch hier gilt folgende Vorgehensweise: lieber subtil und vorsichtig, nie laut und aufdringlich.

Wenn Sie mir zum Beispiel Ihre aufwendig gestaltete Vita »einfach mal so« schicken oder mich gleich am Telefon in ein 30-minütiges Gespräch verwickeln und mir erklären wollen, warum Sie nun auf der Pirsch sind, dann nerven Sie erst einmal nur. Tut mir leid. Da ich täglich zwischen zehn und 20 ungefragte Bewerbungen erhalte, hätte ich nur damit zu tun, diese abzuarbeiten. So läuft's nicht. Dann würde ich kein Geld verdienen. Ich käme nicht dazu, mich um meine eigentliche Arbeit zu kümmern. Sie müssen also anders an das Thema herangehen. Wenn Sie mich aber kontaktieren und mir sagen, einer meiner wichtigsten Kunden hätte empfohlen, sich mit mir über mögliche Jobangebote zu unterhalten, dann werde ich Ihnen aufmerksam zuhören, da es ja um meinen Kunden geht, hört, hört, und mein Kunde ist König.

Oder Sie kennen die Position, die ich gerade besetzen will, und sind wirklich sehr gut dafür geeignet? Auch dann werde ich Sie sicher nicht in die Wüste schicken, wenn Sie einen passenden Zeitpunkt finden, mit mir darüber zu reden. Sehen Sie, man muss sich in die Rolle des anderen hineinversetzen, win-win, um dann das Beste für sich herauszuholen. So auch im Falle der Spezies Headhunter.

Nehmen wir hier drei praktische Beispiele.

1. Beispiel: Weg a)
Sie rufen bei Ihrer Traumfirma an, lassen sich in die Personalabteilung oder ins Management verbinden und sagen: »Ich interessiere mich sehr für Ihr Unternehmen, möchte Sie jetzt aber nicht belästigen, weshalb ich Sie bitte, mir einen Headhunter zu nennen, der für Sie arbeitet. Dann werde ich mit ihm über eventuelle Möglichkeiten sprechen und Sie nicht für eine Sondierung dafür in Anspruch nehmen!«

Rumms. Das sitzt und kommt meist gut an. Sie zeigen Respekt davor, dass Ihr Gesprächspartner wenig Zeit hat, und Sie wollen ihn nicht lange belästigen. Die Firmen werden ehrlich sein und Ihnen ein oder zwei Adressen nennen. Und schon haben Sie ein wirkungsvolles Entree beim Personalberater und wissen auch, dass dieser eine Vertrauensperson für Ihre Traumfirma ist.

Manchmal machen Sie Ihren Ansprechpartner vielleicht sogar neugierig, denn Sie zeigen Rücksicht und Umsicht, eine überlegte und durchdachte, clevere Aktion. Und Sie verfolgen dennoch ein klares Ziel. Das macht Eindruck.

2. Beispiel: Weg b)
Sie checken die Vakanzen, die ein Personalberatungsunternehmen gerade zu besetzen hat. Meist haben diese auf ihrer Homepage die entsprechenden Ausschreibungen, Jobbeschreibungen oder Ähnliches gelistet. Prüfen Sie dann genau, ob Sie für eine Position passen. Und überlegen Sie bitte sehr sorgfältig, ob Sie wirklich hundertprozentig dafür geeignet sind. Okay? Dann los.

Falls nicht, lassen Sie es lieber. Sie verschießen sonst Ihr Pulver, und Sie wissen ja, für den ersten Eindruck gibt es keine zweite Chance. Und Sie sollten nicht als Zeitfresser und Nervensäge im Papierkorb des Personalberaters landen.

Schlagen Sie in solchen Fällen, wenn Sie keine aktuelle Vakanz herausfinden können, den Weg a) ein.

3. Beispiel: Weg c)
Sie studieren die Jobausschreibungen der Headhunter und kennen jemanden, der auf eine gesuchte Position sehr gut passt. Wenn Sie den Berater dann kontaktieren und einen Hinweis, einen Tipp zu einem geeigneten Kandidaten parat haben, wird er Ihnen natürlich gerne zuhören. Das ist Win-Win und ein äußerst cleverer Gesprächseinstieg.

Zusammenfassung

Seien Sie also immer »Herr Ihres Lebenslaufes«. Sie bestimmen, was damit passiert, und Sie müssen zu allem Ihr Einverständnis geben. Machen Sie das jedem Berater klar, sonst gehen Ihre Unterlagen ohne Ihr Wissen »spazieren«. Und im schlimmsten Fall sind Sie bei Ihrer Traumfirma unten durch, ohne dass Sie davon auch nur den Hauch einer Ahnung haben.

Dann ist es meist zu spät für eine zweite Chance!

Die einzigen Personalberater, die also wirklich hilfreich für Ihre Suche sind, sind die, die mit festen Mandaten arbeiten, eine hohe Kompetenz besitzen, bei den Unternehmen eine gute Reputation haben und branchenbezogen und damit fokussiert tätig sind. Das lässt sich leicht herausfinden, indem

Sie wie beschrieben die Firmen selbst fragen oder nach branchenbezogenen Headhuntern suchen. Und stellen Sie Ihnen dann die richtigen Fragen!

Ein paar Worte zur Recherche mit »Google«

Wie finden Sie seriöse Personalberatungen? Über »Google«? Ja, zum Beispiel. Vor 15 Jahren war das undenkbar, Personalberater, »Executive Search«-Berater und Internet – no way, das war wie Feuer und Wasser.

Die Branche ist ein noch ziemlich junges Beratungsfeld, umso älter und betagter waren am Anfang die Personalberater. Noch heute taumeln erstaunlich viele Endsiebziger durch diese Branche. Man spricht von der »old school«. Da ist bis heute kein Platz für »so neumodischen Kram« wie das World Wide Web. Man hat Angst, seine Aura zu verlieren, seine Diskretion, die Anonymität.

Das hat sich (zum Glück) im Kern gewandelt, seit ungefähr zehn Jahren haben sich viele neue, pfiffige Personalberatungen etabliert, mit neuen Ideen, neuen Sichtweisen, neuen Methoden. Die Zeit hat sich gewandelt, die Ära der »old boys network«-Beratungen ist vorbei. Heute regiert das Internet, Karrieren werden anders definiert als früher, und jeder Wechsel und jede neue Besetzung will gut überlegt sein. Damit haben die Berater auch das Internet mit seinen vielfältigen Möglichkeiten für sich entdeckt. Wenn man heute in »Google« den Begriff »Personalberatung« eingibt, dann erhält man ca. 2,5 Millionen Suchergebnisse.

Wie kann man nun aus Millionen von Einträgen die richtige Beratung für sich finden?

Dazu zunächst ein kurzer Exkurs, wie »Google« funktioniert. Das Ranking der Suchergebnisse, also wer ganz oben gelistet wird und damit auf der Butterseite seines Geschäftes, bestimmt ein wohlgehüteter Algorithmus, den das Unternehmen in Mountain View selbst entwickelt hat und den es ständig verändert und verbessert.

Wenn man wüsste, wie dieser »Google«-Rechenplan genau funktioniert, nach welchen Kriterien die Suchergebnisse bewertet und gelistet werden, wer oben und wer unten ist – dann könnte man die Ergebnisse natürlich »Google-freundlich« manipulieren. Genau das will aber der Suchmaschinen-Primus natürlich nicht und macht verständlicherweise ein ganz großes Geheimnis daraus.

Dennoch sind einige Bewertungseckpunkte bekannt, einiges sickert immer wieder durch und wird nur flüsternd oder am besten gar nicht weitergegeben, und so hat sich ein neuer Berufsstand gebildet, der derzeit richtig absahnt: »SEO«-(Search Engine Optimisation-)Programmierer, Spezialisten, die die Suchmaschinenergebnisse ihres Auftraggebers verbessern und optimieren. Sie kommen aus allen Ecken hervor und brüsten sich mit dem ultimativen Know-how. »Wir bringen Sie auf die erste Seite!« Leider funktioniert das aber nur sehr bedingt, vor den vielen Möchtegern-Optimierern und Gauklern, die diese schnelle Illusion verkaufen, muss ausdrücklich gewarnt werden. Tricksereien und Manipulationen werden von der Suchmaschine rigoros bestraft, denn das mag sie nun überhaupt nicht, dass man Ergebnisse gezielt manipulieren und schönen will.

Schnelle Änderungen in Form von großen Schritten im Listing will »Google« nicht und diese werden daher nahezu unmöglich gemacht. Alles was im Empfinden von »Google« zu schnell geht, ist verdächtig und kommt sofort auf den Index. Grundsätzlich sind die Kriterien, nach denen »Google« (die anderen Suchmaschinen wie »Yahoo« verfahren ähnlich) bewertet, im Wesentlichen sehr sinnvoll gewählt, es sollen ja auch die interessantesten und informativsten Seiten nach vorne kommen. Nur, was sind »die Besten«?

»Google« bewertet besonders stark:

- das Alter einer Seite, das heißt, wie lange ein Webauftritt schon im Internet existiert,
- den Informationsgehalt der Webseite bezogen auf den eingegebenen Suchbegriff,
- den informativen Umfang und die Quantität des gesamten Auftritts,
- die Absicht, wirklich zu informieren, oder nur »Google« zu täuschen,
- wie oft die Seite gesucht und gefunden wird,
- die Zahl der Webseiten, die diese Seite empfehlen und darauf mit einem Link verweisen. Welche Qualität und Kompetenz hat dabei die Empfehlerseite? Man spricht vom sogenannten »Trustlink«.
- »lebt« die Seite, das heißt, werden Informationen stetig ergänzt, verändert, erweitert?
- den »Google Pagerank« (eine »Google« interne Ranking-Einteilung).

Nun zur Orientierung auf der Seite. Geben Sie dazu das Suchwort »Personalberatung« in Google ein und schauen Sie, wo Sie *www.pape.de* finden. Die Seite wird *links* in den Suchergebnissen gelistet sein. Die gefundenen Treffer auf der linken »Google«-Seite werden auch als »organische Suchergebnisse« bezeichnet. Diese erfüllen die oben genannten »Google«-Kriterien und haben eine entsprechend gute Web-Reputation. Und das wird auch permanent überprüft. »Google« und alle anderen Suchmaschinenanbieter (es gibt weit über 1000 davon) kommen im wahrsten Sinne des Wortes auf der Website regelmäßig »vorbei« und checken, ob man seine Hausaufgaben auch ordentlich macht. Dazu bedient man sich sogenannter Webcrawler (Bots, Spider), das sind eigenständige Computerprogramme, die alle Seiten im Internet regelmäßig »besuchen« und nach den festgelegten Kriterien durchstöbern. Je höher man gelistet ist, umso häufiger bekommt man dann Besuch von den hohen Herren, und der Google-Spider fragt: »Warst du auch brav?«

Das klingt nett und fast schon kindisch, aber in der Tat lautet der »Google Corporate«-Slogan ganz ernsthaft: »Don't be evil«! Also: Sei nicht böse!

Ist das jetzt eine Drohung? Entzürne um Gottes willen nicht die »Google«-Götter! Man meint damit süffisant fordernd: Wenn du brav bist und nichts Böses tust, dann wirst du auch von uns ordentlich gelistet. Ist das cool oder was?

Stellen Sie sich vor, Sie wollen in einem Laden einkaufen und am Eingang sagt man Ihnen: »Verhalten Sie sich ja ordentlich und verärgern Sie hier niemanden, dann dürfen Sie rein und wir akzeptieren Sie als Kunden!«

Wehe, wenn man betrügen will! Dann wird man gnadenlos abgestraft. Verrückt eigentlich, welche Macht »Google« und andere Suchmaschinen inzwischen haben.

BMW hat das erfahren dürfen, vor einiger Zeit hat »Google« die Seite für kurze Zeit als erzieherische Maßnahme einfach aus dem Repertoire gestrichen, weil einige Programmierer zu engagiert waren und die Ergebnisse gezielt verbessern wollten. Das war nicht lustig für BMW, dort fand das niemand witzig.

Manipulation wird also streng bestraft, daher ist »Google« für den Nutzer eigentlich ein sehr gutes Kriterium, um seine Wahl auf der Suche nach Seriosität und Kompetenz eines Unternehmens zu treffen.

Neben diesen organischen Suchergebnissen auf der linken Suchseite sehen Sie eine weitere Anordnung und Liste von Firmen und Schlagworten auf der rechten Seite. Das ist reiner »Werbeplatz«, hier finden Sie die Unternehmen, die sich diesen Platz »gekauft« haben. Lassen Sie sich daher nicht irritieren, denn das ist nicht so leicht auseinanderzuhalten und das ist auch so beabsichtigt.

Sie müssen also selbst gewichten, die linke Seite sagt die von »Google« sorgfältig errechnete »Wahrheit«, diese entscheidet in vielen Branchen über Leben und Tod eines Unternehmens. Und wer hier nicht an vorderster Front gefunden werden kann, für den hat »Google« eben die rechte Seite »erfunden«, mit der der Suchmaschinenprimus richtig Geld verdient. »Google« nennt dieses Programm »AdWords«. Man zahlt pro Klick, und wer am meisten zahlt, der steht ganz oben. Je nach Popularität des Suchbegriffes kostet das richtig

Geld, für einen umkämpften Begriff wie »Jobs« oder auch nur »München« legt man da schnell ein Euro und mehr pro Klick hin. Und jedes Mal, wenn Sie so eine Anzeige klicken, dann freuen sich in Mountain View Larry Page und Sergey Brin, die »Google«-Gründer, diebisch über ihr Marktmonopol und die clevere Geschäftsidee mit dem »Klick«.

Sie sollten für das Bewerten Ihrer Recherche-Ergebnisse zusammenfassend feststellen: Dem Ranking kann man durchaus trauen, denn die Webreputation eines Unternehmens wird durch »Google« sehr sorgfältig und aufwendig geprüft und auf dem Laufenden gehalten.

Jetzt die Köder auswerfen!

Sie haben nun alles zusammen, was Sie brauchen, Ihre Zielfirmen, Ihre Ansprechpartner, die für Sie wichtigsten Personalberatungen und können nun die nächste Phase einläuten: Werfen Sie jetzt Ihre Köder aus!

Sie haben die wichtigsten Personen herausgefunden, Sie haben erfahren, wo gerade Jobs zu besetzen sind, und vor allem wissen Sie, wer die Verantwortlichen dahinter sind. Diese Entscheider müssen Sie nun auf sich aufmerksam machen. Jetzt ist es an Ihnen, sich bei ihnen ins Gespräch zu bringen und sich dabei richtig zu positionieren. Der Jagdinstinkt auf Sie muss geweckt werden. Der Mensch will die Dinge, die er nicht kriegen kann. Alles was auf der Straße liegt, bleibt liegen, es sei denn, es ist eine Geldbörse.

Aber Verknappung und die Aura des Unerreichbaren faszinieren uns. Und wenn es dann noch Konkurrenz gibt, dann rasten wir so richtig aus. Dann wollen wir es erst recht und um jeden Preis. Dann vergleichen wir nicht, dann kaufen wir nur noch. Wühltische sind das beste Beispiel, knappe Ware, jeder will sie, keiner weiß, warum. Die Angst, ein Schnäppchen zu versäumen, treibt uns zum Wahnsinn. Sie sollen sich jetzt nicht mit einer Ware auf dem Wühltisch vergleichen, aber das Prinzip, das wir nun verfolgen wollen, ist das Gleiche.

Was halten Sie von einem Zahnarzt, der Sie anruft und vorschlägt, Sie sollten doch einmal in seine Praxis kommen, weil er einfach Weltklasse sei. Seine Plomben seien etwas ganz Besonderes. Oder ein Anwalt kontaktiert Sie und schwärmt Ihnen vor, dass Sie mit ihm jeden Prozess gewännen. Wie finden Sie das? Richtig. Eigenartig.

Der kann doch nicht erfolgreich sein, wenn er bei mir anrufen muss. Dem kann es doch nicht gutgehen, sonst müsste er so etwas nicht tun. Sie werden sich gelangweilt abwenden.

Wenn sich also der Backenzahn bei Ihnen meldet und Sie Hilfe brauchen, was machen Sie dann? Sie gehen zum Arzt Ihres Vertrauens oder Sie fragen jemanden, dem Sie vertrauen. Richtig!

Wenn Sie nun einen Job suchen und dazu Personen anrufen oder schriftlich kontaktieren wollen, dann dürfen Sie *niemals* den Eindruck erwecken, Sie *müssen* sich verändern.

Hat der Fußballprofi, nennen wir ihn Michael B., bei einem namhaften Club der Premier League in England angerufen und gesagt, er will hier unbedingt spielen? Sicher nicht, er hätte eine ganz schlechte Ausgangsposition gehabt. Nein, er hat seine »Bewerbung« ganz flockig über seinen Manager lanciert.

Die Kunst ist es also, ein Interesse zwar nicht zu verleugnen, sonst fragt man sich schon, was das alles soll – aber dennoch immer ein kritischer Gesprächspartner zu bleiben.

Wenn Sie nun jemanden in den Firmen, die Sie sich ausgesucht haben, kontaktieren wollen, dann vermitteln Sie ihm nie das, was Gerhard Schröder vor dem Kanzleramt gesagt hat: »Ich will hier rein – um jeden Preis!« Er hat das zwar am Ende erreicht, aber die Geschichte ist erst viel später bekanntgeworden und seine Strategie sah sicher auch völlig anders aus. Denn wie oft hat er betont, dass ihn dieser »dusselige Kanzlerjob« überhaupt nicht interessiere.

Um beim Beispiel Fußball zu bleiben: Alle Trainer und Spieler dementieren immer »ganz entschieden« und resolut, dass sie zu diesem Verein nie gehen werden! Wenn das so gesagt wird, dann können Sie wetten: Die wollen nichts lieber als genau da hin!

Wenn wir diese Erkenntnis auf unsere Kontaktaufnahme zu den Entscheidern für unseren Traumjob projizieren, so heißt das: Vorsicht! Langsaaam. Ganz behutsam vorgehen. Interesse grundsätzlicher Art ist noch in Ordnung, aber nie zu viel davon zeigen.

Sie werden jetzt auf der obersten Ebene einsteigen. Telefonisch, oder, wenn Sie sich das noch nicht zutrauen, auch zunächst schriftlich. Sie werden sich selbst auf höchster Managementebene »einkippen«. Nicht kleckern, sondern klotzen. Jawohl!

Ich weiß, dort anzurufen klingt erst mal nach Unbehagen, haben Sie aber keine Angst vor den hohen Tieren. Wir haben die Kontaktarmut der bedauernswerten Spitzenmanager ja schon beleuchtet. Was kann auch schon passieren? Stellen Sie sich vor, der Geschäftsführer, mit dem Sie gerade telefonieren, entpuppt sich als Stinkstiefel und das Gespräch mit ihm wird kurz und unerfreulich.

Gut. Eventuell hatte er einen schlechten Tag oder Sie haben den falschen Moment erwischt. Deshalb müssen Sie das beim Gesprächseinstieg immer erfragen. Ist es ein terminliches oder launisches Abblocken, dann vereinbaren Sie einen anderen Zeitpunkt für das Gespräch. Bewerten Sie das Gespräch und das Klima aber als authentisch und schlecht, so ist es gut, dass Sie das nun erfahren haben. Sie würden später mit ihm zusammenarbeiten müssen, er steht an der Spitze Ihrer Traumfirma. Wollen Sie mit so jemandem Ihren Traumjob teilen?

Es ist zwar schmerzlich, aber dann trennen Sie sich besser von dem Gedanken, hier zu arbeiten. Es gibt genug andere Firmen, die wesentlich sympathischere Chefs haben. Bleiben Sie selbstbewusst, dieser Geschäftsführer hat Ihre Mitarbeit nicht verdient. Klingt arrogant, ist aber die einzig logische Schlussfolgerung.

Sie suchen doch ein Umfeld, das hundertprozentig zu Ihnen passt. Somit bewirbt sich Ihr Gesprächspartner indirekt auch bei Ihnen, mit dem, was er auf Ihre Fragen sagt, wie er sich Ihnen gegenüber verhält und wie er auf Sie eingeht. Und falls Sie damit nicht zufrieden sind, dann vergessen Sie es! Es gibt tausend andere Möglichkeiten, dann war dies eben nicht Ihre Traumfirma, und es ist gut, dass Sie das jetzt bereits herausgefunden haben.

Man muss auch gönnen können: und zwar jemand anderem diesen Job und diesen Chef.

Ein negatives Gesprächsklima ist aber höchst selten, es sei denn, der andere ist wirklich mit dem falschen Fuß aufgestanden. In der Regel verlaufen die Telefonate positiv, wichtig ist, dass Sie Ihrem Gegenüber klarmachen, dass Sie ihn nur kurz behelligen.

Wenn ich einen Anruf eines Call-Centers bekomme: »Haben Sie mal kurz Zeit für 65 Fragen?«, dann werde ich ganz sicher abblocken. Das geht eindeutig zu weit. Sind es jedoch nur zwei oder drei Fragen, und wird mir das bei Beginn auch zugesichert, dann werde ich in der Regel über mein Konsumverhalten in Bezug auf die Wahl meines Weichspülers kurz Auskunft geben. Wir helfen normalerweise gerne, so lange es uns nicht von der eigentlichen Arbeit zu sehr abhält. Dies nutzen wir nun gezielt, um für uns zu werben und auf uns aufmerksam zu machen.

Kontakt aufnehmen

Die wichtigste Erfolgs-Regel, um sich einen Wettbewerbsvorteil zu verschaffen lautet:

> *Fischen sollte man immer dort,*
> *wo die wenigsten Angler sitzen!*

Dort, wo die Angler-Konkurrenz am geringsten ist, dort habe ich die größten Chancen auf einen dicken Fisch! Es sei denn, ich sitze gerade vor einem Abwasserrohr. Das rieche ich dann aber auch.

Ich will damit unterstreichen: Um die dicksten Fische konkurrieren die wenigsten, weil die meisten Menschen den einfachen, mittelmäßigen Weg gehen. Und dort gibt es in der Regel nur noch Kleinvieh zu ernten.

Die meisten Angler hocken sich dahin, wo die anderen sind. Gruppenverhalten. Gruppenzwang. Kuschelalarm!

»Das wird schon der richtige Platz sein, wenn so viele hier sitzen!«, lautet unsere Erkenntnis. Tja. Wer sich mit einem mittelmäßigen Ergebnis zufriedengibt, der sitzt dort sicher gut und gesellig.

Ich werde mal etwas überzeichnen: Haben Sie schon einmal versucht, Bill Gates zu kontaktieren? Gründe dafür gäbe es genug, Sie könnten ihm mal so richtig die Meinung über Windows geigen. Oder mit Jennifer Lopez in Verbindung zu treten? Ist doch Blödsinn, sagen Sie. Und warum?

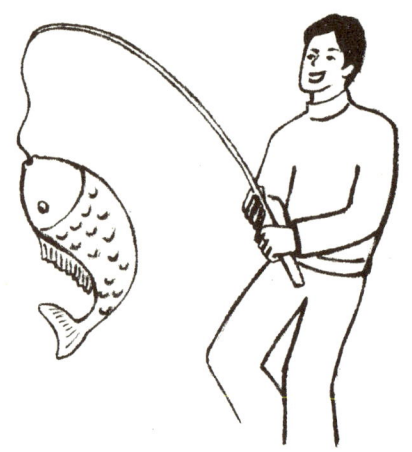

Eben, weil es unrealistisch ist. Also macht man es nicht. Aber genau aus dem Grund sind genau diese »unerreichbaren« Menschen sehr einsam. Das klingt jetzt weit hergeholt, aber prominente Frauen kriegen keinen Kontakt zu »normalen Männern«, weil sich niemand an sie rantraut. Dabei hätten sie meist gar nichts dagegen. Das sagen sie selbst. Viele prominente Frauen suchen derzeit sogar per Fernseh-Doku-Soap nach Ihrem Traummann. Warum? Weil keiner sich traut, sie anzusprechen. Ist so.

Diese Menschen sind einsamer, als man glaubt. Ich will jetzt nicht, dass Sie zum Promi-Stalker werden, sondern ich möchte verdeutlichen, dass man keine Hemmungen haben muss, wenn es darum geht, die »Big Guys«, den »pez gordo«, also den großen Fisch zu kontaktieren. Es sind Menschen wie Sie und ich. Der Unterschied ist, dass sich die meisten von uns nicht trauen, diese zu kontaktieren, daher ist genau das unsere Chance. Verlieren Sie die Scheu vor dieser Zielgruppe, und stellen Sie sich vor, wie Sie sich selbst in so einer Situation verhalten würden.

Sie sind jetzt mal kurz ein echter MIP, eine »Most Important Person«. Fühlen Sie sich also bitte mal wichtig! Sie sind nun *Mr Bigfish*.

Sie suchen für eine Ihrer Abteilungen einen Mitarbeiter, gerade letzte Woche haben Sie das entschieden, und plötzlich ruft jemand Sie an, eine sympathische Stimme, er interessiert sich für Ihr Unternehmen, ist nicht aufdringlich und verwickelt Sie in ein kurzes Gespräch. Die Person könnte passen. Clever, Sie direkt anzurufen. Wie ist er nur zu Ihnen durchgekommen?

Wie würden Sie reagieren? Werden Sie neugierig? Werden Sie die Chance vorbeiziehen lassen, die Person näher kennenzulernen?

Nein?

Sehen Sie.

Ich empfehle meinen Kandidaten immer, direkt das obere oder das Top-Management zu kontaktieren, wenn sie wirklich etwas auf dem Herzen haben. Hans, nicht Hänschen. Hänschen hat sowieso nichts zu sagen, wird das Ihnen gegenüber aber nie zugeben, und Sie ziehen die falschen Schlüsse daraus. Sie werden sehen, es ist einfacher, als Sie glauben. Also raus aus Ihrer Komfortzone.

Wie sollte so ein Gespräch laufen?

»*Mister Bigfish*, haben Sie gerade fünf Minuten Zeit, ich werde Sie nicht lange aufhalten, habe eine ganz konkrete Frage, die nur Sie mir beantworten können.« (*1. Sie checken, ob er Zeit hat, wenn nicht, rufen Sie später an, nichts ist schlimmer als ein Gespräch unter Zeitdruck. 2. Sie heben seine Wertigkeit: Nur Sie können mir helfen. Das bläst eine gute, aber nicht zu starke Portion Staubzucker Sie wissen schon, wohin.*) »Ich interessiere mich sehr für Ihr Unternehmen, ein Freund von mir (eventuell Name nennen) arbeitet auch bei Ihnen und er hat mich sehr positiv inspiriert, mir viel von Ihnen und Ihrem Unternehmen erzählt. Das hat mich begeistert, ich bin Verkäufer und wollte mich erkundigen, ob es in Ihrem Hause aktuelle oder geplante Vakanzen gibt, bei denen es lohnt, sich über eine Zusammenarbeit näher auszutauschen?«

Das reicht schon. Mehr nicht. Die Aufforderung ist klar, nicht anbiedernd, wenn Sie wirklich Verkäufer sind, dann erwartet man sogar von Ihnen eine unaufdringliche »Kaltakquise«. Sie geben quasi eine Arbeitsprobe ab, ohne sich anzubiedern. »Ich will über eine Zusammenarbeit sprechen«, klingt doch wesentlich cleverer als: »Ich suche einen Job«, oder?

Sie zeigen damit, dass es nun an ihm ist, zu reagieren, und schenken sich nicht her. Das ist ganz wichtig.

Sind Sie in der Entwicklung tätig, sollten Sie den Entwicklungschef entsprechend kontaktieren, mit ihm sind Sie technisch auf derselben Wellenlänge. Sind Sie Kaufmann, Buchhalter, dann ist Ihr Ansprechpartner der Finanzvorstand oder der CFO (Chief Financial Officer). Sind Sie im kreativen Bereich tätig, dann ist es der Kreativdirektor oder der Agenturchef.

Der Meister, der Inhaber, der Juniorchef. Alle sind sie jetzt fällig und nicht mehr vor Ihnen sicher! Denken Sie daran, die Manager dieser Welt sind greifbarer für Sie, als Sie glauben. Je höher man klettert in der Hierarchie, umso einsamer ist man dort. Man bekommt kein ehrliches Feedback mehr, jeder buckelt und jeder findet alles klasse, was man macht. Nur Schulterklopfer. Wir haben ein angeborenes Ehrfurchtsverhalten vor Macht und Rudelführern. Die wenigsten trauen sich »ran«, und das ist Ihre Chance. Suchen Sie den adäquaten Gesprächspartner aus Ihrem Fachgebiet, auf möglichst hohem Level.

Trauen Sie sich anzurufen! Es kann nichts passieren dabei. Glauben Sie mir, es wird funktionieren, die allermeisten meiner Probanden, die ich in Karrieresitzungen coache, haben so ihren neuen Job gefunden.

Das berühmte Vorzimmer und der »Smart Talk«

Oft ist es ein Problem, an die gewünschte Person telefonisch heranzukommen. Viele *Bigfishes* haben ein »starkes Vorzimmer«, das nur dazu da ist, Sie von Ihrem Ziel abzuhalten. Es gäbe nun die Möglichkeit, irgendeinen Unsinn zu erzählen, eine Coverstory, um an Ihr Objekt der Begierde zu kommen. Lassen Sie das aber und bleiben Sie bei der Wahrheit. Sie haben einen guten Grund, also verraten Sie ruhig den Anlass Ihres Anrufes. Das funktioniert, wenn Sie es schaffen, zu der wahren Chefin des Geschehens, der Asssistentin von *Mr Bigfish*, einen »Draht« aufzubauen.

Eine kurze Aufwärmphase braucht jedes Gespräch, sonst wird's nix. Sie müssen also zunächst »smalltalken«.

Telefon und Smalltalk sind zwei untrennbare Elemente, die häufig zu wenig Beachtung finden. Weil der Umgang mit dem Telefon heutzutage so selbstverständlich geworden ist, denken viele nicht über einen vernünftigen Gesprächseinstieg und den weiteren Verlauf nach. Sie müssen das aber an dieser Stelle tun, denn sonst verbauen Sie sich schon zu Beginn Ihre Chancen. Üben Sie das also, denn die hohe Schule des kleinen Plauschens ist in allen Alltagssituationen wichtig und öffnet Ihnen Türen, die sonst verschlossen bleiben. Deshalb sprechen Kommunikationsberater heute auch eher von »Smart Talk« als von Smalltalk.

Nennen Sie Ihren Namen und beginnen Sie dann sofort an der Beziehungsebene zu arbeiten. Formulieren Sie nette Sätze am Telefon und zeigen Sie Ihrem Gegenüber dadurch Wertschätzung, damit aus Ihnen, dem »unbekannten Eindringling«, ein sympathischer Gesprächspartner wird. Seien Sie freundlich. Wichtiger als das, was Sie sagen, ist, wie Sie es sagen. Geben Sie sich also Mühe. In Call-Centern baut man sogar Spiegel auf, in die die Call-Agents dann reinlächeln sollen. Nun, ich überlasse es Ihnen, ob Sie das affig finden. Ich stehe bei wichtigen Gesprächen zum Beispiel gerne auf, weil ich dann freier und lockerer sprechen kann. Im Sitzen kommt man manchmal naturgemäß etwas gedrückt rüber.

Plaudern Sie also zunächst, bevor Sie den Grund Ihres Anrufes näher erläutern, um die Stimmung Ihrer Gesprächspartnerin zu checken. Erkundigen Sie sich, ob sie gerade viel zu tun und kurz Zeit für ein Anliegen hat. Fragen Sie ganz allgemein, wie es ihr geht, oder sprechen Sie kurz über das aktuelle Wetter. Über das Wetter kann man immer reden. Alle reden über das Wetter. Das ist übrigens typisch deutsch. Kein Volk redet so gerne und so ausführlich darüber. Vielleicht, weil es immer einen Aufreger dabei geben kann. Es ist zu heiss, zu kalt, zu nass, zu trocken, zu stürmisch, zu wolkig, zu blau.

Über das Wetter kann man also immer reden. »Ist es bei Ihnen auch gerade so schwül? Haben Sie auch so ein Gewitter momentan, hier kommt's gerade so richtig runter. Geht Ihnen das schlechte Wetter nicht auch langsam auf die Nerven?« Man hat das Falsche an, nasse Füße bekommen, den Regenschirm vergessen, der Wind ist aber auch unangenehm momentan, oder es ist so heiß im Büro, dass man sich kaum konzentrieren kann.

Ein guter Aufhänger ist es auch, wenn Sie im Hintergrund ein Geräusch vernehmen. Achten Sie darauf, ob Sie zum Beispiel eine Bohrmaschine oder viele Stimmen im Hintergrund hören, denn das gibt Ihnen gleich einen Aufhänger.

Selten wird Ihre Gesprächspartnerin nach einem guten Smalltalk schroff reagieren, eventuell wird sie sagen, es gehe gerade nicht. Dann fragen Sie, wann ein guter Zeitpunkt wäre.

Sie müssen es schaffen, dass die Vorzimmerdame anfängt zu reden. Also quasseln Sie sie nicht nieder, das wäre der falsche Ansatz, sondern zeigen Sie Interesse an ihr, indem Sie ihr Fragen stellen.

Damit schaffen Sie eine gute Beziehungsebene zu Ihrer Gesprächspartnerin. Danach erklären Sie Ihr Anliegen, am besten, indem Sie auf einen konkreten Namen Bezug nehmen, Ihre »Netzwerkreferenz« nennen, und bitten, kurz mit *Mr Bigfish* verbunden zu werden.

Falls Ihre Gesprächspartnerin mehr Details von Ihnen wissen möchte, bevor sie entscheidet, Sie durchzustellen, dann erwähnen Sie, dass es um eine Vakanz geht, die *Mr Bigfish* gerade besetzt, und Sie sind gebeten worden, mit ihm direkt Kontakt aufzunehmen. Man hat Sie quasi genötigt. Das ist ja nicht ganz gelogen, Sie haben sich ja selbst darum gebeten, und sind Sie denn niemand?

Sagen Sie sinngemäß:

»Frau Assistentin von *Mr Bigfish*, wir haben so nett und sympathisch geplaudert, das hat mein Interesse an Ihrem Unternehmen nochmals verstärkt. Ich bekomme ja wirklich nur positives Feedback zu Ihrer Firma. Herr Maier hat mir ans Herz gelegt, direkt *Mr Bigfish* zu kontaktieren, weil er einen neuen Mitarbeiter sucht. Ich würde mich gerne ganz kurz mit ihm über diese Thematik abgleichen und auch, um ihn kurz am Telefon persönlich kennenzulernen und einen Eindruck von ihm zu bekommen.«

Die Dame wird sich schwertun, Ihnen diese Chance jetzt zu verbauen. Lassen Sie sich niemals darauf ein, dass man Sie zurückruft, das geschieht in der Regel nicht und ist nichts anderes als eine Abfuhr.

»Don't call us, we call you«, heißt nichts anderes wie: Schönen Tag noch. Das ist die Höchststrafe!

Erklären Sie in solchen Fällen, dass Sie schwer erreichbar sind und es selbst wieder versuchen, zu einem fixen Zeitpunkt. Fragen Sie, wann ein guter Zeitpunkt für ein kurzes Gespräch ist.

Natürlich nur, wenn das Wetter mitspielt!

Lassen Sie sich nicht an die Personalabteilung verweisen, bestehen Sie darauf, dass Sie einen persönlichen Eindruck von *Mr Bigfish* gewinnen wollen.

Noch ein kleiner Tipp: Manchmal hilft es auch, den Zeitpunkt für den Anruf clever zu wählen. Viele Manager sind früh im Büro und bleiben lang. Rufen Sie also ruhig mal um 8 Uhr morgens an oder um 19 Uhr abends.

Wenn um diese Zeit das Telefon klingelt, geht *Mr Bigfish* meist selbst ran.

Begrüßen Sie ihn dann mit einem herzlichen: »Bingo!«

Schriftliche Kontaktaufnahme

Wenn Sie nicht anrufen wollen, weil Sie zu schüchtern dazu sind, so können Sie natürlich *Mr Bigfish* auch über ein Business-Netzwerk kontaktieren, ihm eine E-Mail oder einen Brief schicken. Klar, bevor Sie stammelnd und stotternd ein Telefonat führen, gehen Sie lieber den schriftlichen Weg. Das hat zwar nicht so viel Dynamik wie ein Gespräch und Sie können dabei auch nicht so viel von sich »rüberbringen«.

Aber falls Sie schriftlich Kontakt aufnehmen, legen Sie bitte keinen Lebenslauf dazu, damit fallen Sie wieder mit der Tür ins Haus. Nicht anbiedern, denn sobald der Fisch erst angebissen hat, wird er schon von ganz alleine nach weiterem Futter fragen.

Falls es möglich ist, nehmen Sie Ihre Firmen-Referenz aus Ihrem Netzwerk als Bezug und schreiben Sie sinngemäß:

»Über einen Kontakt ... (durch ein Gespräch mit Herrn Meier ...) ... habe ich erfahren, dass ... (Ein guter Freund von mir, Herr Meier, hat mich überzeugt, mit Ihnen persönlich/direkt in Kontakt zu treten) (Über einen Bekannten, Herrn Meier, habe ich erfahren, dass ...) (Durch einen Mitarbeiter von Ihnen, Herrn Meier, habe ich erfahren, dass ...) ... Sie derzeit eine Vakanz im Bereich ... haben.

Das begeisternde Bild, das mir Herr Meier von Ihrem Unternehmen vermittelt hat, hat mich doch sehr stark beeindruckt und veranlasst mich nun, das Gespräch mit Ihnen zu suchen.

Ich arbeite derzeit als ... und wollte mich bei Ihnen erkundigen, ob es in Ihrem Hause aktuelle oder geplante Vakanzen gibt, bei denen es lohnt, sich über eine Zusammenarbeit auszutauschen?«

Das lassen Sie dann wirken, und sollte es keine Reaktion geben, so können Sie dann eventuell eine Woche später nachtelefonieren. Nun haben Sie ja einen »Aufhänger« und können der Vorzimmerdame sagen, dass Sie mit *Mr Bigfish* in schriftlichem Kontakt stehen und ihn nun wie vereinbart sprechen möchten. Das ist ja nicht ganz falsch.

Sollten Sie ihn dann an den Hörer kriegen, so wird er vermutlich ein schlechtes Gewissen haben, weil er sich nicht gemeldet hat. Das ist immer gut, denn er ist Ihnen »etwas schuldig«, und das ist für Sie eine gute Ausgangsposition. Starten Sie also das Gespräch sinngemäß:

»*Mr Bigfish*, haben Sie gerade fünf Minuten Zeit, ich möchte Sie nicht lange aufhalten, ich habe vor einer Woche schriftlich mit Ihnen Kontakt aufgenommen. Sie hatten sicher noch keine Zeit, meine E-Mail zu beantworten, daher erlaube ich mir einen kurzen Anruf ...«

Das reicht schon, nun kommt *Mr Bigfish* ins Schwitzen und wird sich vermutlich nicht erinnern können. Er hat ja noch ein paar andere Sachen zu tun. Das bringt ihn in die Defensive und da haben wir ihn am liebsten. Ein schlechtes Gewissen führt dazu, dass er sich besonders bemühen wird. Oder er kann sich erinnern, dann ist das ein gutes Zeichen,

Sie sind aufgefallen, hoffentlich positiv. Wenn nicht, dann ist jetzt die letzte Gelegenheit, das zu korrigieren. Also Sie sehen, keine so schlechte Variante, zunächst den schriftlichen Kontakt voranzustellen.

Viva la Vita!

Sie haben es geschafft! Herzlichen Glückwunsch! Der Fisch hat angebissen und will Sie nun näher »begutachten«, das heißt, man hat Sie aufgefordert, Ihre »Unterlagen reinzuschicken«.

Ist der Erstkontakt also geschafft und Sie sollen als Nächstes schriftliche Informationen über sich einreichen, dann müssen Sie einen Lebenslauf erstellen. Wie man das macht und auf was Sie jetzt achten müssen, darauf möchte ich nun eingehen.

Der Lebenslauf ist Ihre Visitenkarte im Arbeitsmarkt, Ihre persönliche Duftmarke. Er spiegelt Ihre Talente, Ihre Fähigkeiten, Ihren Marktwert und Ihre gesamte Wertschöpfung wider. Gehen Sie also behutsam mit ihm um! Betrachten Sie ihn wie den roten Faden Ihres beruflichen Tuns. Mit allen Ecken und Kanten. Behandeln Sie ihn stets gut und mit Respekt! Lassen Sie ihn (hoch)leben! Viva la vita! Deshalb heißt er auch »Lebenslauf« und nicht Mir-doch-wurscht-Lauf.

Sie sollten immer danach bestrebt sein, dass Ihr eigener »Karrierepfad«, den Sie dort präsentieren, Sie in bestem Licht zeigt und Sie damit immer attraktiv für den Arbeitsmarkt sind und es auch bleiben.

Viele Dinge in einer Vita werden nicht gerne gesehen und reduzieren daher den Marktwert der Person. Anderes liest man gerne, einiges will man nicht wirklich so genau wissen. Jeder Leser hat dazu natürlich seine eigene Interpretation. Fakt ist: »Jeder Jeck ist anders!« Fakt ist aber auch: Es gibt keinen Standard, und hüten Sie sich davor, Ratgeber zu wichtig zu nehmen, die standardisierte Formate und Vorlagen anbieten und sagen: »So isses.« Ich sage Ihnen: »So isses eben nicht!« Standards und Vorlagen sind für die Tonne!

Sie schlagen sich damit weit unter Wert und machen mit Ihren wunderschönen und bunten Excel-Tabellen und Einheitsfloskeln alles platt, was *Sie* als Person und Persönlichkeit ausmacht. Die Krönung sind übrigens »Powerpoint-Präsentationen« des ach so kreativen Wirkens. Die verwendeten Ampel- und Krümelmännchen dort kennt jeder Idiot, und sich in einer Slightshow zu präsentieren mit Bullet-Points und heroischen Statements sollten Sie wirklich unterlassen.

Das kann alles in die gleiche Tonne, in die Sie bereits Ihre Ratgeber getreten haben.

Natürlich gibt es eine gewisses Systematik, wie man Ihr bisheriges Wirken auch nach außen hin ansprechend darstellen sollte, wir werden darauf gleich eingehen, aber in erster Linie kommt es darauf an, dass Sie sich als Individuum positionieren und nicht als jemand, der besonders viele Ratgeber gelesen hat.

Sie ahnen schon, die immer gleich lautenden Standardformulierungen in den Anschreiben und Lebensläufen haben es mir angetan, verfolgen mich in meinen dunkelsten Träumen. Schon beim ersten Satz weiß ich: Ratgeber X, Seite 2, erster Absatz, Tipp 4. Diese Standardtexte bewirken einfach das Gegenteil von dem, was sie erreichen sollen. Sie sollen anregen, Appetit machen, aber sie lösen stattdessen ein Trauma aus und verhindern, dass man Lust zum Weiterlesen hat.

Der Lebenslauf ist also Ihr wertvollstes Werkzeug, um alle Ihre beruflichen Stationen ins rechte Licht zu rücken und Ihre Talente, Erfahrungen und Eigenschaften einem hoffentlich geneigten Leser zu servieren. Der Leser muss dadurch einen so positiven Eindruck von Ihnen gewinnen, dass er gar nicht anders kann und Sie unbedingt kennenlernen muss. Messen Sie diesem »Strategiepapier« also einen entsprechend hohen Stellenwert bei, die Mühe lohnt sich. Fakten Ihres beruflichen Tuns, Ihre Erfahrungen und positiven Eigenschaften wollen sorgfältig zusammengetragen werden, aber auch bei der Art der Präsentation dieser Fakten muss Wert auf die Gestaltung gelegt werden. Also Inhalt *und* Form sind gleichermaßen wichtig. Es ist nur noch peinlich, wenn man die vielen lustlosen Schreibversuche liest, die wertlos und inhaltslos einen Brei von sich selbst kochen, der niemandem schmeckt.

»Der Wurm muss dem Fisch schmecken und nicht dem Angler«, heißt es sehr treffend. Hinter dieser Aussage verbirgt sich der Schlüssel zu einem sinnvoll verfassten und ansprechend präsentierten Lebenslauf. Er muss inhaltlich stimmen und vor allem den Leser interessieren. Nur dann haben Sie eine Chance. Die Vita kann also nie den immer gleichen Aufbau haben, denn jedes Mal ist der Leser ja ein anderer und seine Motivation, warum er Ihren Lebenslauf liest, eine andere.

Schön also, wenn Sie Ihre Vita toll finden und sie immer wieder verwenden, aber das ist leider genauso dumm wie planlos. Wichtig ist, dass Sie genau die richtigen Knöpfe drücken, die den Leser zum Überschäumen bringen und er sich sicher ist: Sie sind die richtige Person!

Der Aufbau und die Form des Lebenslaufs – das »CV«

Die »alte« und klassische Form des Lebenslaufes war chronologisch aufgebaut, von hinten nach vorne, das heißt er begann mit der Geburt, Schule, Ausbildung und den ersten beruflichen Stationen und kämpfte sich dann langsam vor bis zu den aktuellsten Stationen des beruflichen Tuns.

Das ist heute antiquiert und auch nicht sehr übersichtlich. Der Leser muss schon sehr viel Zeit und Geduld investieren, um sich bis zu den aktuellen Informationen durchzukämpfen, und es ist wie im wirklichen Leben: Wer tut das schon freiwillig und gerne, wenn man nicht unbedingt muss? Man will sich doch als Leser immer kurz und knapp einen ersten Eindruck verschaffen.

Wenn Sie sich zum Beispiel ein Buch kaufen wollen, gehen Sie in eine Buchhandlung und nehmen ein Buch, lesen die Zusammenfassung, finden diese spannend oder auch nicht. Sie werden sich auf jeden Fall immer schnell ein Urteil bilden wollen. Und Sie lassen das Buch dann entweder liegen oder Sie kaufen es. Und auch beim Lebenslauf ist es wie im wirklichen Leben. Mal gehen Sie in die Buchhandlung und suchen ein Fachbuch, mal einen Urlaubszerstreuer, mal was Lebensberatendes und mal wollen Sie wissen, wie Sie Ihren Riesentruthahn an Thanksgiving saftig braten können (geht übrigens nicht). Daher ist Ihre Erwartung immer eine andere und Sie werden die Buch-Zusammenfassungen auch jedes Mal unter anderen Gesichtspunkten lesen und dabei auf bestimmte Informationen Wert legen.

Diesem Bedürfnis nach Übersicht und individueller Gestaltung hat man entsprochen und den Aufbau des Lebenslaufes weiterentwickelt und modernisiert. Auch in Deutschland setzt sich zunehmend das aus USA kommende »CV«, die Abkürzung für Curriculum Vitae, durch. Dieses CV ist so aufgebaut, dass die jüngsten Ereignisse immer vorne stehen. Man langweilt also nicht mit seinem Werdegang und beginnt bei der Geburt, Einschulung und Pubertät, sondern stellt die aktuellsten Dinge nach vorne und wirbt mit den jetzigen

Kenntnissen und Fähigkeiten. Denn das ist es, was wir einem Unternehmen als wichtigste Botschaft von uns übermitteln wollen.

Die Amerikaner waren schon immer Weltmeister in der Selbstvermarktung und in der Inszenierung der eigenen Person. Das CV ist ein Verkaufswerkzeug, für Sie ist es nun *das* Verkaufswerkzeug schlechthin. Und das Produkt, das es gilt zu vertreiben, das sind: *Sie!*

Auch wenn Sie nun denken: »Verkaufen? Das ist nichts für mich!« Ohne verkäuferisches Geschick geht im Leben gar nichts, und Sie tun gut daran, sich ein wenig bewusster damit auseinanderzusetzen. Alles im Leben ist Verkauf. Sie verkaufen permanent Ihre Meinung und Ansichten genauso wie sich selbst oder Ihre Erfolge gegenüber Ihrem Chef. Ob Sie Ihren Kindern die Schule schmackhaft machen wollen oder Ihrem Lebenspartner eine gemeinsame Urlaubsreise – *immer* verkaufen Sie!

Daher machen wir zunächst einen kurzen Schlenker zur Vertriebs- und Marketingpsychologie im Allgemeinen, denn Sie müssen die Grundbegriffe des Verkaufens und die Gesetzmäßigkeiten dahinter kennen, um einen herausragenden Lebenslauf von sich erstellen zu können.

Gehen wir dazu dorthin, wo die besten Verkäufer und Marketingprofis sitzen. Na, und wo ist das?

Die besten Marketingabteilungen hatten immer schon die US-Unternehmen, die haben es einfach drauf. Wo Japaner oder Deutsche fast schüchtern über sich und ihre Produkte sprechen, brüllen die US-Boys ihre »Features« raus und garnieren sie mit fantasievollem Begleitwerk und Aktionen, denen man nicht widerstehen kann. Sie sind die Könige der Verführung und wissen, wie man etwas »verkaufen« muss.

Sonst wären die Amerikaner, um mal ein anschauliches Beispiel zu nehmen, sicher nicht in der Mehrzahl so stark übergewichtig. Der Konsumrausch wird perfekt geweckt, und die Essverführungen sind so unwiderstehlich inszeniert – sie treffen genau den Nerv oder besser gesagt, den Bauchumfang. Das Sucht- und Konsumzentrum wird aufs Korn genommen und beeinflusst. Ich muss kaufen! Ich muss essen! Ich will dick werden!

Die Grundgedanken des Verkaufs – ein Erlebnis zu schaffen und mit der perfekten Antwort auf die Frage: »Was kann dieses Produkt für Sie tun?«, zu verbinden – beherrschen sie perfekt. Während wir doch eher sagen: »Ööhm, das sollten Sie kaufen, also wir finden es toll!«, klotzen die Amerikaner lieber, statt nur zu kleckern. Sie sehen, ich bin schon angetan von diesem cleveren amerikanischen Urtalent, was aber nicht heißt, dass ich es uneingeschränkt begrüße. Zu viel ist zu viel, und lockere Sprüche alleine erobern noch keinen Markt. Es müssen natürlich am Ende aller Versprechungen auch Erwartungen erfüllt werden.

Nun, bei Schokolade im praktischen fünf Kilo Riegel, wie sie in jedem US-Supermarkt schwergewichtig im Regal stehen, ist das nicht so schwierig, Begeisterung zu schaffen. Auch der Zehn-Liter Eimer Eiscreme, der aus den überdimensionalen Gefriertruhen der Einkaufszentren quillt, kommt treffsicher gut an. Kleine Portionen finden Sie in Burgerland so gut wie gar nicht. Die Kühlschränke sind ja auch wesentlich größer als bei uns. Warum wohl?

Aber seien wir mal ehrlich, bei amerikanischen Autos und PC-Betriebssystemen hört doch der Spaß auf! Dennoch greift jeder weiter zu, also gutes Marketing schlägt oft sogar die Produktqualität. Das Produkt ist Schrott, aber ich habe ein Supergefühl dabei!

Eine völlig andere Entwicklung gab es in Deutschland. Dort war man von der Produktqualität immer überzeugt. Made in Germany eben. Das führte aber leider zum Abstumpfen, und man wurde faul, was das Marketing angeht. Vermutlich liegt da eine der Ursachen unserer Zurückhaltung, wenn es sich um geschicktes »Product Placement«, also die Strategie der cleveren Produktplatzierung im Markt, handelt. Es ging bei uns auch lange Zeit ohne Tamtam, weil die Produkte einfach gut waren.

Noch in den 1970er Jahren haben deutsche Firmen ziemlich planlos Dinge entwickelt, die von Fachleuten in den Labors selbstverliebt erdacht wurden. Das waren alles schlaue Köpfe, aber leider meist introvertiert und wenig marketingorientiert. Wenn das Produkt fertig war, hat man neugierig geschaut, ob es dafür einen Markt gibt, und es selbstbewusst zum Verkauf angeboten. Ist von uns, toll, nicht? Das hat oft genug funktioniert, und falls nicht, hat man eben Pech gehabt und ein neues Produkt entwickelt. Wenn eine deutsche Firma so etwas herstellt, dann muss es gut sein, dachte auch der Verbraucher lange Zeit und kaufte es. Vor der Globalisierung hat das gut geklappt, da gab es auch noch kein Ebay und keine Preissuchmaschinen.

Das Produkt hat sich über die Qualität und den Markennamen hervorragend ganz von allein vermarktet. Ein wenig

Chichi und Gedöns mit Tante Clementine in der Werbung hat gereicht oder ein bisschen Glück im Glas bei der Babynahrung. Marketing? Brauchte man nicht.

In Japan war die Entwicklung sehr ähnlich wie in Deutschland. Die Mentalität der Japaner ist unserer auch sehr nahe: fleißig, redlich, strukturiert, analytisch, gründlich, pragmatisch, grundehrlich, faktentreu. Und die japanischen Firmen haben das Produkt ebenfalls immer über alles gestellt; auf die Pauke hauen liegt nicht im zurückhaltenden Naturell der Kinder Nippons. Sie haben mit Beginn ihres Booms in den 1960er Jahren zunächst vieles aus Europa und den USA fleißig kopiert, Medizin, Autos, Haushaltsgeräte. Alles. Anfangs war die Qualität nicht so überzeugend, und viele von uns haben geflucht über schlecht imitierte Kameras, die nicht funktionierten oder die dann fotografierten, wenn man sie gar nicht ausgelöst hatte. Die ersten japanischen Autos waren auch noch kein Wunderwerk an Qualität und Stabilität und man durfte sich nicht wundern, wenn einem bei Tempo 100 der Tacho vor die Füße fiel.

Aber das haben die japanischen Unternehmen irgendwann – mit Kaizen und anderen japanischen Methoden der Qualitätsverbesserung im Gepäck – sehr gut in den Griff bekommen. Und Firmen wie NEC, Toshiba, Toyota, Sony oder Canon waren irgendwann top, nicht nur in Bezug auf die Produktzuverlässigkeit.

Japaner hatten nie ein wirklich »kreatives« Marketing. Es waren immer eher die leisen Töne. Auch heute noch bestehen viele Marketingabteilungen aus einem reinen »Produktmarketing«. Ich habe selbst in einem solchen gearbeitet. Hier wird kein neues Produkt werbetechnisch kreativ geboren, sondern bestehende Produkte werden verwaltet und betreut, Preislisten gemacht, Datenblätter verschickt, für jeden Marketeer Langeweile und Bürokratie pur also. Einfallsreiche Marktanalysen, Recherchen und dann bombastische Markteinführungen? Fehlanzeige.

In den USA hat man da immer schon anders gedacht und agiert. Die Marketingabteilungen nennen sich dort zumeist »Business Development« und das zeigt schon, wo die Kuh fliegt. Oder haben Sie so flammende Produktankündigungen wie die kultigen Auftritte von Steve Jobs, seines Zeichens Chef und Übervater von Apple-Computer, mal von einer deutschen Firma gehört? Wenn er ein neues Produkt wie den iPod oder das iPhone ankündigt, dann ist das perfektes Marketing in seiner Reinstform, gekoppelt mit Selbstinszenierung vom Allerfeinsten. Um den Aktienkurs anzukurbeln, hat der clevere Steve sogar seinen Blutdruck live gemessen und an die Großbildleinwand projiziert, um zu zeigen, wie kernig der iGod noch drauf ist. Mister Apple hält keine ordinäre Rede, nein, wegen so profaner Dinge kommt er nicht aus seiner bescheidenen Hütte in Palo Alto. Bei ihm sind es »Keynotes«, also geniale Anmerkungen von einem Erleuchteten. Gott spricht zu seinen Jüngern, es ist ein Megaevent. Die Erde steht still. Man liest ihm von den Lippen. Jedes Wort eine Offenbarung für die völlig überwältigte Fangemeinde, die T-Shirts mit seinem Konterfei tragen. Dabei geht es nur um ein Handy oder einen MP3-Player.

Haben Sie das mal von den Kollegen bei Nokia, NEC oder Sony Ericsson gehört? Haben die keinen Gott? Doch, aber die

US-Boys können auch Gott besser vermarkten! Das ist Selbstinszenierung in Perfektion. Die haben es einfach drauf. Oder wie der Bayer sagt: »Hund sanns scho!« Vergleichen Sie das mal, wenn wir Deutschen ein neues Auto vorstellen. Ist das nicht dagegen kläglich, fast peinlich? Da wälzt sich vielleicht mal eine leicht bekleidete Dame ungeheuer einfallsreich auf der Motorhaube, oder ein Auto fährt die Sprungschanze hoch. Aber alles bleibt leise, beinahe schüchtern. Und immer steht bei uns das Produkt im Vordergrund. Man versteht es einfach nicht annähernd so gut wie in den USA, dass man mit einem Produkt auch gerne eine Person in Verbindung bringen will, zu der man aufschaut, während man sich melken lässt. Verzeihung, ich wollte sagen: Eine Person mit Charisma zieht mehr als jedes Produkt. Apple, das ist Steve Jobs, Microsoft ist Bill Gates, Chrysler war immer Lee Iacocca.

Akio Morito oder Jorma Ollila in allen Ehren, haben Sie die Namen schon mal gehört? Es handelt sich um die Ex-Bosse von Sony und Nokia – beides Koryphäen, sie haben enorm viel bewegt und geleistet, aber irgendwie hat es in der großen Öffentlichkeit keiner gemerkt.

Das ist der Unterschied. Wir tanzen verkäuferisch Foxtrott, die Amerikaner Rock 'n' Roll.

Nun, heute funktioniert in Deutschland das System: »Produkt verkauft sich von ganz allein«, natürlich schon längst nicht mehr, und man sieht, dass sich viele etablierte deutsche Unternehmen aus vielen schnellen Märkten mit schnellen Produkt- und Entwicklungszyklen, wie Computer, Handys usw., verabschieden mussten. Diese Märkte erlauben kein produktorientiertes Denken, das heißt, erst wird das Produkt entwickelt, der Markt wird dann schon kaufen. Siemens ist ein tragisches Beispiel, die Handys dieser Firma konnten zwar problemlos aus zehn Meter Höhe ohne ernsthaften Schaden zu Boden fallen und dabei noch Kaffee kochen, aber sie waren irgendwann nicht mehr trendy genug für die Zielgruppe, und das Traditionsunternehmen stellte fest, dass der Markt schneller tickte, als man mit dem Entwickeln nachkam.

Die Sport- und Fashionindustrie ist auch ein schönes Beispiel für perfektes Marketing und Vertrieb. Fahren auf einem Brett ist alleine keine Sensation. Eine neue Mütze ist auch keine Erleuchtung. Aber ein Brett und eine Mütze mit fünf Zipfeln und dann das richtige Marketing dazu – und schon ist ein neuer Trendsport geboren und jeder 15-Jährige zieht sich das lustige Ding über seinen Kopf. Und fühlt sich, na wie: »Cool!«

»Kalt« statt »Cool« klingt nicht so gut, zugegeben. Und mountainbiken klingt auch besser als Fahrrad fahren, nordicwalken besser als »der mit dem Stock geht«. Aber die Anglizismen sind das Vokabular aus dem amerikanischen Marketing. Es heißt in einer Parfümkette nicht: »Komm rein und finde alleine wieder raus«, das klingt wirklich dämlich, auch wenn ich es natürlich falsch übersetzt habe –, sondern: »Come in and find out.« Klingt irgendwie viel besser, oder?

Es wird uns alles anglizistimiert eingehämmert, jeden Tag. Vertrieb und Marketing gehören dabei immer eng zusammen, und es ist eben weit mehr als nur »ein Produkt verkaufen«, es muss heute ein Erlebnis sein.

Ich habe in dieser Abhandlung nun sehr geschwärmt und dabei eventuell etwas übertrieben – natürlich gibt es in Deutschland auch gute »Werber«. Mea Culpa an Scholz und seine Freunde. Ich wollte aber die grundsätzlichen Unterschiede in den Mentalitäten aufzeigen. Natürlich sind nicht alle deutschen, japanischen oder amerikanischen Firmen gleich. Und dank vieler hervorragender Agenturen in Deutschland wird unsere Werbe-Landschaft immer besser. Aber die kulturellen Wurzeln und damit Talente sind doch erstaunlich deckungsgleich und heute nach wie vor zu beobachten.

Ach nein, fast hätte ich es vergessen, es gibt ein Völkchen in Europa, das die europäische Fahne hochhält und das auch in der Lage ist perfekte Selbstinszenierung, perfektes Marketing zu betreiben. Kommen Sie drauf, wen ich meine ...?

»Dingsebumsi con Firlifanzi, Grappa Speziale, komme Sie, isch habe bunte Nudel von Mama, sinne sensazione, musse probiere.« Einmaliges Marketing, sensationeller Vertrieb! Respekt!

Ich kann nur schmunzeln, wie die Italiener es schaffen, aus uns »eine Spielebale« italienischer Lebensfreude mit extrem schlauem Marketing zu machen. Gerade wir, deutsch, gründlich, analytisch, wir schwelgen bei Papa Leone, lesen ihm von den Lippen und nähern uns unterwürfig allem, was Tagliolino und Ravioli heißt. Wir haben zwar auch Maultaschen, aber was ist denn das! Und vor allem, wie klingt das?

Wir sind dankbar, wenn wir bei Luigi italienisch radebrechen dürfen und uns mit »Buenos Dias!« schon weit aus der Ferne ankündigen. Das ist zwar spanisch, macht aber Luigi nichts aus.

Niemand käme auf die Idee, beim Chinesen ein lautes »Ni hao!« auszurufen. Und dort bestellen wir auch gelangweilt die Nummer 15 und nicht wie bei Antonio in unserem besten Rimini-italienisch:

»Per favore! Attenzione! Per me, una Pasta Strozzapreti con Ruccola e Gamberini. Natürlich speciale! GRAZIE!« Dass »Strozzapreti« Priesterwürmer heißt, ist jetzt nicht so wichtig und eigentlich auch egal. Würde uns nur den Appetit versauen. Und wir sind doch gerade so gut drauf!

Ich schweife ab, ich weiß, aber es musste raus, meine Begeisterung für diesen schlauen Verkaufshokuspokus unserer südländischen Freunde. Und für diese tolle Inszenierung. Bravo Giuseppe!

Wir können aus all dem sehr viel für unsere eigene Selbstvermarktung lernen. Von den Amerikanern, von den Italienern. Und es für unsere Zwecke anwenden. Transportieren wir das auf unser Verkaufswerkzeug Lebenslauf und unsere Inszenierung des Vermarktens von uns selbst. Wenn wir einen Job suchen, dann ist das nichts anderes, als ob wir uns als Produkt selbst verkaufen würden. Auch wir müssen quasi ein Erlebnis schaffen, um unseren potenziellen Käufer zu beeindrucken und seinen Jagd- und Kaufinstinkt zu wecken. Es gelten also die gleichen Regeln wie bei Giuseppe oder Steve Jobs.

Es reicht nicht, dass wir wissen, wie gut wir sind, wir müssen unsere »Features« auch kommunizieren und beschreiben können. Und wir müssen selbst hinter uns stehen, denn eine Unsicherheit wird schnell bemerkt.

Beobachten Sie Ihr eigenes Kaufverhalten: Wirkt ein Verkäufer nicht authentisch, werden wir schnell misstrauisch. Wir merken, wenn etwas nicht stimmt und etwas nicht stimmig ist. Das geschieht unbewusst. Ein Verkäufer muss uns auch sympathisch sein, und er muss in der Lage sein, ein Erlebnis bei mir zu schaffen.

Kaufen Sie ein Auto? Nein, Sie sehen sich darin fahren. Kaufen Sie eine Reise? Nein, Sie sehen sich am Urlaubsziel schon am Strand liegen. Kaufen Sie Gambas, die 30 Euro kosten, weil Sie rot sind, nein, Luigis firlifanzi drumherumski, und schon machen Sie die Taschen weit auf und hätten auch 40 Euro bezahlt.

So funktioniert die Psychologie des Verkaufens und hier unterscheiden sich gute von schlechten Verkäufern. Gehen Sie in einen Autoladen und der Verkäufer stürzt sich auf Sie zu und sagt: »Ich weiß genau, was Sie wollen! Dieses Prachtstück hier ist toll. 300 kW, Servolenkung, Sportfahrwerk, Klima, Navi, in traumhaftem Rot lackiert und hat Platz für sechs Personen plus Hund.«

Sie haben aber keinen Hund!

Und Sie hassen Rot!

Und bei einem Sportfahrwerk werden Ihre lädierten Bandscheiben Beifall klatschen!

Was also wird passieren? Sie gehen vermutlich wieder.

Was hat der Verkäufer falsch gemacht? Alles! Er hat weder gefragt, was Sie eigentlich wollen, noch, was Sie suchen. Er hat geredet, statt gefragt.

Setzen, Sechs.

Kommunikation!

> *Kommunikation ist nicht, was ich sage oder schreibe, Kommunikation ist immer das, was beim anderen ankommt.*

Wenn Sie verkaufen, dann müssen Sie immer ganz bewusst kommunizieren, um die Dinge zu Ihren Gunsten zu entscheiden. Das ist das wichtigste Prinzip: Nicht reden. Klappe halten. Zuhören. Danach gezielt fragen. Dann erst handeln.

Das bedeutet, nicht einfach in Ihrem Lebenslauf drauflosschreiben, sondern Sie müssen sich erst in den anderen hineinversetzen und herausfinden, was seine Motive sind. Nicht was Sie kommunizieren ist entscheidend, sondern was beim anderen ankommt, was der andere hören und lesen will, in seinen Worten und in seinem Denkschema. Sie müssen also erst genauestens recherchieren, was der »Käufer« will, und sich dann nach ihm ausrichten. Schreiben, was jemand hören will, ohne dabei natürlich zu übertreiben oder zu fantasieren. Sie müssen immer bei der Wahrheit bleiben – aber die Dinge von sich herausstellen, die in diesem Fall gefordert sind –, so einfach ist das eigentlich.

Schreiben Sie einen Lebenslauf, müssen Sie genau das beachten. Viele Bewerber »plappern« einfach irgendwie nach Schema F drauflos, ohne zu überlegen, ob das den anderen überhaupt interessiert. Sie haben das so gelernt – alles was ich an mir toll finde kommt auf den Tisch – und los geht's. Sie bieten praktisch jedes Mal die komplette Speisekarte von sich an, ohne zu wissen, was jemand appetitanregend findet. Sie hoffen, der andere wird sich dann schon selbst das Richtige für sich rauspicken. Falsch. Tut er nicht. Der Mensch an sich ist faul. Und er wird sich meist nicht die Mühe machen, in Ihrer Vita nach passenden Indizien zu kramen. Das müssen Sie schon selbst tun, denn wer kennt Sie besser als Sie sich selbst? Sie laufen sonst große Gefahr, dass der Leser schnell die Lust an Ihnen verliert, weil ihm das alles zu egozentrisch ist und nicht das, was ihn interessiert.

Also tun Sie jedem den Gefallen und übernehmen Sie die Aufgabe, die passenden Argumente zu finden. Das ist Ihr Job! Sie lassen damit auch keinen Raum für Interpretationen und Fehlschlüsse. Wenn Sie sich zum Beispiel auf einen Verkäuferjob bewerben, dann stellen Sie Ihre Verkaufsfähigkeiten in den Vordergrund. Suchen Sie Beispiele in Ihren Erfahrungen und bringen Sie diese zur Geltung. Beispiele sind immer besser als hypothetische Statements. »Ich wäre, ich würde, ich möchte« – das ist katastrophaler Konjunktiv und gehört nicht hierher. Niemanden interessiert es, was Sie hätten, wenn Sie würden, falls Sie könnten.

Besser: Ich habe das in dieser Situation so gemacht und das mit folgendem Ergebnis oder diesem Erfolg! So ist das klar und einschätzbar und so müssen Sie das herausstellen. Alles andere ist hypothetisches Verhaltensgeschwafel und sagt rein gar nichts über Sie aus.

Sie müssen also vorher genau wissen, was in dem Job gefragt ist, welche Aufgaben anstehen und wie der ideale Kandidat für die Stelle aussieht. Darauf müssen Sie dann direkt Bezug nehmen.

> *Jedes CV, das Sie versenden, ist also ein individuelles Werk, bezogen auf einen konkreten Fall!*

Der Standard-Lebenslauf ist somit Käse, vergessen Sie es, falls Sie ihn noch in irgendwelchen Ratgebern finden. So wird das nichts mit dem Traumjob.

Es kommt auch nicht gut an, wenn der Leser schnell erkennt, das ist Ihr Null-acht-fünfzehn-CV für alle Fälle. Alles Einheitsbrei, der so als Serien-Lebenslauf an alle Personalabteilungen geht. Man sieht sofort, Sie haben sich keine Mühe gemacht, sich nicht wirklich mit dem Thema auseinandergesetzt. Damit zweifelt man auch verständlicherweise an, dass Sie für die Stelle geeignet sind. Sie wissen es selbst nicht, sonst hätten Sie es ja geschrieben. Sie haben sich beworben und überlassen es dem Leser, das zu beurteilen. Gar nicht gut! Sie unterstellen, dass er nichts Besseres zu tun hat, als sich mit Ihnen so intensiv zu beschäftigen, um das herauszufinden, was eigentlich Sie hätten tun müssen. Sie katapultieren sich damit ein für allemal auch für andere Positionen bei dieser Firma ins Aus.

Ist Ihr CV im Grundsatz für das Unternehmen passend und die Arbeit, die Sie sich gemacht haben, ordentlich, dann wird der Leser Sie eventuell für andere Vakanzen im Auge behalten. Geben Sie aber einen insgesamt inkompetenten Lebenslauf ab und zeigen damit, dass Sie sich weder mit der Aufgabe noch mit der Firma beschäftigt haben, dann sind Sie gänzlich draußen.

Der grundsätzliche Aufbau des CV

Zunächst muss man sagen: Es gibt keine Vorschrift bezüglich Layout oder Format. Heute hat man einen hohen Freiheitsgrad, wie man was wie darstellt und gliedert, es sei denn ein Unternehmen fordert eine uniformierte Darstellung. Was ich im Folgenden beschreibe ist daher auch nur eine Empfehlung, bei der Sie selbst auch noch viele Dinge, die Ihnen persönlich wichtig erscheinen, ergänzen können.

Gliedern Sie Ihren CV wie ein »Gourmet-Menü«. Für einen Koch in einem guten Restaurant ist das Amuse-Gueule, der Gruß aus der Küche, der erste Appetithappen, der wichtigste Einstieg, die größte Herausforderung. Damit zeigt der Herr der Kochtöpfe, was er draufhat, und macht Appetit auf mehr. Ist der Anfang gut, dann geht man mit einer positiven Grundeinstellung in das weitere kulinarische Feuerwerk.

Es gibt keine zweite Chance für den ersten Eindruck. Das gilt auch für den Lebenslauf. Ganz vorne also, auf der ersten Seite, dem Anschreiben, müssen Sie Appetit auf sich machen. Hier müssen Sie herausstellen, warum Sie für die Position geeignet sind. Kurz und knapp. Kein Schwafeln, warum Sie ein toller Hecht sind, schreiben Sie vorher die wichtigsten drei Fähigkeiten auf, die für die Stelle gefordert sind. Und nehmen Sie dann unmittelbar Bezug zu Ihrer Person. That's it. Nicht mehr. Auf einer Seite, maximal zwei.

Die auf das Anschreiben folgenden Seiten sollten dann chronologisch einen Abriss Ihres bisherigen Tuns geben, das Aktuellste zuerst, aber denken Sie daran, auch dabei müssen

Sie immer den Fokus auf die Stelle behalten, für die Sie sich bewerben.

Nehmen wir dafür wieder ein Beispiel.

Sie bewerben sich auf eine Marketingstelle bei einem amerikanischen Unternehmen. Sie haben erfahren, die Firma sucht jemanden, der gute Kontakte zur Presse hat, der weiß, wie man Produkte erfolgreich im Markt positionieren kann, und der ein guter »Teamplayer« ist. Das sind die drei wichtigsten Kriterien, die Sie herausgefunden haben.

Nun schreiben Sie:

»Sehr geehrte Frau ...,
nach unserem sehr sympathischen und informativen Telefonat ist mein Interesse an Ihrem Unternehmen stark gewachsen. Ich erlaube mir daher, Bezug auf die Vakanz zu nehmen und Ihnen nachfolgend eine Skizze meines bisherigen beruflichen Werdegangs zu übersenden.

Meine Erfahrungen im Marketing waren geprägt von Produktpositionierungen und Markteinführungen. Bei der Firma X habe ich die Vermarktungsstrategie eigenständig entwickelt und das Produkt so erfolgreich in den Markt eingeführt. Dazu war das Erarbeiten von Pressekontakten ein wesentlicher Punkt, um ein Beziehungsgeflecht zu den wichtigsten Ansprechpartnern aufzubauen.

Intern habe ich immer die Zusammenarbeit mit Entwicklung, Vertrieb und dem Management gesucht, um alle Unternehmensinteressen zusammenzubringen und bestmöglich umsetzen zu können. Nur durch diese Teamarbeit war der Erfolg des Produktes möglich und es gehört heute noch zu den erfolgreichsten Produkteinführungen des Unternehmens.

Ich freue mich sehr, wenn wir gemeinsam eine ähnlich erfolgreiche Möglichkeit der Zusammenarbeit finden können und ich mich mit meinen Marketing-Erfahrungen bei Ihnen einbringen kann.

Ich freue mich auf weiterführende Gespräche mit Ihnen!

Mit freundlichen Grüßen

Christian Pape«

Sie signalisieren mit diesem Schreiben ein starkes Interesse, lassen aber dennoch Raum dafür, dass Sie selbst noch überzeugt werden müssen. Ihr Interesse ist zwar durch das erste Gespräch gestiegen, und Sie machen dem Adressaten ein Kompliment, dass er es geschafft hat, Sie zu begeistern. Sie sind quasi positiv inspiriert und überrascht davon. Sie nehmen Bezug zu der Position und stellen direkt gegenüber, wie Sie zu den Anforderungen passen. Nichts ist hypothetisch beschrieben, alles sind Fakten.

Der Text ist nicht aufdringlich und schon gar nicht selbstherrlich. Sie stellen auch das Team ins Zentrum Ihres bisherigen Tuns und nehmen damit unterschwellig zu der zweiten Anforderung – Teamorientierung – Stellung.

Sie bleiben dabei eher bescheiden in der Beurteilung des Gesamterfolges und stellen wiederum das Team in den Vordergrund. Trotzdem ist das Ergebnis, das Sie beschreiben, ja ein volles Pfund. Das klingt immer besser, als wenn Sie zu sehr von sich überzeugt sind und in Ihrem Selbstlob überziehen. Sie lassen Raum für Interpretationen, und der Leser wird neugierig, wie Sie das nun genau gemacht haben. Das lassen Sie aber offen, denn Internas dürfen Sie ohnehin nicht schreiben. Sonst wären Sie eine Plaudertasche, die Firmengeheimnisse ausposaunt. Das käme überhaupt nicht gut. Lassen Sie also Raum und seien Sie in keinem Fall zu marktschreierisch.

Der Abschluss ist auch unaufdringlich, also nicht: Sie müssen mich nehmen, ich will den Job unbedingt, sondern Sie bieten sich für weitere Gespräch an, um gemeinsam zu eruieren, ob es denn passen kann. Der Jagdinstinkt ist also geweckt.

Im Weitergang Ihres Lebenslaufes skizzieren Sie auf den nächsten Seiten Ihren beruflichen Werdegang, immer in Bezug auf die Position, auf die Sie sich bewerben.

Der Aufbau Ihres CV ist also pyramidenförmig: Am Anfang steht das Wichtigste und Aktuellste und fächert sich nach hinten immer detaillierter auf.

Das grundsätzliche Konstrukt sollte also wie folgt aufgebaut sein:

- Anschreiben (1 Seite)
- Foto, persönliche Daten (1 Seite)
- Beruflicher Abriss (2–3 Seiten), Aufzeigen der Stationen
- Qualifikation, Ausbildung, Privates/Hobbys (1 Seite)
- Projekt- oder Tätigkeitsbeispiele, je eine Seite pro Arbeitsstelle/Wichtige Projekte und Anhang (Zeugnis)

Anschreiben

(1 Seite)

Die Speerspitze ist das Anschreiben. Hier stellen Sie den Bezug zur Position her und erklären, warum genau Sie hier ideal passen. Immer den konkreten Bezug zur Stelle behalten, nie verallgemeinern! Das ist Ihr Amuse-Gueule!

Foto, persönliche Daten

(1 Seite)

Auf der zweiten Seite platzieren Sie ein Foto von sich und persönliche Daten/Kontaktdaten. Geben Sie sich bitte Mühe bei dem Foto, es gehört zum ersten Eindruck. Also lassen Sie sich das Porträt von einem Profi machen. Unbedingt! Das Geld ist gut angelegt, gehen Sie also bitte nicht zum Fotoautomaten! Schauen Sie freundlich und offen, Ihre Kleidung sollte der Position angepasst sein. Bitte nichts Reißerisches oder zu Lässiges. Verzichten Sie aber *nie* auf ein Foto, man will sehen, wen man vor sich hat, und es hilft, einen guten ersten Eindruck zu hinterlassen. Ein guter Fotograf beherrscht auch die Nachbereitung, um Sie in jedem Fall in bestem Licht darzustellen. Genau wie bei Models werden durch professionelle Bildbearbeitungsprogramme wie Photoshop die kleinen Fehler nachher unauffällig »ausgebügelt«.

Ein fehlendes Foto zeigt mir immer, dass da jemand entweder unaufmerksam ist, sich selbst nicht mag oder etwas zu verbergen hat. Das Antidiskriminierungsgesetz (AGG) sagt zwar, ein Foto ist nicht mehr zwingend notwendig, man will damit natürlich Nachteile bei einer Bewerbung durch das Aussehen ausschließen. Man verhindert damit aber nicht, dass die Fantasie des Leser angeregt wird, ob das Aussehen denn wirklich so schlimm ist, daß man es niemandem zumuten kann.

Vermeiden Sie Ganzkörperaufnahmen, Partybilder oder – auch das gibt es – Bikinifotos.

Egal wie alt Sie sind: Schreiben Sie es rein. Ich sehe oft, dass sich ältere Personen um die Angabe drücken und nichts dazu erwähnen. Das ist Quatsch, also gehen Sie nicht schüchtern an die Sache ran. Sie haben nichts zu verbergen, und es kommt sowieso raus. Stehen Sie zu Ihrem Alter, viele Firmen stellen ganz bewusst reifere Kandidaten mit Vorliebe ein.

Vergessen Sie eine E-Mail-Adresse nicht, wählen Sie hierbei eine seriöse Adresse, nicht also *wurliwurm@freenet.de* und auch nicht die Ihrer Frau. Das sieht sonst wirklich sehr merkwürdig aus.

BERUFLICHER ABRISS

(2–3 Seiten), Aufzeigen der Stationen

Die nächsten Seiten geben einen kurzen Abriss der beruflichen Stationen, die aktuellste davon zuerst. Nehmen Sie nicht unbedingt Ihre internen Berufsbezeichnungen, meist kann ein Außenstehender damit nicht viel anfangen. Falls Sie zum

Beispiel Technical Manager waren, in Wirklichkeit aber für den Betrieb der Werkstätten verantwortlich waren, dann schreiben Sie das auch.

Wenn ich lese, dass ein Bewerber schreibt: »Ich war Leiter der Abteilung ›Sima5‹«, dann bin wirklich beeindruckt! Super! Für Sie sicher unvergesslich! Für den Leser aber ein Rätsel.

Denken Sie immer daran, dass ein Außenstehender Ihren Werdegang liest.

Nennen Sie hier auch kurze Beispiele Ihrer Arbeitsinhalte. Ist eine Firma, bei der Sie waren, unbekannt, erklären Sie kurz, was dieses Unternehmen grundsätzlich macht.

Qualifikation, Zusatzqualifikationen, Ausbildung, Praktika, Privates

(1 Seite)

Als nächste Seite fassen Sie Ihren schulischen Werdegang, Abschluss und Ihre Qualifikationen zusammen, und Sie dürfen und sollten auch ein wenig über sich selbst privat plaudern.

Wenn Sie ein Hobby haben, dann schreiben Sie das, es macht Sie sympathisch, menschlicher, beurteilbarer, berechenbarer. Sie wirken dann nicht wie eine Arbeitsmaschine, ein Jobroboter. Der Hobbybereich im Lebenslauf wird gerne unterschätzt, dabei kann er so viel aussagen und das Bild über Sie abrunden. Er ist ein ganz wichtiger Part, der sehr meinungs- und stimmungsbildend sein kann. Aber er ist auch gefährlich. Ich widme daher diesem Bereich nun etwas mehr Platz.

Sie können als »Hobbys« auch ein paar interessante Tätigkeiten erwähnen, wenn Sie zum Beispiel in Ihrem Handballverein der Kassenwart sind. Das demonstriert Ihre Vielseitigkeit, und in diesem Fall zeigt es subtil, dass Sie verlässlich sind, man Ihnen Geld anvertrauen kann und Sie auch mit Zahlen umgehen können.

So etwas ist also immer gut, weil nicht Sie sich bewerten, sondern die Bewertung über die Tätigkeit selbst erfolgt, das ist immer glaubwürdiger. Wenn Ihnen ein Sportclub eine verantwortungsvolle Vertrauensaufgabe anvertraut, dann müssen Sie selbst nicht zur Sprache bringen, dass Sie ein Mensch sind, mit dem Mann »Pferde stehlen kann«.

Suchen Sie also in Ihrem Freizeitumfeld nach Dingen, die erwähnenswert sind. Vorsicht aber mit gefährlichen Freizeitbeschäftigungen und Extremsport, die sind nicht immer positiv, denn wenn Sie ein hohes Risiko fahren, ist die Verletzungsgefahr groß, und das mag den einen oder anderen dazu bewegen, Sie aus dem »Kader zu streichen«!

Es gibt durchaus Freizeitaktivitäten, die eine nicht unbeträchtliche Gefahrenstufe bedeuten, auch wenn Sie das natürlich anders sehen mögen. Ich kenne Mountainbiker, die haben ihr Hobby auch als »völlig ungefährlich« angesehen. Pah! Ich doch nicht! Ich hab's drauf! Und dann hat man sich monatelang in der Reha mit seinem neuen Titan-Schultergelenk anfreunden dürfen.

Diskriminierung und Benachteiligungen bei beruflichen Entscheidungen sind zwar heute nicht mehr statthaft, denn es gibt, wie schon erwähnt, seit einiger Zeit das »AGG-Gesetz«, das Allgemeine Gleichbehandlungsgesetz. Das sagt, dass niemand aufgrund seiner Herkunft, religiösen Überzeugung, ethnischen Herkunft, sexuelle Neigungen usw. beruflich benachteiligt werden darf.

Ob Sie nun als Freeclimber oder Cliffhanger dazu gehören, dafür gibt es noch keine endgültige Rechtssicherheit, aber dass Sie bei diesem Hobby schneller runterfallen können, als Ihnen lieb ist, dieses Risiko ist zumindest für einen Außenstehenden vorhanden. Also müssen Sie entweder Ihre Neigung zum Base-Jumping oder Ultimate-Fighting zügeln oder Sie reden besser einfach nicht drüber.

Projekt- oder Tätigkeitsbeispiele

je eine Seite pro Arbeitsstelle/Wichtige Projekte und Anhang (Zeugnis)
Es ist sehr übersichtlich und informativ, wenn Sie auf den letzten Seiten jede Station Ihres beruflichen Tuns einzeln auffächern und beschreiben. Falls Sie sich die Mühe machen wollen, fügen Sie am besten pro Berufsstation eine Seite an und erklären, was Sie dort genau gemacht haben. Zählen Sie Beispiele auf, sparen Sie nicht mit Erfolgsmeldungen, aber seien Sie nicht zu vollmundig. Verantwortungsbereiche, Kernaufgaben und Projekte (zwei bis drei, die besonders erfolgreich waren) können hier von Ihnen erwähnt werden. Listen Sie diese jeweils stichpunktartig auf. Die Seite darf ruhig mit »Tätigkeitsbilanz bei X« oder »Leistungsbilanz bei Y« überschrieben werden.

Hier ist auch Platz, um zu beschreiben, was das Unternehmen selbst gemacht hat, bei dem Sie tätig waren, und was Ihre Aufgabe und Ihr Beitrag dort war. Denken Sie daran, dass Sie sich thematisch immer auf die Anforderung beziehen. Sie können auch darlegen, warum Sie sich damals für die Stelle interessiert haben und was Ihre Motive waren. Es ist immer gut, wenn sich ein roter Faden durch die Vita zieht. Falls einmal etwas Unerwartetes passiert ist, schreiben Sie es. Wenn Sie nach fünf Monaten gegangen sind, weil sich die Erwartungen nicht erfüllt haben, dann schreiben Sie es. Irrtümer und menschliche Schlenker sind legitim und machen Sie sympathisch. Fangen Sie nur nicht an zu schwindeln, denn dies wird immer entdeckt, und Sie müssen nicht verheimlichen, dass es zum Beispiel zu einer Trennung »in gegenseitigem Einvernehmen« gekommen ist.

Vor allem wenn Sie einen nicht so »flüssigen« Lebenslauf haben, sollten Sie hier erklären, warum Sie was gemacht haben. Das ist immer besser, als eine zeitliche Lücke zu lassen und diese nicht zu begründen. Das lässt Raum für Spekulationen – und die sollten Sie auf keinen Fall zulassen!

Sie sehen, Sie haben viel Freiraum, wie Sie Ihren Lebenslauf gestalten können. Nehmen Sie sich genug Zeit dafür, seien Sie kreativ, und geben Sie sich Mühe, an den Punkten und Aussagen zu feilen. Er ist Ihr Aushängeschild. Er führt zu einer Einladung zum Gespräch oder auch nicht. Wichtig ist: Der Lebenslauf beschreibt Sie und Ihr Tun und bezieht sich immer auf die konkrete Bewerbung!

Wenn Sie Ihr CV fertig haben, geben Sie es mehreren Personen zu lesen, denen Sie vertrauen. Erkundigen Sie sich, was sie davon halten und ob alles verständlich erklärt und beschrieben ist oder ob Sie sich unter Umständen in Firmenfachchinesisch verloren haben. Fragen Sie, ob die »Message«, die Sie verpacken wollen, auch wirklich ankommt. Denken Sie daran: »Kommunikation ist immer das, was beim anderen ankommt.«

Und bitte bei allem: Kein Schwafeln über sich selbst! Ich muss dieses Thema hier einfach noch einmal aufgreifen und ein paar »NoGos« erwähnen.

Geht gar nicht Nr. 1: Mottos und Schlagworte!

Das ist einfach nur furchtbar und peinlich: Dinge, die man selbst unterstreichen muss, verlieren ihren Wert.

»Ich bin ein dynamischer Manager!«

Ach.

Gerne werden auch irgendwelche bedeutungsschwangeren Zitate verwendet, wie: »Man kann alles verkaufen, wenn es gerade in Mode ist. Das Problem besteht darin, es in Mode zu bringen!« Und dazu ein DIN-A4-Foto, der Kandidat lässig an der Mauer lehnend.

Ich frage mich immer, was will der Lässig-an-der-Mauer-Lehner mir damit sagen? Dass er das Zitat im Internet gefunden hat und somit schon ganz alleine googlen kann? Dass es sein Lebensmotto ist und er nicht ohne sein Motto auf die Straße geht? Was in aller Welt soll man damit anfangen? Es sagt faktisch rein gar nichts über den Menschen aus, im Gegenteil, es lässt viel Raum zu negativen Interpretationen.

Sich auf Mottos zu beziehen ist hochgefährlich, denn eventuell hat der Leser ein ganz anderes. Oder gar keins. Oder er hasst Mottos, so wie ich. Ich meine, ich habe schon auch

Sprüche, die ich gerne höre oder zitiere, aber in einen Lebenslauf, nein, da gehören Sie nicht rein.

Man erweckt den Eindruck, man ist ein Abziehbild dieses Mottos, ein Nachäffer, ein Erbsenzähler, der zur Selbstaufwertung einen Spruch braucht, um etwas Schlaues zu sagen. Was ein anderer mal gesagt hat, »nachquatschen«. Und wenn das Motto nicht passt, weil die Situation es nicht zulässt? Dann hat der Mottomensch ein Problem!

Geht gar nicht Nr. 2: Ich bin toll!

Auch die Definition der eigenen Qualitäten im Lebenslauf ist hochproblematisch. Ich lese oft:

»Mein Managementstil ist konsensorientiert!«

Ganz stolz steht er jetzt da, der Konsens-Manager. Aber was ist, wenn Konsens mal nicht gefragt ist? Dann dreht er am Rad, der Herr.

Also, Vorsicht mit platten Aussagen zu Ihren Fähigkeiten, zu Ihren Eigenschaften und Auffassungen. Ein guter Manager, bleiben wir mal bei dem Beispiel, ist nämlich sicher keiner, der *einen* Managementstil beherrscht. Ein guter Manager hat eine Vielzahl von Facetten, Erfahrungen und Lösungsvarianten in seinem »Portfolio«. Er kann im richtigen Moment immer flexibel reagieren, denn gerade für einen Manager ist ein situationsbezogenes Denken und Handeln immer wesentlich. Und nicht: Hier ist meine Schablone, wo ist das Problem, das dazu passt. Autsch!

Geben Sie sich also nie eine »Plakette«: So bin ich! Das bin ich! Auch wenn Sie wahnsinnig stolz darauf sind, so und so zu sein, reduzieren Sie sich damit auf eine Handvoll Eigenschaften, von denen Sie nicht wissen, ob sie für den neuen Job gefordert und ausreichend sind.

Sie unterwerfen sich damit selbst einem Ausschlussverfahren, denn wenn Sie schreiben, was Sie sind, dann schreiben Sie damit auch automatisch, was Sie nicht sind! Denken Sie daran.

Unser sympathischer Konsens-Manager ist also nicht in der Lage, auch mal unsympathisch zu werden und auf den Tisch zu hauen. Damit kommt man aber nicht wirklich durchs raue Manager-Leben. Er kegelt sich also mit solchen markigen Tönen schneller raus, als er reingekommen ist.

In einen Lebenslauf gehören daher nur Fakten und Beispiele. Suchen Sie sich ein paar Projekte aus Ihrer Vergangenheit, die Sie betreut haben, fahnden Sie nach Ergebnissen, die messbar sind, die Ihre Handschrift getragen haben, und versuchen Sie, diese so authentisch wie möglich zu skizzieren und Ihren Beitrag dabei zu beschreiben.

Natürlich sollten die Beispiele zur Vorgabe passen, also eine Thematik beinhalten, die mit der jeweiligen Jobbeschreibung und dem Bild des »idealen Kandidaten« im Einklang ist.

»Vergangenes Verhalten lässt auf zukünftiges Verhalten schließen.« Nach diesem Prinzip nehmen Profis ihre Kandidaten im Interview unter die Lupe. Keine Hypothesen, keine Sprüche, keine Weisheiten, sondern: Wie haben Sie in der konkreten Situation das Problem gemeistert?

Das ist die richtige Frage und darauf kann man auch nicht im Konjunktiv antworten.

Die Optik

Zum Schluss müssen Sie Ihre Unterlagen noch formatieren und sie präsentabel und der jeweiligen Bewerbung entsprechend gestalten. Als Buchhalter oder Banker zum Beispiel sollten Sie eine klare Struktur bevorzugen. Bewerben Sie sich für einen kreativen Beruf, im Marketing oder Grafikbereich, dann dürfen Sie schon zeigen, was Sie können. Sie geben damit ja bereits eine erste Arbeitsprobe ab.

Generell darf Ihr Lebenslauf nicht zu schrill sein. Vermeiden Sie verschiedene Schriftarten, legen Sie sich auf eine fest, die klar und gut lesbar ist (Arial, Geneva, Verdana), und verwenden Sie sie durchgängig.

Benutzen Sie nie zu viele Zeichen- und Wortformatierungen, maximal zwei bis drei verschiedene Schriftgrößen (10–12 Punkt), verwenden Sie fett für Hervorhebungen, nie »unterstrichen« (das kommt aus der Urzeit, als es noch keine PCs gab). Packen Sie nie zu viel auf eine Seite.

Bauen Sie übersichtlich auf, nicht zu viele optische Spielereien, es sein denn, Sie sind Grafiker, dann wissen Sie, was Sie tun. Sonst lassen Sie lieber die Finger davon, meist sieht es nicht gut aus.

Ergänzende Unterlagen – ein paar Worte zu Zeugnissen im Allgemeinen

Produzieren Sie keine E-Mail-Briefbombe, indem Sie alles, was Sie finden können »attachen«, also als Anhang mitsenden. Wenn Sie Ihre Bewerbung verschicken, dann ergänzen Sie diese maximal mit Ihrem letzten Arbeitszeugnis.

Ich bekomme oft E-Mails von zehn Megabyte und mehr, bei denen alles bis zum Impfpass und erfolgreich abgeschlossenem Seepferdchen beigefügt ist. Sensationell! Noch besser, wenn der Absender diese dann noch in lauter einzelnen Dateien schickt. Da keimt Freude beim Puzzeln auf.

Lassen Sie auch Ihre fünfundzwanzig Trainingsnachweise weg, sonst werden Sie schnell als »trainingsgeil« eingestuft. Der eintägige Workshop »Excel für Anfänger« ist nicht so wichtig wie Sie vielleicht meinen. Ist man an Ihrer Person interessiert, dann wird man mehr Informationen von Ihnen anfordern. Weniger ist am Anfang mehr!

Zeugnisse haben nicht mehr den Stellenwert für eine Beurteilung wie früher. Die Verantwortlichen wissen, dass viel manipuliert wird, dass oft Mitarbeiter nach der Kündigung vom Chef gebeten werden, das Zeugnis selbst vorzuformulieren. Und da es sowieso gesetzlich in Deutschland verboten ist, negativ zu schreiben, relativiert sich die dokumentierte Leistung im Zeugnis sowieso immer. Im Gegenteil, ist die Beurteilung zu gut, wird eher Misstrauen geschürt!

Inzwischen ist auch die Zeugnisprache allgemein bekannt und Sie können leicht googlen, was sich hinter »stets zur vollsten Zufriedenheit« oder »hat sich bemüht« und »war gesellig« verbirgt. Damit ist sie längst keine Geheimsprache unter Personalern mehr. Und wenn Sie mit einem schlechten Zeugnis vor das Arbeitsgericht ziehen, werden Sie sowieso immer Recht bekommen, und aus dem dürftigen Zeugnis wird per Gesetz ein gutes.

Der Stellenwert von Zeugnissen zur Leistungsbeurteilung von Bewerbern ist natürlich von Firma zu Firma verschieden, für manche sind Zeugnisse noch sehr wichtig, andere dagegen wollen sie gar nicht mehr lesen. Viel wichtiger für die meisten Unternehmen sind zum Beispiel Referenzen. Warten Sie also ab, was die Firma in der »zweiten Runde«, wenn es konkreter wird, von Ihnen nachfordert, und handeln Sie dann entsprechend.

Zusammenfassung: Wie soll das CV aufgebaut sein?

- Beginnen Sie mit einem »appetitanregenden« Anschreiben, indem Sie bei zwei oder drei geforderten Fähigkeiten oder Erfahrungen einen Bezug zu sich herstellen.
- Die nächste Seite ist für Ihre persönlichen Daten reserviert, für Ihre Qualifikation und für (wichtig!) ein schönes Foto.
- Danach folgt ein kurzer Abriss Ihrer beruflichen Stationen, beginnend mit der aktuellen. Insgesamt maximal zwei Seiten.
- Darauf folgen ein bis zwei Seiten, die Ihre Qualifikationen und schulischen Abschlüsse erwähnen.

- Am Schluss auch ein kurzer, aber wohlüberlegter privater Hobby- oder Aktivitätenabriss, sofern Sie Dinge erwähnen können, die positive Rückschlüsse auf Ihre Person zulassen.
- Darauf folgend (optional, muss nicht) je eine Seite zu Ihren beruflichen Stationen im Detail.
- Lassen Sie Zeugnisse erst einmal weg, maximal das letzte Arbeitszeugnis beifügen.
- Das Ganze schicken Sie dann als E-Mail mit insgesamt nicht mehr als 1 MB (!) als Word-Datei (.doc) oder noch besser als pdf, das kann jeder Computer lesen. Fassen Sie alles in *einem* Attachement zusammen!
- Per Post nur, wenn es ausdrücklich gewünscht wird. In der Regel ist dies nicht mehr zeitgemäß und sie erwecken einen altmodischen Eindruck – als ob Sie zeitlich stehen geblieben wären.
- Und nochmal, weil es so oft passiert: Leisten Sie sich eine seriöse E-Mail-Adresse! Ihr E-Mail-Account sollte also nicht »*mausepurzel@aol.com*« lauten, sonst haben Sie den ersten ungewollten Lacher schon auf Ihrer Seite. Verwenden Sie auch nicht den Account Ihrer Kinder, Frau oder sonst wem.

Das persönliche Gespräch – das Interview

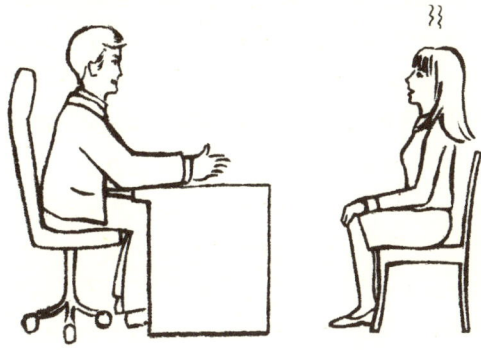

Sie haben nun den Lebenslauf an Ihre Traumfirma geschickt und es kommt zu einer Einladung zum Gespräch. Herzlichen Glückwunsch! Sie haben bisher alles richtig gemacht und offenkundig einen positiven Eindruck hinterlassen!

Ihre Grundeinstellung zum Vorstellungsgespräch

Natürlich wollen Sie bei dem nun folgenden persönlichen Gespräch einen positiven Eindruck hinterlassen, ganz klar. Dennoch möchte ich Sie bremsen und daran erinnern, dass es *Ihre* Show ist. Sie müssen diesen ersten Gesprächstermin nutzen, um die Firma und den Entscheidungsträger kennenzulernen und um herauszufinden, ob sich die Antworten auf Ihre Fragen mit Ihren bisher gesammelten Informationen decken.

Jetzt gilt es, diesen Eindruck in einem persönlichen Gespräch zu untermauern und herauszufinden, ob die Firma und die Aufgabe zu Ihnen passen.

Also denken Sie daran, es ist ein beidseitiges Abklopfen, ob die geplante Bindung, also quasi Ihre Berufsehe, auf guten Füßen stehen kann.

Schmeißen Sie sich daher keinesfalls Ihrem Gegenüber gleich bereitwillig an den Hals und hauchen ihm ein »Nimm mich« ins Öhrli. Dafür ist es noch zu früh.

Sie dürfen viel fragen, damit zeigen Sie Interesse. Und Sie zeigen auch gleichzeitig, dass Sie kritisch sind. Wir gehen gleich noch näher darauf ein. Bitten Sie darum, den einen oder anderen Ihrer potenziellen neuen Kollegen vorher kennenlernen und mit ihnen ein kurzes Gespräch führen zu dürfen. Auch das ist legitim und gibt Ihnen zusätzliche Einblicke.

Natürlich dürfen Sie der Firma gegenüber nicht arrogant auftreten und keine »kleinkarierten Fragen stellen«, sondern Sie müssen Ihre Fragen auf das Große und Ganze ausrichten.

Für Sie selbst muss immer im Vordergrund stehen: Bestätigt das Unternehmen meine Recherche-Ergebnisse und die Informationen, die ich gesammelt habe?

Sie entscheiden, wer Ihr neuer Arbeitgeber wird, sonst niemand!

Sind wir da noch auf Linie? Gut. Dann machen wir weiter!

Die Gesprächsvorbereitung

Die Vorbereitung auf das Gespräch ist nun die wichtigste Grundlage für Ihren weiteren Erfolg. Am besten bereiten Sie sich vor, wenn Sie so ein Gespräch mit einem Sparringspartner üben. Keiner von uns ist perfekt, und solche Gespräche erfolgreich zu führen bedeutet, Erfahrung damit zu haben: Erfahrung in der Vorbereitung, Praxis in der Gesprächsführung, vor allem auch Erfahrung im Umgang mit sich selbst. Alles, was man gut machen will, muss man vorher trainieren, warum in aller Welt geht man dann oft so unvorbereitet und untrainiert in diese wichtigen Gespräche? Vor jeden Erfolg haben die Götter den Schweiß gesetzt, also überlassen Sie diesen so entscheidenden Moment keinesfalls dem Zufall. Üben Sie!

Sie glauben zum Beispiel gar nicht, wie viele kleine Angewohnheiten Sie haben, die sich in so einem Gespräch nachteilig auswirken können und auch werden. Es reicht schon, wenn Sie sich im Vorstellungsgespräch zehnmal an die Nase fassen, und zwar jedes Mal, wenn Sie etwas Bedeutungsschwangeres sagen. Unweigerlich wird Ihre Nase das Zentrum der Beobachtung, und Ihr Gegenüber wird schon darauf warten, wann es das nächste Mal »passiert«.

Suchen Sie sich eine Person aus Ihrem Umfeld, die beobachtungsstark ist und Ihnen ein ehrliches und konkretes Feedback geben kann, ohne dabei zu nett zu Ihnen sein zu dürfen. Denn »nett sein« würde Ihnen nicht weiterhelfen, im Gegenteil, Sie können Ihr Verhalten dann nicht verbessern und verbauen sich unter Umständen Ihre Chance.

Haben Sie niemanden zum Üben, dann empfiehlt sich ein Berater, der auf Vorstellungsgespräche spezialisiert ist. Das Honorar dafür ist überschaubar und eine gute Investition.

Sie können natürlich auch praktisch üben, indem Sie sich auf Positionen bewerben, die Ihnen eine Einladung zu einem Gespräch ermöglichen werden. Auch wenn ich mir damit keine Freunde mache, üben Sie ruhig bei einem Bewerbungsgespräch, bei dem Sie keinen Druck haben, weil die Stelle nicht unbedingt Ihre erste Wahl ist. Sie bekommen dadurch wertvolle Praxis, und Sie geben Ihrem Gegenüber eine faire Chance, ohne dass Sie sich dabei selbst unter Druck setzen. Zugegeben, das ist ein wenig sehr egoistisch, suchende Firmen für sich zu instrumentalisieren, aber Sie müssen ja nicht sagen, dass Sie diesen Tipp von mir haben.

Bleiben wir aber nun bei dem Beispiel, dass Sie eine Person Ihres Vertrauens dafür gewinnen konnten, mit Ihnen ein Bewerbungsgespräch zu simulieren. Geben Sie ihr explizit die Lizenz zum Kritisieren. Formulieren Sie das Thema, den Job und die Rolle, die sie einnehmen soll. Sie soll während des Interviews alles aufschreiben, was ihr auffällt: Wie Sie wirken. Was Sie im Gespräch tun, Ihre Gestik, Ihr Auftreten. Alles. Oder am besten, Sie lassen zusätzlich eine Videokamera mitlaufen, dann können Sie sich anschließend selbst unter die Lupe nehmen.

Worauf müssen Sie achten?

Nun, ich könnte ein eigenes Buch darüber schreiben, was so alles »passiert« in Vorstellungsgesprächen, weshalb ich im

Folgenden stichpunktartig skizzieren möchte, was man alles falsch machen kann und was berücksichtigt werden muss. Es soll ein kleiner Leitfaden sein, worauf Ihr Sparringspartner im Testgespräch achten soll.

- Es geht schon mit der Begrüßung los. Diese sollte immer angepasst sein. Ich erlebe es oft, dass jemand denkt, er würde mit einem besonders dynamischen Händedruck punkten. Das Gegenteil ist der Fall: Die Handschrauber und Fingerquetscher kommen überhaupt nicht gut an. Sie schaffen damit zwar, dass sie in Erinnerung bleiben, aber nur, weil ihr Gegenüber anschließend seinen Orthopäden aufsuchen muss.
- Im Gegensatz dazu stehen die Begrüßungen, auf die man ebenso gerne verzichtet hätte, weil man eine feuchte Hand in der Hand hielt oder das komische Gefühl hatte, da ist gar keine.
- Begrüßen Sie also semimaskulin, angepasst, bewusst und trocken. Schauen Sie Ihrem Gegenüber dabei in die Augen und versuchen Sie zu lächeln. Das alles gehört zu einem sympathischen ersten Eindruck. Und der ist so wichtig! Üben Sie das mit Ihrem Partner!
- Gehen Sie vor jedem Gespräch noch einmal auf die Toilette und machen Sie sich frisch. Der Sturm draußen sollte sich nicht in Ihrer Frisur widerspiegeln. Räumen Sie sich also vorher auf und sammeln Sie sich, dann haben Sie ein wesentlich besseres Auftreten. Selbst wenn Sie in Eile sind – dann erst recht – kühlen Sie sich vorher runter. Abgehetzt sollten Sie *nie* zum Termin erscheinen. Klopfen Sie auch

noch Ihre Schuppen vom Sakko, waschen Sie sich die Hände und dann erst geht's los.
- Es gibt Kandidaten, die legen sofort los, gießen sich einen Kaffee ein, nehmen ein paar Kekse und fangen an zu reden. Stopp! Sie sind der Gast, der andere ist der Hausherr. Sie verwechseln da was. Überlassen Sie Ihrem Gastgeber bitte die ersten Aktionen. Schön, wenn Sie sich gleich wie »zu Hause« fühlen und zeigen wollen, wie dynamisch Sie sind. Das passt hier nicht, und Sie überfahren den anderen damit.
- Treten Sie zu Beginn weder zu forsch noch zu schüchtern auf. Nur wenn Ihr Gegenüber überhaupt keine Anstalten macht, sich zu artikulieren, eröffnen Sie das Gespräch mit einer Belanglosigkeit übers Wetter oder loben Sie den ersten Eindruck, den das Unternehmen schon an der Rezeption auf Sie gemacht hat. Das bricht das Eis und Ihr Gesprächspartner kann reagieren. Lassen Sie ihn dann reden, er bestimmt den Verlauf und den Zeitplan.
- Die eigenen Angewohnheiten und Ticks stören und beeinflussen das Gesprächsklima bewusst und unbewusst äußerst negativ. Sie sind mit das Schlimmste überhaupt! Gehen Sie auf Ticksuche! Werden Sie sich Ihrer Angewohnheiten bewusst. Augen ständig verdrehen, sich ständig durch die Haare fahren, an die Nase fassen, mit dem Kugelschreiber spielen, Räuspern, Husten, Stirn runzeln, zu ernst und angespannt schauen – es gibt so vieles, und ich garantiere Ihnen: Sie haben ihn auch, Ihren ganz persönlichen Tick! Mindestens einen! Finden Sie ihn raus, das ist lustig und ungemein wichtig, dass Sie sich dessen bewusst sind. Und dann gilt es, ihn zu unterdrücken.

- Ähnlich wie die Angewohnheiten in Gestik und Mimik, haben Sie auch Ticks in Ihrer Sprache. Garantiert! Eigenheiten bei der Wortwahl, im Satzbau, mit sinnlosen Füllwörtern oder komischen Floskeln. Killerphrasen. Benutzen Sie Worte, die außer Ihnen niemand kennt? Sinnlose Füllwörter, wie »Äähm ...«, »Ich würde mal sagen ...«, »Fast hätte ich gesagt, dass ...« oder solchen Unsinn? Bringen Sie Sätze nicht zu Ende oder verschachteln Sie zu sehr, zu kompliziert? Verlieren Sie sich in langen, elendiglich zusammengestückelten Sätzen? Sie sind nicht Thomas Mann, also lassen Sie es. Es gilt:
Kiss: Keep it short and simple!
Verwenden Sie keine Szenesprache (»geil, krass, voll agro«), vermeiden Sie einen zu starken Dialekt (»Wir können alles außer Hochdeutsch«) und benutzen Sie nicht zu viele Modewörter (»Der Job ist wirklich cooool!«). Vermeiden Sie wiederkehrende Lieblingsworte. Jeder von uns hat ein Repertoire, achten Sie auf Ihre Lieblinge und Floskeln und gehen Sie sehr sparsam damit um. Variieren Sie Ihre Aussagen und Wörter.
- Vermeiden Sie Konjunktive, also die »Vielleicht«-Form (»ich würde ..., ich hätte ..., ich könnte ..., ich müsste ...«)! Seien Sie sich bewusst: Tun Sie etwas oder würden Sie etwas tun? Mit hypothetischen Aussagen kann niemand etwas anfangen.
- Kontrollieren Sie Ihre Körpersprache. Nehmen Sie eine Sitzhaltung ein, die der Ihres Gegenübers entspricht. Denn Menschen, die sich sympathisch sind, nehmen oft unbewusst dieselbe »gespiegelte« Körperhaltung ein. Probieren

Sie es aus und üben Sie das vorher mit einem Partner. Natürlich sollte das mit Verzögerung passieren, denn Sie sollen den anderen ja nicht nachäffen, sonst fühlt der sich vergackeiert. Aber dieser gute Trick bewahrt Sie davor, weder wie ein Häufchen Elend auf der Stuhlkante zu hocken, noch breitbeinig den Lässigen zu markieren oder eingesunken und verschlossen zu sitzen und aus lauter Nervosität mit den Füßen zu scharren oder sich am Ohrläppchen zu kratzen. Wirken Sie sympathisch, mit klaren Gesten, fuchteln Sie nicht zu stark herum, sondern betonen Sie nur mit Ihrer Körpersprache, wenn Sie etwas Wichtiges sagen. Vermitteln Sie keinen zerbrechlichen Eindruck, aber wirken Sie auch nicht erdrückend auf Ihren Gesprächspartner.

- Achten Sie auf Ihre Monologe, reden Sie nicht zu viel, erzählen Sie keine Dinge, nach denen keiner gefragt hat und die auch keiner wissen will. Schweifen Sie nicht ab! Kontrollieren sie Ihre Redezeit.
- Halten Sie Blickkontakt zum Gesprächspartner, aber starren Sie ihn nicht an!
- Hören Sie aufmerksam zu. Achten Sie auf Signale Ihres Gegenübers, wenn er zum Beispiel gerne etwas sagen oder tun möchte.
- Gehen Sie auf Ihren Gesprächspartner ein (Empathie)? Nehmen Sie seine Sätze und Fragen auf. Beantworten Sie die Fragen, ohne wegzudriften.
- Meckern Sie *nie*! Weder über sich noch über Ihren jetzigen Arbeitgeber, denn meckern ist immer negativ. Das Gespräch muss stets positiv bleiben, egal was Sie sagen. Sonst erscheinen Sie als Nörgler und Querulant.

- Schreiben Sie im Interview mit. Nichts ist schlimmer, als wenn Sie »keine Notiz« von Ihrem Gesprächspartner nehmen. Passen Sie aber auf, dass Ihr Gegenüber nicht mitlesen kann, was Sie gerade verfassen. Lassen Sie das Blatt keinesfall leer, das wirkt so, als ob nichts von dem interessant gewesen wäre, was Ihr Gesprächspartner erzählt hat.
- Lassen Sie am Ende des Gespräches nichts liegen, schon gar nicht den Geschäftsbericht oder die Visitenkarte, die Ihnen ausgehändigt wurde. Gehen Sie mit der Visitenkarte respektvoll um, sie ist wie ein Teil von Ihrem Gesprächspartner. Also nicht zerknüllen, nicht achtlos wegstecken und nicht damit spielen oder herumfuchteln. Am besten, Sie legen sie aufmerksam vor sich über Ihren Schreibblock, das erinnert Sie auch daran, Ihren Gegenüber auch einmal mit seinem Namen anzusprechen. Das ist psychologisch sehr wichtig, denn jeder hört seinen Namen gerne. Sind mehrere Gesprächspartner anwesend, dann legen Sie die Karten analog zur Sitzposition vor sich. Dann wissen Sie immer, wer wer ist.
- Falls Sie zwei Gesprächspartner haben, versuchen Sie, sich so zu setzen, dass sich beide vor Ihnen befinden und Sie möglichst nicht zwischen Ihnen sitzen, sonst müssten Sie Ihren Kopf wie ein Tenniszuschauer ständig von rechts nach links bewegen. Achten Sie auch darauf, immer beide im Gespräch anzusehen, vernachlässigen Sie niemanden, sonst fühlt der sich zurückgesetzt, und Sie haben einen Gegner statt einen Freund.
- Verabschieden Sie sich ordentlich und schleichen Sie sich nicht davon.

Noch ein paar Hinweise aus meiner Praxis als Interviewer:

Hören Sie genau zu und zügeln Sie Ihren Redefluss, wenn Sie eine Frage beantworten! Ich führe viele Interviews, in denen der Bewerber beginnt, ja förmlich nur darauf wartet, nun endlich seinen kompletten Lebenslauf von Anfang an loszuwerden. Unter dem Motto: »Endlich hört mal einer zu, der will bestimmt alles über mich wissen!«

Will er nicht!

Aber der Bewerber ist unerbittlich: Führt mich durch seine schwere Kindheit, seine schulischen Erlebnisse, alles kommt auf den Tisch. Wenn ich nicht nach zehn Minuten einhake, dann wird schnell daraus ein Monolog von einer Stunde.

Denken Sie daran, Ihr Gegenüber ist kein Psychiater, Sie sitzen nicht bei ihm auf der Couch. Er will Ihre Lebensgeschichte nicht hören. Fragen Sie, was man genau von Ihnen wissen will, und antworten Sie nur auf das. Kurz und knapp.

➙ *Faustformel: Nie länger als ein bis zwei Minuten pro Frage reden!*

Ich weiß, das wird schwer, versuchen Sie aber unbedingt, sich daran zu halten.

Die wenigsten können gut zuhören und geschickte Fragen stellen. »Wer fragt, führt das Gespräch!« So lange Sie fragen, können Sie nichts Dummes sagen und keine Fehler machen. Und Sie erfahren, was Ihr Gegenüber wirklich will, was er sucht, was ihn bewegt. Lassen Sie Ihren Gesprächspartner reden und unterbrechen Sie ihn nicht! Denn wenn nur Sie sprechen, erfahren Sie gar nichts.

→ *Stellen Sie geschickte Fragen!*

Das sind zum Beispiel offene Fragen, auf die man nicht mit Ja oder Nein antworten kann. Fragen, die Ihnen auch wirklich »Einblicke« ins reale Geschehen geben und damit echte Entscheidungshilfen für Sie sind.

Gute Fragen, die Ihren Gegenüber in Redewallung bringen werden, sind:

- Können Sie mir Ihre Firmenkultur genauer beschreiben?
- Welchen Stellenwert hat bei Ihnen die Teamarbeit?
- Wie positioniert sich das Unternehmen?
- Welche wichtigsten Ziele hat die Firma?
- Wie stellen Sie sich den idealen Kandidaten vor?
- Welche Talente und Fähigkeiten sind in der gesuchten Funktion besonders wichtig?
- Was sind die ersten Aufgaben, die der neue Stelleninhaber erledigen muss?
- Was sind die wichtigsten Themen, die angegangen werden müssen?
- Warum sollte ich bei Ihnen anfangen zu arbeiten?

Ihr Gegenüber kommt damit garantiert in Redefluss, und Sie steuern unbewusst das Gespräch. Wer fragt, wirkt immer interessiert, und ihr Gegenüber fühlt sich geschmeichelt, wenn Sie zeigen, wie sehr Sie seine Meinung suchen und wertschätzen. Zeigen Sie immer, dass Sie ein guter Zuhörer sind. Fallen Sie nie ins Wort, lassen Sie ihn immer ausreden.

Übertreiben Sie aber auch nicht mit den Fragen. Ihre Fragen sollten immer »das Große und Ganze« behandeln, Details sind in einem Erstgespräch nicht angebracht und auch nicht sinnvoll. Fragen Sie also nicht nach der Qualität des Kantinenessens oder wie viele Urlaubstage Sie bekommen werden und wie das mit dem Resturlaub geregelt wird. Solche Fragen passen weder zu einem ersten Sondierungsgespräch, noch passen sie sonst. Das sind Details, und zum Teil lassen Sie darauf schließen, dass Sie ein Erbsenzähler sind. Wenn Sie derartige Details wirklich interessieren, dann fragen Sie jemand anderen zu einem späteren Zeitpunkt beiläufig, aber nicht in dem Interview.

Ganz besonders raffiniert ist es, wenn Sie es schaffen können, bereits im »Wir«-Ton zu sprechen, als wären Sie schon dabei. Diese Taktik, Affinität entstehen zu lassen, ist für Fortgeschrittene, aber sie funktioniert super!

→ *Seien Sie gut vorbereitet und zeigen Sie das auch!*

Ich erlebe es immer wieder, dass Bewerber wahnsinnig schlecht vorbereitet sind und wenig über das Unternehmen wissen, bei dem sie sich gerade befinden. Ein solches Verhalten ist einfach nur peinlich und auch gegenüber dem Interviewer respektlos. Typischer Fall von Desorientierung. »Wo bin ich?«, steht im Gesicht bei jeder Frage. Daran erkennt man, wie unkritisch und willenlos manche Kandidaten in so ein Gespräch gehen: »Egal wo ich jetzt bin, ich will den Job!«

Ja, da will man sofort darauf antworten: »Machen Sie sich keine Sorgen, Sie sind gleich wieder weg!«

Das kann Ihnen natürlich nicht passieren, denn Sie sind ja bestens präpariert durch Ihre Recherchearbeit und Ihr Profiling im Vorfeld und Sie werden natürlich glänzen. Aber ich erwähne es, falls Ihnen mal eine Einladung »reinschneit« von einer Firma, mit der Sie sich bisher nicht so intensiv beschäftigt haben. Bereiten Sie sich auch dann gut vor, damit Sie

- natürlich wissen, mit wem Sie es zu tun haben, und auch
- im Gespräch zeigen können, dass Sie sich mit der Firma auseinandergesetzt haben.

Seien Sie immer auf Fragen vorbereitet, die das Große und Ganze behandeln, etwa:

- Wissen Sie, welche Produkte oder Systeme wir herstellen?
- Wissen Sie, was die drei Buchstaben unseres Firmennamens bedeuten?
- Haben Sie unseren Geschäftsbericht gelesen?
- Ist bei Ihnen hängengeblieben, welchen Gewinn wir letztes Jahr gemacht haben?

Es ist peinlich, wenn Sie solche Fragen nicht beantworten können, also informieren Sie sich vorher gut.

Die typischen Fragen

In den seltensten Fällen ist Ihr Gegenüber trainiert auf Einstellungsgespräche, es sei denn, Sie haben einen Personaler vor sich. Der weiß natürlich, wie er Sie fragen muss. Aber er ist nicht das primäre Objekt unserer Begierde.

Wir wollen ja den Termin beim *Mr Bigfish*! Wenn Sie nun vor dem Geschäftsführer sitzen oder vor dem technischen Leiter, dann erwarten Sie nicht, dass er nichts anderes macht als Interviews zu führen, selten hat er ein durchdachtes Gesprächskonzept. Nehmen Sie es ihm nicht übel. Er will eher plaudern, wie Manager so sind. Also lassen Sie ihn.

Und er hat ja auch Recht, denn durch das »Plaudern« erfährt man viel mehr über den Gesprächspartner, als wenn man ihn mit Standardfragen zubombt. Da taut doch niemand auf und fühlt sich auch nicht wohl im Gespräch. Genau das ist aber wichtig, dass man sich wohlfühlt, nur so ist man authentisch und zeigt sich so, wie man ist, und nicht, wie man sein müsste oder möchte.

Natürlich können sie aber kommen, die Standard-Psychofragen, was ich zwar dämlich finde, denn man bereitet sich ja darauf vor und überall stehen die Antworten dazu, also was soll's? Aber Sie müssen eventuell da durch.

Hier sind die ultimativen Top-Fragen auf der Psychoschienen-Skala.

Welches sind Ihre drei grössten Stärken?

Da haben wir schon den Salat. Was soll man darauf antworten? Man sollte jetzt nie zu euphorisiert an diese Frage gehen und seinen Bauchladen an guten Eigenschaften aufklappen. »Ich bin immer konsequent«, ist nicht angebracht. Auch nicht: »Ich bin weltoffen.« Ach. Um Himmels willen, so kriegen Sie den Job nie! Alles, was als Eigenschaft zu absolutistisch ist, wirkt negativ, verkrampft und selbstherrlich. Meine Empfehlung ist, die Frage zu relativieren, indem Sie sagen, was andere an Ihnen beobachtet haben. Und dann zählen Sie Dinge auf, die jeder gerne hört:

- Sie sind ein Teamplayer,
- Sie sind belastbar,
- Sie sind neugierig,
- Sie sind kritikoffen,
- Sie sind ehrlich,
- Sie können sich schnell in jedes Thema hineinarbeiten.

Nennen Sie jeweils ein kurzes Beispiel zu den »Stärken« aus Ihrem Privat- oder Berufsleben, also wann das jemand Ihnen mal bestätigt hat. »Andere sagen das über mich«, klingt immer besser.

Welches sind Ihre drei grössten Schwächen?

So doof wie es klingt, seien Sie nicht ehrlich. Ja nicht! Falls Sie letzte Woche aus »übertriebenem Ehrgeiz« Ihrem Squashpartner den Schläger über die Rübe gezogen haben – verraten Sie es niemandem. Wenn Sie manchmal unpünktlich sind, behalten Sie es bitte für sich. Egal was Sie sagen, es wirkt nur negativ. Warum also was sagen? Die Kunst ist es hier, die Frage zu umschiffen. Am besten geht das, wenn Sie eine Stärke als Schwäche auslegen:

- Sie sind manchmal zu ehrgeizig, wollen zu viel!
- Sie sind ungeduldig!
- Sie erwarten manchmal zu viel von sich!

Sie sehen, das ist zwar alles Quark, aber damit kommen Sie gut durch.

Wie würden Ihre Freunde Sie beschreiben?

Das sind die hypothetischen Fragen, die den Interviewer eigentlich auch nicht wirklich nach vorne bringen. Denn Sie können alles darauf antworten. Dann tun Sie das doch auch! Seien Sie fantasievoll und nennen Sie ein paar schöne Dinge, wie zum Beispiel Verlässlichkeit, Vertrauen, Kumpelhaftigkeit, Zuverlässigkeit. Suchen Sie sich was Nettes aus. Nehmen Sie was Positives und was Negatives, damit zeigen Sie Ausgewogenheit und Selbstkritik.

Wieso haben Sie sich für diesen Beruf entschieden?

Nun können Sie wirklich vom Leder ziehen, denn niemand hat sich auf diese Frage besser vorbereitet als Sie. Erklären Sie, warum das Ihr Traumberuf oder Traumziel ist.

Warum möchten Sie gerne bei uns arbeiten?

Jetzt wird es Ernst! Wichtig ist den Personalchefs, dass man in der Lage ist, sich mit dem Unternehmen und seinen Leistungen zu identifizieren und dass man sich gut vorbereitet hat.

Sie sollten jetzt erklären, dass Sie hier sind, um auch festzustellen, ob die Firma und die Aufgabe zu *Ihnen* passen. Sagen Sie das ruhig!

Sagen Sie auch: »Ihre Frage zielt darauf, ob ich mich mit dem Unternehmen und den Produkten beschäftigt habe. Das kann ich mit: ›Ja, natürlich!‹ beantworten.« Und dann gehen Sie auf die Frage ein.

Wieso sollten wir gerade Ihnen die Stelle geben?

Gute Frage. Wieso sollten ausgerechnet Sie den Job kriegen? Die Antwort, die Sie geben, ist in diesem Falle zwar wichtig, aber von sekundärer Bedeutung. Man will eher testen, wie Sie sich in einer stressigen Situation verhalten. Reagieren Sie souverän oder kommen Sie ins Stottern? Eine gute Antwortmöglichkeit ist, auf die persönlichen Stärken noch einmal einzugehen, den Willen zum Lernen zu betonen, Ihren Teamgeist sowie die Identifikation mit dem Unternehmen zu unterstreichen.

Warum wollen Sie eigentlich Ihren Arbeitgeber wechseln?

Absolutes NoGo ist jetzt: Nie über Ihren jetzigen Arbeitgeber lästern oder herziehen. Gehen Sie die Frage immer positiv an. Betonen Sie, dass die Initiative von Ihnen ausgeht. Sie wollen sich beruflich verändern, Sie wollen einen Karriereschritt machen, Sie wollen! Nie einen Leidensdruck aufzeigen, schon gar nicht, indem Sie über Ihre jetzige Situation lamentieren. Dann kommen Sie nur negativ rüber und hinterlassen den Eindruck, Sie müssen sich um jeden Preis verändern.

Warum haben Sie immer noch keine passende Stelle gefunden?

Das ist nun eine wirklich miese Frage. Sie soll Stress bei Ihnen produzieren und Sie aus der Reserve locken. Wenn Sie jetzt anfangen zu jammern, dann haben Sie verloren. Gehen Sie auch diese Frage positiv an. Betonen Sie, dass Sie sich Zeit lassen, die richtige berufliche Entscheidung zu fällen. Dass es nicht darum geht »einen Job um jeden Preis zu kriegen«, sondern es viel wichtiger ist, das richtige Unternehmen zu finden. Und dies braucht seine Zeit und die nehmen Sie sich.

Haben Sie noch Fragen an uns?

Wenn man sich wie Sie so ausgiebig über das Unternehmen informiert hat, sollte diese Frage kein Problem sein. Wir haben »gute Fragen« ja ausgiebig diskutiert, diese sollte man während des Gesprächs schon stellen. Kommt diese Frage am Schluss, so können Sie ansprechen, wie sich Ihr Gegenüber nun den weiteren Prozess vorstellt, oder Sie können nach einem Feedback fragen. Damit geben Sie den Ball gleich wieder zurück.

Bleiben Sie aber sensibel. Falls das Ende des Gespräches schon angedeutet wird und Ihr Gegenüber den Stift bereits einpackt hat, sollten Sie nun nicht die drei Seiten mit all den Fragen, die Sie noch haben, hervorholen.

Am Ende des Gespräches

Fordern Sie in jedem Fall ein erstes Feedback am Ende des Gespräches ein. Das ist auch psychologisch wichtig, denn dann

- wissen Sie, woran Sie sind, und
- gleichzeitig wird ein positives Gespräch als solches von beiden Seiten »verbal festgehalten«.

Es bleibt damit auch positiv in Erinnerung. Denn lässt sich der Entscheidungsträger nicht gleich zu einem Erst-Urteil hinreißen, relativieren sich mit ein wenig Abstand die Eindrücke wieder. Hat er sich aber bereits positiv geäußert, dann bleibt das auf der »Haben-Seite« stehen. Erst recht zieht dieser kleine Trick, wenn mehrere Gesprächspartner anwesend sind. Selten wird sich ein Teilnehmer vor versammelter Mannschaft negativ äußern, denn er weiß ja nicht, was die anderen denken. Er bleibt lieber diplomatisch, als sich als einsamer Stinkstiefel zu blamieren.

Hat er sich hingegen ein positives Urteil gebildet, wird er seine Meinung eher äußern. Und in einer später folgenden internen Entscheidungssitzung wäre es dann schwierig, ein positives Feedback wieder zu relativieren oder umzustoßen.

Fragen Sie deshalb am Ende immer, welchen Eindruck Ihr Gegenüber von dem Gespräch hat. Der letzte Eindruck ist auch immer der Stärkste, der bleibt hängen.

Ist das Feedback also positiv, sollten Sie auch die nächsten Schritte gleich festlegen, etwa, indem Sie vereinbaren, in drei Tagen wieder anzurufen, oder gleich einen Termin für ein Zweitgespräch festlegen. Es ist immer gut, wenn man mit einer konkreten Aktion auseinandergeht und den weiteren Fortgang nicht undefiniert lässt. Haben Sie nichts festgelegt, dann hängen Sie in der Luft und wissen nicht, wie Sie sich jetzt verhalten sollen. Nachzufragen ist dann eventuell aufdringlich, gar nichts zu tun ist auch keine Lösung.

Wie entscheiden die Entscheider?

Wer glaubt, dass Personalentscheidungen sehr analytisch gefällt werden, dass alle Fakten auf den Tisch kommen, Fähigkeiten und Anforderungen genauestens unter die Lupe genommen werden und dann eine Entscheidungsmatrix aufgestellt wird, der irrt: Das ist Quatsch. In Wahrheit entscheidet immer das Bauchgefühl, der Verstand wird nachher nur pro forma eingeschaltet, damit er auch zufrieden ist.

Ich erlebe es so oft, dass ich einen Suchauftrag mit genauem Anforderungsprofil erhalte, und am Ende entscheidet man sich für den Kandidaten, der weit weg ist vom Ideal. Andere waren wesentlich näher dran, aber der eine, der bekommt den Zuschlag. Plötzlich zählt hier der Mangel an Erfahrung nicht mehr und auch bei der Qualifikation haperte es gewaltig. Aber er ist es! Warum ist das so?

Dieser Kandidat war einfach der Sympathischste von allen, seine »Soft facts« haben mehr überzeugt als die »Hard Facts«, bei denen er eigentlich große Lücken hatte.

Natürlich müssen ganz wichtige Punkte der Qualifikation stimmen, aber entscheiden tun sie nicht. Von dem Gesamtbild, das wir abgeben, ist unsere Persönlichkeit am wichtigsten. Wie wir schon beleuchtet haben, ist die Gesprächsebene zweigeteilt in die Sach- und die Beziehungsebene. Und die Qualität der Beziehungsebene ist das alles Entscheidende. Hier wird Vertrauen aufgebaut, Zuversicht, Sympathie, Empathie. Wenn es hier »schwingt«, dann sind Sie es und dann relativieren sich plötzlich auch faktische Lücken. »Ach ja, das kann man doch lernen.«

Das heißt: Trauen Sie sich in das Gespräch, auch wenn Ihre Qualifikation nicht hundertprozentig dem Anforderungsprofil entspricht. Sie können durch Ihre Persönlichkeit vieles kompensieren und sehr stark zu Ihren Gunsten beeinflussen. Was zählt, sind also in erster Linie Sie selbst, und nicht Ihr ganzes Repertoire an Zertifikaten.

Und wenn das stimmig ist, dann sind für Sie der Job und die Firma richtig, denn dann passen das Umfeld, die Kultur und die Personen auch zu Ihnen.

Dann und nur dann ist es die richtige Entscheidung!

Der perfekte Fit, für beide Seiten. Und Sie werden begeistert sein!

Die richtige Entscheidung

Wenn alles jetzt so läuft, dann bin ich sehr zuversichtlich, Sie kriegen Ihren Job, Ihren Traumjob! Die erste richtige Entscheidung haben Sie bereits gefällt, dass sich etwas ändern muss in Ihrem Berufsleben. Dass Sie nicht mehr länger einer Tätigkeit nachgehen wollen, die Ihnen weder Spaß macht noch eine ausreichende Perspektive bietet. Und nur, weil sich alle anderen um Sie herum in ihr Schicksal ergeben, müssen Sie das nicht auch tun.

Sie haben dieses Buch gekauft, sind neugierig geworden und haben es bis zum Ende durchgelesen. Hat sich nun bei Ihnen etwas »bewegt«? Habe ich es geschafft, Sie zu inspirieren und anzuregen, dass es leichter ist, als Sie dachten, und dass es sich bezahlt macht, für seine Ziele zu kämpfen? Dann hat sich der Aufwand gelohnt. Denn ich hatte das Ziel, leichtgängig und doch sehr konkret mein persönliches Rezept zusammenzufassen und anhand vieler Beispiele niederzuschreiben, wie jeder mit einer kreativen Herangehensweise an seinen Traumjob gelangen kann.

Mit der von mir beschriebenen Methode haben nahezu alle Kandidaten, die ich in ihrem Bewerbungsprozess gecoacht habe, ihren Job gefunden. Sie sehen: Diese Methode funktioniert! Doch jetzt ist es an der Zeit, loszulegen und die Dinge anzupacken. Arbeiten Sie nun die Übungs- und Beispielseiten dieses Buches systematisch durch, und denken Sie daran: Jobsuche betreibt man nicht so nebenbei, es ist ein Vollzeitjob! Sie haben viel vor, aber am Ende werden Sie dafür belohnt werden.

Und damit lasse ich Sie nun in Ruhe arbeiten, den Rest kriegen Sie schon selbst hin, da bin ich mir sicher.

Ich wünsche Ihnen viel Erfolg! Möge die Zuversicht mit Ihnen sein, dann klappt es auch mit dem Traumjob!

Zusammenfassung – Ihr Aktionsplan

Hier noch einmal in der Zusammenfassung die Vorgehensweise und der Weg zum Traumjob:

- Sie räumen zunächst bei sich auf. Sie sortieren Ihre Zeitfresser aus, hören auf zu jammern und verkneifen es sich zu erklären, warum es jetzt gerade nicht geht. Sie verlassen Ihre Komfortzone und machen Schluss damit, sich selbst zu belügen und Ihren derzeitigen Job schönzureden!
- Sie nehmen sich *Zeit* und *Freiraum* für Ihre Suche. Dazu optimieren Sie Ihr Umfeld und trennen Wichtiges von Unwichtigem. Dabei stehen Ihnen Eisenhower, Pareto und nicht zuletzt Newton und Einstein zur Seite. Bei so elitärer Menpower kann nichts mehr schiefgehen.
- Sie werden sich darüber klar, dass es keinen besseren Zeitpunkt gibt als *jetzt*! Sie wägen das Für und das Wider ab, ohne sich selbst etwas vorzumachen.
- Sie definieren Ihren Traumjob. Sie stellen die richtige Frage: Was begeistert mich? Dann denken Sie quer und

suchen den kreativen Weg dorthin. Vom Koch zum Jetpilot!
- Sie analysieren sich selbst und suchen Sparringspartner, die Sie dabei unterstützen. Was kann ich besonders gut? Wie muss mein Umfeld dazu aussehen? Was lass ich besser bleiben?
- Sie definieren Ihre Wunschfirmen als das oberste Ziel Ihrer Begierde.
- Sie stellen Ihr Netzwerk zusammen und erweitern es um wichtige Personen aus dem Zielumfeld.
- Sie gehen auf Messen, Veranstaltungen, beginnen Ihr Netz auszulegen.
- Sie setzen Ihr Netzwerk intelligent für Ihre Ziele ein.
- Sie »profilen« und »netzwerken«, tragen alle relevanten Informationen zusammen. Ihr Netzwerk und das Internet sind hierbei Ihre wichtigsten Quellen und Entscheidungsgrundlagen.
- Sie positionieren und engagieren sich in sozialen Netzwerken und stellen ein interessantes, aber nicht aufdringliches Profil über sich zusammen. Sie achten dabei auf Ihre Web-Reputation. Sie machen in Diskussionsplattformen auf sich aufmerksam, bloggen mit und stellen die richtigen Fragen.
- Sie überprüfen durch Ihr Netzwerk Ihre Zielfirmen, ob Sie Ihre Vorgaben auch erfüllen. Sie prüfen auf Authentizität und lernen, sich nicht blenden zu lassen. Sie checken, wie das Unternehmen als Arbeitgeber funktioniert.
- Sie finden heraus, welches die Entscheider in Ihren Zielfirmen sind.

- Sie werden auch dafür Ihre Referenzen, Ihr Netzwerk, »Google«, Personensuchmaschinen und das Internet intensiv nutzen.
- Sie trauen sich an die »Big Guys«. Sie werden die Entscheider mündlich oder schriftlich kontaktieren und dort umsichtig agierend den Jagdinstinkt für sich wecken!
- Sie werden an die richtigen Personalberater kommen und sie für Ihre Zwecke nutzen.
- Sie werden Ihr Netzwerk als Entree einsetzen.
- Sie werden zum Verkäufer, der ein Erlebnis schaffen kann mit Ihnen als Produkt.
- Sie stellen ein beachtenswertes CV zusammen.
- Sie trainieren Vorstellungsgespräche und bereiten sich intensiv auf alle kommenden Themen und Fragen vor.
- Sie führen »bilaterale« und gut vorbereitete Sondierungsgespräche mit den Entscheidungsträgern.
- Sie müssen einen sorgfältigen Auswahl- und Entscheidungsprozess in Gang halten.
- Sie werden eine gute Entscheidung fällen!

Nachspiel

Nachwort

Sie haben nun das Warum, das Was und das Wie kennengelernt. Der Rest ist nun sorgfältige Recherche, ein wenig Selbstdisziplin, eine gute Beobachtungsgabe und etwas Mut.

Ich hoffe, ich konnte Sie davon überzeugen, jetzt nicht mehr länger zu warten, sondern sich sofort auf die Suche zu machen und an die Umsetzung zu gehen. Sie haben es selbst in der Hand. Sie sind Ihr eigener Glücksbote, Ihr Gute-Laune-Kaffee am Morgen, und Sie allein entscheiden darüber, ob alles so weitergehen soll wie bisher, oder ob es am Horizont wieder heller werden kann.

Warten Sie nicht länger, sondern handeln Sie jetzt!

Mit ein wenig Glück wird meine Methode bei Ihnen zum Erfolg führen. Sollte es nicht gleich funktionieren, dann arbeiten Sie dieses Buch noch einmal Kapitel für Kapitel und Schritt für Schritt durch. Ich hoffe, ich habe Ihnen auch eine gesunde Portion Schlitzohrigkeit und vor allem Selbstbewusstsein bei der Suche mitgeben können, den Tenor, alles nicht so schwerzunehmen und manche Dinge etwas positiver und optimistischer angehen zu können.

Damit sind Sie nun gewappnet für Ihre Jobsuche!

Sehen Sie es mir bitte nach, wenn ich mich meist auf das »er« in den Beispielen eingeschossen habe. Ich wollte nicht bei jeder geschlechtlichen Zuordnung und bei allen persönlichen Fürwörtern beide Varianten schreiben; ich denke, das wäre dann doch etwas zu unlesbar geworden. Mein vollster Respekt gilt dem weiblichen Geschlecht, und ich vermute ganz stark, dass die Frauen uns Männern auch hier wieder voraus sind und am schnellsten begreifen und dann handeln werden. Während wir Männer noch schauen, wo wir jagen sollten, haben die Damen schon alle Fakten gesammelt und sitzen bereits mittendrin im Gespräch!

Und nun viel Glück und Erfolg beim Suchen, Profilen und Netzwerken. Wenn Sie meine Rezepte befolgen, mit dem jetzigen Hintergrundwissen, dann gehen Sie vor allem mit einem ganz anderen Selbstwertgefühl an Ihren neuen Job heran. Sie haben ihn sich ausgesucht und nicht umgekehrt. Das hat eine ganz andere Dimension, denn Sie erinnern sich:

➜ *Karriere macht man nicht im Job, sondern in der richtigen Firma!*

Happy Traumjob Hunting!

Ihr Christian Pape

Und denken Sie dran: Der Traumjob wartet auf Sie, irgendwo da draußen. Sie müssen und werden ihn finden!

>>*Der eine wartet, bis die Zeit sich wandelt;*
der andere packt sie kräftig an und handelt.«
Dante Alighieri, 1265–1321

Über den Autor

Christian Pape ist einer der erfolgreichsten Headhunter der Branche. Schon 1992 hat er sein erstes Personalberatungs-Unternehmen gegründet und es schnell in die Top-Ten der branchenspezialisierten Headhunter in Deutschland geführt. Jetzt hat er sein Expertenwissen gesammelt und zu einem leicht verständlichen, praktischen Leitfaden für die erfolgreiche Jobsuche gemacht.

Christian Pape hat sein persönliches Rezept zur Traumjobsuche aufgeschrieben und erklärt, dass erfolgreiche Jobsuche kein Zufall ist und jeder sein Ziel der beruflichen Zufriedenheit erreichen kann. Er mobilisiert und motiviert, das eigene Job-Schicksal endlich kritisch infrage zu stellen. Er beschreibt seinen Königsweg, eine neue Dimension der Jobsuche, um endlich das zu finden, was man sucht. Denn jeder hat die Wahl, sich entweder weiter in sein Schicksal zu ergeben oder es selbst in die Hand zu nehmen.

Was hindert mich an meiner Suche nach dem Traumjob? Warum bin ich bloß so unkritisch? Warum belüge ich mich selbst so raffiniert? Wie funktioniert der Arbeitsmarkt wirklich? Wie entscheiden Unternehmen? Wie erhöhe ich meinen

Marktwert? Was passiert, wenn ich gar nichts tue? Wo finde ich die wirklich attraktiven Jobs? Wie kann ich als Jobsucher höchst clever und zielsicher an meinen Traumjob kommen?

Christian Pape beantwortet diese Fragen mit vielen anschaulichen Beispielen und Tipps, in denen man sich nicht nur einmal »erwischt« fühlt. Dann erläutert er, wie man sich ein authentisches Bild von seinem idealen Job macht und auf was man dabei achten muss. Im dritten Teil des Buches wird dann Schritt für Schritt erklärt, wie man das Erreichen dieses Berufszieles höchst schlitzohrig in die Tat umsetzt.

Das Buch zeigt auf, dass es jeder schaffen kann. Ein paar einfache Verhaltensregeln, die richtige Herangehensweise, ein paar Grundsatzüberlegungen, das nötige Selbstbewusstsein und viele Tricks und Kniffe in der Umsetzung ermöglichen es dann jedem, dorthin zu kommen, wo man all seine beruflichen Wünsche und Ziele umsetzen kann. Das ist doch eigentlich das höchste Ziel: Dort zu arbeiten, wo man einfach Spaß hat, eine Tätigkeit, die einem Erfüllung gibt – und nicht nur seine »Stunden abreißt« und darauf wartet, dass endlich Feierabend ist.

Christian Pape vermittelt in diesem Buch sehr viel Hintergrundinformationen und Wissen, skizziert in vielen praktischen Beispielen den Weg verständlich, leichtgängig und nachvollziehbar und hat immer ein Augenzwinkern und eine Portion Humor dabei. Denn seine erste gute Nachricht ist: Es gibt immer Jobs! In guten wie in schlechten Zeiten. Man muss sie nur finden!

Mit diesem Buch werden Sie durch ihn zum Profiler, Sie werden Ihre eigenen Spuren suchen, die richtigen Schlussfolgerungen daraus ziehen und den Weg zu Ihrem Traumjob systematisch vorangehen. Und wenn Sie lesen, wie einfach es gehen kann, dann werden Sie sich bestimmt fragen, warum Sie nicht schon viel früher darauf gekommen sind. Und vor allem, warum Sie nicht schon längst aktiv geworden sind!

Christian Pape holt Sie raus aus der Lethargie und gibt Ihnen ein Feuerwerk an Empfehlungen, Optimismus, Motivation und Zuversicht, wie Sie methodisch und in kleinen Portionen Schritt für Schritt vorankommen. Dieses Buch bringt die Methoden wieder zur Deckung unter Einsatz modernster Hilfsmittel, insbesondere des Internets.

Wenn Sie nur zehn Prozent der Informationen aus diesem Buch verwerten, haben Sie eine ganz neue Sichtweise und Methodik erfahren und genug Stoff und Insiderkenntnisse, um aus eigener Kraft Ihren Traumjob zu finden! Viel Spaß und vor allem viel Erfolg bei meiner Jobsuche 3.0!

Christian Pape

Danke

Dank gilt meiner Freundin Simone, die in meiner kreativen Zeit des Buchschreibens sehr tolerant war, selbst oft zurückgesteckt hat und mich hat »schreiben lassen«. Wie oft hat sie den Satz gehört: »Es geht jetzt nicht, ich bin gerade mittendrin!« Danke, Spotzerl, für dein Verständnis. Bei dir bin ich angekommen!

Dank gilt meinem besten Freund Wolfgang Santl. Du bist immer für mich da, es gibt nichts Wertvolleres für mich, als das zu wissen und zu spüren. Du warst sofort bereit, als Erstleser mein Manuskript zu beäugen und mir zu allem immer ein ehrliches Feedback zu geben. Erst als dein Daumen nach oben ging, wusste ich, es ist gut so!
You've got a friend!

Danke an meine Ex-Frau Ulrike, unsere tiefe Bindung wird immer bestehen und uns immer gegenseitige Kraft geben. Ohne sie wäre die Idee zu diesem Buch nicht geboren, sie hat mich bestärkt, dieses Projekt auch anzugehen und umzusetzen!

Danke an »meine Insel« Mallorca. Meine Oase der Ruhe, des Rückzugs und der Schaffenskraft. Hier habe ich viele Stunden, Tage und Wochen verbracht, um dieses Buch so zu schreiben, so wie ich es schreiben wollte ...

Gestatten: Elite

»Ein hochspannendes Buch.« *Freundin*

»Friedrichs kritisiert, ohne polemisch zu werden. Das Ganze formuliert sie so geschickt, spannend und mit Selbstironie, dass aus ihrer Geschichte eine Reise ins Wunderland wird.« *Manager Magazin*

»Ein Schmöker für Menschen, die weniger als siebzig Stunden in der Woche arbeiten und deswegen von Workaholics als ›Minderleister‹ beschimpft werden. – Klug und pointiert formuliert.« *Der Spiegel*

Julia Friedrichs
Gestatten: Elite
Auf den Spuren der
Mächtigen von morgen
978-3-453-60112-3

978-3-453-60112-3

HEYNE‹

Schluss mit den Floskeln!

Zu jedem Anlass das passende Wort

978-3-453-86943-1

Birgit Adam
Glückwünsche für alle Anlässe
Klassische Gedichte und Lebensweisheiten
Für Familie, Freunde und Kollegen
978-3-453-86943-1

Birgit Adam
Reden, Glückwünsche und Verse zur Hochzeit
Mit Musterreden und Textbausteinen
978-3-453-86409-2

Bernd Brucker
Reden, Glückwünsche und Verse für Familienfeste
Mit Musterreden und Textbausteinen
978-3-453-87940-9

Hansjürgen Jendral
Musterreden für alle Anlässe
Ansprachen und Festreden bei Familienfeiern in Beruf, Firma und Verein
978-3-453-86408-5

HEYNE